Glyn Daniel
Geschichte der
Archäologie

Geschichte der

Glyn Daniel

Archäologie

Deutsch
von Joachim Rehork

Gustav Lübbe Verlag

Für Walter und Eva

© 1982 für die deutsche Ausgabe
Gustav Lübbe Verlag, GmbH, Bergisch Gladbach
© 1981 Thames and Hudson Ltd., London
Originaltext: A Short History of Archaeology

Satz: Friedrich Pustet, Regensburg
Schutzumschlagfoto: Martin Bräker, Köln

Alle Rechte vorbehalten.
Kein Titel dieses Buches darf ohne ausdrückliche Genehmigung
des Verlages in irgendeiner Form reproduziert
oder übermittelt werden,
weder in mechanischer noch in elektronischer Form incl. Fotokopie.
Printed in Spain 1982.
ISBN 3-7857-0328-7
D.L. TO-940-82

Inhalt

Vorwort _____ 7

1 Die Geburt der Archäologie
Einführung _____ 9
Der Mittelmeerraum und Ägypten _____ 12
Altertumskunde in Nord- und Westeuropa _____ 22
Seit wann gibt es Menschen und Steinwerkzeuge? _____ 37
Amerika _____ 45
Museen und gelehrte Gesellschaften _____ 48

2 Antiquare und Archäologen (1797–1867)
Die neue Geologie und das Alter der Menschheit _____ 55
Das Dreiperiodensystem: Stein-, Bronze- und Eisenzeit _____ 65
Ägypten und Mesopotamien _____ 77
Griechenland und Rom: die Anfänge der klassischen
Archäologie _____ 97
Das barbarische Europa _____ 104
Amerika _____ 107
Indien und Asien _____ 113
Archäologie im Jahre 1867 _____ 114

3 Ausgräber und Forscher (1867–1914)
Paläolithikum und paläolithische Kunst _____ 117
Ägypten und Mesopotamien _____ 139
Klassische Archäologie _____ 148
Iran und Anatolien _____ 160
Barbarisches Europa _____ 164
Amerika _____ 168
Archäologie im Jahre 1914 _____ 172

4 Die Archäologie wird erwachsen (1914–1939)
Dreiperiodensystem und Diffusionismus _____ 177
Ägypten sowie der Nahe und Mittlere Osten _____ 181
Iran, Anatolien und Palästina _____ 188
Klassisches und barbarisches Europa _____ 193
Indien und China _____ 204
Amerikanische Archäologie _____ 207

**5 Neue und nicht ganz so neue Archäologie
(1939–1980)** 211
Archäologie und Naturwissenschaft _____ 215
Amerikanische Archäologie heute _____ 220
Fakten, Fälschungen, Phantasten _____ 227
Die bedeutenderen Entdeckungen _____ 232

6 Die großen Themen
 1. Der Ursprung der Archäologie _____ 247
 2. Die Anerkennung steinerner Artefakte _____ 247
 3. Das technologische Modell _____ 248
 4. Die Entdeckung der Baudenkmäler _____ 248
 5. Die Entwicklung der modernen Geologie _____ 248
 6. Darwinismus und biologische Revolution _____ 248
 7. Ausgrabungen _____ 248
 8. Stratigraphie _____ 249
 9. Untergegangene Kulturen _____ 249
10. Entzifferung alter Schriften _____ 249
11. Chronologie _____ 249
12. Umwelterforschung _____ 249
13. Völkerkundliche Parallelen _____ 250
14. Das nicht-technologische Modell _____ 250
15. Weltvorgeschichte _____ 250
16. Unabhängige Erfindung und Diffusion _____ 251
17. Naturwissenschaftliche Methoden _____ 251
18. Archäologie geschichtlicher Zeit _____ 251
19. Die kritische Auswertung des Beweismaterials _____ 252
20. Das ›Berufsethos‹ des Archäologen _____ 252

Abbildungsverzeichnis _____ 254
Literaturhinweise _____ 257
Register _____ 261

Vorwort zur deutschen Ausgabe

Noch immer ist Archäologie fast gleichbedeutend mit Faszination. Diese Faszination hat die verschiedensten Gründe, über die die Geschichte der Archäologie Aufschluß gibt, und zu ihr bekennt sich ausdrücklich auch Glyn Daniel, der Autor der folgenden Kapitel. Für ihn besteht das Erregende der Archäologie vor allem darin, daß sie uns die Augen für die bedeutenden Leistungen der Menschen vergangener Zeiten öffnet.

Doch nicht dies allein war der Grund, nachstehenden Abriß der Archäologiegeschichte vorzulegen, es gab noch einen besonderen Anlaß: Eine von Glyn Daniel herausgegebene Sachbuchreihe wird 100 Titel alt (die englische Originalfassung dieses Werkes ist ihr hundertster Band). Wir gratulieren Glyn Daniel um so lieber zu dem bemerkenswerten Jubiläum, als zwei Bände der von ihm edierten Reihe auch im Gustav Lübbe Verlag erschienen sind.

Aber auch im deutschsprachigen Bereich gibt es Anlaß, auf die bisherige Geschichte der Archäologie zurückzublicken. Befindet sich doch die Archäologie, die, seit es sie als moderne Wissenschaft gibt, schon wiederholt ›Revolutionen‹ unterworfen war, am Beginn der achtziger Jahre wieder einmal an einem Wendepunkt. Gemeint ist ein Sich-Öffnen: einmal hin zur ›Weltarchäologie‹, zweitens zur sachkundigen, aber dennoch allgemeinverständlichen Information der breiten Öffentlichkeit durch das Medium ›Sachbuch‹.

Sinnfälligen Ausdruck fand diese zweifache Entwicklung einmal in der Gründung der *Kommission für Allgemeine und Vergleichende Archäologie* des *Deutschen Archäologischen Instituts* am 8. Mai 1980 mit ihrer Zielrichtung: Ostasien, Nordpakistan, Peru, zweitens in der am 8. Dezember 1980 erfolgten Verleihung eines nach einem Sachbuch-Autor (C. W. Ceram), nicht etwa einem Fach-Archäologen, benannten Preises durch ein wissenschaftliches Institut (das *Rheinische Landesmuseum Bonn*) an einen freien, kommerziellen Verlag (den *Gustav Lübbe Verlag*).

In der Tat: Archäologische Forschung kann sich heute nicht mehr nur auf einige wenige Zentren und Epochen beschränken, sondern muß die gesamte Menschheit und ihre Kulturen von der ältesten bis zur jüngsten Vergangenheit ins Auge fassen. Und ebenso begreift sie sich immer mehr als Wissenschaft vom Menschen für den Menschen, die alle angeht. Sie hat nicht nur – dank neuer Methoden – in der Forschung den Weg von Göttern, Herrschern, Künst-

lern hin zu der vorher archäologisch unerschlossenen Welt der
›Menschen wie du und ich‹ gefunden, sondern tritt nun auch vor die
›Menschen wie du und ich‹ unserer Tage hin, um ihnen in allgemeinverständlicher Form von ihren Brüdern und Schwestern aus
längst vergangener Zeit zu erzählen. Gewiß tut sie dies nicht zum
erstenmal. Schon seit den Tagen der ersten ›Archäologie-Bestseller‹
Sir Austen Henry Layards und Lloyd Stephens' bewiesen Archäologen immer wieder einen gesunden Sinn für Publizität. Doch heute
geht es um ganz andere Motive, Möglichkeiten und Modelle.
Allerdings birgt Faszination auch Gefahren, vor allem, wenn sie
nicht von sachgerechter Information getragen wird. Gerade hier
aber erweist sich die Geschichte der Archäologie als unentbehrliche
Orientierungshilfe, zeigt doch ein Rückblick auf die Archäologiegeschichte immer wieder: Was heute in an sich randständigen, aber
sensationell aufgemachten, lautstark propagierten und auflagenstarken Buchveröffentlichungen oft als ›letzter Schrei‹ aufgetischt
wird, ist doch nur der zum dutzendsten Male wieder aufgewärmte,
vielleicht mit einigen zeitgemäßen Zutaten gewürzte, im übrigen
aber längst widerlegte Irrtum von gestern.
Als Teil der allgemeinen Menschheitsgeschichte lehrt uns Archäologiegeschichte freilich auch, daß und warum man die Bizarrerien
der Para- und Pseudogelehrten in den leider immer noch für allzu
viele allzu attraktiven Randbezirken altertumskundlicher Publizistik nicht unwidersprochen hinnehmen kann.
Ob die Archäologie – abgesehen von ihrer Faszination und den so
enorm wichtigen Informationen über den Menschen vergangener
Zeiten (und damit über den Menschen schlechthin), die wir ihr
verdanken – auch zur Lösung spezieller *Gegenwartsprobleme* beitragen kann, wie manche Anhänger der von Amerika ausgegangenen sogenannten ›Neuen Archäologie‹ zu glauben scheinen, steht
dahin.
Mit Sicherheit aber hilft uns die Kenntnis der Archäologie*geschichte,* einen weiten Teilbereich der Wissenschaft vom Menschen besser
zu verstehen, der nicht nur Spiegel allgemeiner Zeitströmungen
sein, sondern in einer Art von ›Rückkopplungseffekt‹ diese auch
beeinflussen kann. Mit anderen Worten: seine Wirkung geht über
den wissenschaftsinternen Raum hinaus. Ob sie segensreich oder
schädlich ist, ist nicht zuletzt eine Frage der archäologie-publizistischen Moral und des Informationsstandes der Sachbuchleserschaft.

Berlin, im März 1982   Joachim Rehork

1 Die Geburt der Archäologie

Einführung

Archäologie ist jener Zweig der Altertumskunde, der sich mit der materiellen Hinterlassenschaft der Menschen vergangener Zeiten beschäftigt. Die Altertumskunde schöpft aus den verschiedensten Quellen literarischer, inschriftlicher (epigraphischer) und materieller Art, und das Ziel des Historikers ist es, ein so getreues und vollständiges Bild der Vergangenheit zu gewinnen wie irgend möglich. Der Archäologe hat es mit materiellen Schöpfungen von Menschenhand zu tun: mit Werkzeugen und Waffen, Wohnstätten, Gräbern und Tempeln. Schriftliche Quellen gibt es erst seit rund 5000 Jahren, und daher unterscheiden wir, grob gesprochen, zwei Arten von Archäologie: einmal die Archäologie, die sich mit der Zeit vor den ersten schriftlichen Aufzeichnungen befaßt und Vor- oder Urgeschichte genannt wird. Sie reicht zurück bis zu den frühesten Hominiden in Ostafrika, die man heute zweieinhalb Millionen Jahre und mehr zurückdatiert. Die andere Art von Archäologie befaßt sich mit der materiellen Hinterlassenschaft jener Kulturen, über die bereits Schriftzeugnisse vorliegen. Anfangs sind dabei die materiellen Überreste noch immer ebenso bedeutsam, wenn nicht bedeutsamer, als die schriftlichen Quellen: diese Phase bezeichnet man allgemein als Frühgeschichte. In dem Maß aber, wie die schriftlichen Quellen häufiger und aussagekräftiger werden, verlassen wir den Bereich der Frühgeschichte und begeben uns auf das Feld der Geschichte im engeren, eigentlichen Sinne, und die Untersuchung der materiellen Hinterlassenschaft wird mehr und mehr – wie es oft genug hieß – zur ›Hilfswissenschaft der Geschichte‹.
Archäologie kommt von einem griechischen Wort – *archaiologia* –, das ›Erörterung vergangener Dinge‹, ›Altertumskunde‹ bedeutet und das bezeichnete, was wir heute ›Alte Geschichte‹ zu nennen pflegen. In zweiter Hinsicht wurde es sodann Bezeichnung einer systematischen Beschreibung oder Erforschung von Altertümern, bis es schließlich der wissenschaftlichen Untersuchung der Überreste und Denkmäler vorgeschichtlicher Zeit ihren Namen gab. Die erste Wortbedeutung ist heute nicht mehr üblich, und die dritte engt den Wortsinn etwas ein – Vorgeschichtsforschung und insbesondere Vorgeschichtsarchäologie sind außerordentlich bedeutende

Aspekte moderner Altertumsforschung, und doch ist die Vorgeschichte – wenn auch die längste aller Perioden, mit denen sich Archäologen befassen – nur ein Teilgebiet der Archäologie, der systematischen Beschreibung oder Erforschung von Altertümern, gleich aus welcher Zeit auch immer.

Was bei dieser Definition ungesagt bleibt, ist: die systematische Beschreibung oder Erforschung gilt letztlich nicht den ›Altertümern‹, sondern bedient sich dieser lediglich, um Informationen über die Vergangenheit des Menschen zu erlangen, gleichgültig, ob es sich dabei um Epochen vor- bzw. urgeschichtlicher, frühgeschichtlicher oder geschichtlicher Zeit handelt.

In seiner bemerkenswerten kurzgefaßten Geschichte der Archäologie (1942 unter dem Titel *Les Étapes de l'Archéologie* in der Buchreihe *Que-sais-je?* erschienen) berichtet Georges Daux, Jacques Spon (1647–1685), ein deutscher Arzt in Lyon, den die Aufhebung des Edikts von Nantes zwang, Frankreich zu verlassen, habe im 17. Jahrhundert den Terminus ›Archäologie‹ wieder in die Gelehrtensprache eingeführt. Aus Frankreich vertrieben, unternahm er weite Reisen in Begleitung eines gewissen Sir George Wheeler (gest. 1723), der 1682 *A Journey to Greece ... in the company of Dr Spon* veröffentlichte. Spon selbst publizierte seine *Voyage d'Italie, de Dalmatie, de Grèce et de Levant fait aux années 1675–1676* im Jahre 1689 in Amsterdam, und zwischen 1689 und 1713 erschienen darüber hinaus seine *Miscellanea Eruditae Antiquitatis* in Lyon.

Doch wann schlug wirklich die erste Stunde der Archäologie, und wer war der erste Archäologe? Die letzten einheimischen Könige Babylons entfalteten in einigen der alten Städte von Sumer und Akkad lebhafte bauliche Aktivitäten. Sowohl Nebukadnezar II. (605–562 v. Chr.) als auch Nabonid (555–539 v. Chr.), der letzte König von Babylon, ließen Ur ausgraben und restaurieren. Nabonid freute sich, in Ur »Inschriften früherer Herrscher« zu finden, und seine Tochter En-nigaldi-Nanna (früher fälschlicherweise ›Bel-shalti-Nanner‹ umschrieben) ließ jahrelange Grabungen im Tempel von Akkad ausführen. Als ein heftiger Regenguß dabei eines Tages einen weiten Gang freispülte und somit den Tempel freilegte, machte diese Entdeckung, so wird berichtet, »des Königs Herz froh und ließ sein Angesicht leuchten«. In ihrem Palast scheint die Prinzessin einen eigenen Raum für ihre Sammlung lokaler Antiquitäten besessen zu haben. Einen Überblick über diese frühen archäologischen Aktivitäten gibt Joan Oates: *Babylon* (1979), Seite 162.

Aber natürlich handelte es sich bei alldem noch keineswegs um Archäologie in des Wortes heutiger Bedeutung, und auch die Griechen und Römer des Klassischen Altertums kannten noch keine Archäologie in dem Sinne, daß man bewußt versucht hätte, anhand der materiellen Hinterlassenschaft vergangener Zeiten Aufschlüsse über die Geschichte vergangener Epochen zu gewinnen. Herodot und andere griechische Reisende machten bemerkenswerte völkerkundliche Beobachtungen und kamen mit Barbarenstämmen in

Berührung, die noch auf einer prähistorischen Kulturstufe standen. Man würde Herodot und seinesgleichen heute als Völkerkundler, als Ethnologen oder – im angelsächsischen Sprachraum – als Anthropologen bezeichnen, nicht aber als Archäologen, obwohl sie mit aus unserer Sicht alten Völkern zusammenkamen, deren Hinterlassenschaft erst später von der Archäologie wieder der Erde entrissen werden sollte.

Selbstverständlich machten sich Griechen wie Römer Gedanken über die Vergangenheit. Aber ihre Vorstellungen basierten nicht auf archäologischer Forschung. So wußten die Griechen von ihrer mykenischen Vergangenheit, von einem Zeitalter ohne Eisen, und sowohl Griechen als auch Römer zerbrachen sich über die Entwicklung der Technik den Kopf. Sie kannten ›Steinerne‹, ›Bronzene‹ und ›Eiserne‹ Zeitalter so wie sie auch ›Goldene‹ Zeitalter kannten, und an Spekulationen über die Ursprünge menschlicher Zivilisation sowie die Verbreitung menschlicher Kultur fehlte es nicht. Als Diodor von Sizilien lebte (1. Jh. v. Chr.), behaupteten einige Ägypter oder Gräkoägypter, die Wiege der Menschheit sei Ägypten. Von hier sei auch jegliche Hochkultur ausgegangen. Allerdings haben derartige Behauptungen wohl eher mit ägyptischem Nationalstolz zu tun, als daß es sich um eine Vorwegnahme gewisser ägyptozentrischer, hyperdiffusionistischer Ansichten handelte, die Anfang des zwanzigsten Jahrhunderts im Schwange waren.

Seltsamerweise stoßen wir in einer chinesischen Zusammenstellung vergangener Geschichtsepochen aus dem Jahre 52 n. Chr. auf die Abfolge ›Steinzeit‹, ›Bronzezeit‹ und ›Eisenzeit‹. Professor R. H. Lowie bemerkt hierzu in seiner *History of Ethnological Theory* (1937), hier habe man es »nicht mit einem Genie zu tun, das der Wissenschaft um zwei Jahrtausende voraus war. Vielmehr jongliert hier einfach ein scharfer Verstand mit Möglichkeiten ohne irgendeine Faktengrundlage und ohne jeden Versuch, die Fakten zu überprüfen«. Allerdings möchte ich annehmen, daß das chinesische Schema eine kollektive Erinnerung an die Abfolge von Stein-, Bronze- und Eisentechnologie enthält, die erst im frühen 19. Jahrhundert als Faktum wiederentdeckt wurde und seitdem einen der wichtigsten Ecksteine archäologischer Vor- und Frühgeschichtsforschung bildet. Doch sowohl die erwähnte chinesische Kompilation als auch die einschlägigen Spekulationen der Griechen und Römer blieben ohne Auswirkung auf Westeuropas Denken in nachrömischer Zeit. Archäologie gab es nicht, und die Vergangenheit bog man sich im Rahmen der Begriffs- und Vorstellungswelt biblischer und klassisch-antiker Autoren zurecht. So ließ Geoffrey of Monmouth in seiner *History of the Kings of Britain* (1508) Großbritanniens Geschichte im Jahre 1125 v. Chr. beginnen. Damals sei Äneas' Sohn Brutus nach England gekommen. Das war freie Erfindung – eine erfundene Vergangenheit, gewoben aus Mythen und Legenden, doch mehr hatte man wahrlich nicht, bevor man begreifen lernte, welchen Wert archäologisches Beweismaterial haben kann.

Der Mittelmeerraum und Ägypten

Der Untergang der Welt Griechenlands und Roms bedeutete gleichzeitig den Untergang all jener Vorstellungen, die man sich im Klassischen Altertum über die Frühzeit des Menschen gemacht hatte. Hesiods und Lukrez' Auffassungen wurden durch die biblischen Erzählungen von der Erschaffung der Welt und des Menschen sowie durch die Sintflutlegenden des Buches *Genesis* (1. Mos.) ersetzt. Allerdings ließ die Wiedergeburt klassisch-antiker Gelehrsamkeit im 15. und 16. Jahrhundert das Interesse am Klassischen Altertum wiederaufleben: man las wieder Lukrez, Aristoteles, Hesiod und Herodot, desgleichen Caesars Kommentare über den Gallischen Krieg, aber auch den *Agricola* und die *Germania* Tacitus'. Hier hatte man eine Beschreibung der Barbaren Mittel- und Nordeuropas: der Kelten, Gallier, Germanen, Briten und Goten, nicht zuletzt jener seltsamen Lehrer-, Priester- und Richterklasse der keltischen Bevölkerung: der Druiden.
Die klassische Hochkultur der antiken Welt blieb in ihren materiellen Überresten bis ins 17. Jahrhundert erhalten. Italienische Gelehrte sowie Reisende aus anderen europäischen Ländern, die Italien, Griechenland, Kleinasien und Ägypten besuchten, begannen die Altertümer der Klassischen Welt und des Vorderen Orients wiederzuentdecken. Päpste und Kardinäle legten sich Antiquitätensammlungen zu und richteten in ihren Villen private Museen ein. Damals kam die italienische Bezeichnung *dilettanti* (Einzahl: *dilettante*) für ›Kunstliebhaber‹ auf. In England wurde 1732 eine Gesellschaft der *dilettanti* ins Leben gerufen. Sie tagte in London und vereinte alle die, die eine Italienreise und die große Fahrt zu den klassischen Stätten unternommen hatten. Über den Ursprung dieser *dilettanti* schreibt Richard Chandler im Vorwort zu seinen *Ionian Antiquities:* »Einige Gentlemen, die Italien bereist hatten und nun auch zu Hause Ermutigung ihrer Vorliebe für Objekte suchten, die ihnen in der Fremde so großes Entzücken bereitet hatten, schlossen sich zu einer Gesellschaft zusammen, der sie den Namen *dilettanti* gaben.«
In den Jahren zwischen 1750 und 1880, die man als ›zweite Renaissance‹ griechischen Geistes bezeichnen könnte, entdeckten französische, englische und deutsche Gelehrte die Altertümer der klassisch-antiken Welt. Das große Zeitalter angelsächsischer Sammler begann mit den Reisen des englischen Malers James Stuart (1712–1786) und des Architekten Nicholas Revett (1720–1804) in den Jahren 1751–1753. Beide verbrachten diese drei Jahre mit Vermessungen, Skizzen und Aufzeichnungen. Doch es sollte noch lange dauern, bis ihr großes Werk *The Antiquities of Athens* der Öffentlichkeit fertig vorlag. Der erste Band erschien zwar immerhin schon 1762, der vierte dagegen erst 1816. Es war die Gesellschaft der *dilettanti*, die die Kosten der Veröffentlichung des Werkes trug. Im Jahre 1764 finanzierte sie ihre ›Erste ionische Expedition‹, bestehend aus Revett, Chandler und William Pars. Ergebnis waren die zwischen 1769 und 1797 veröffentlichten Bände *The Antiquities of*

1.–2. *Oben:* Kupferstich des Artemistempels aus Stuart und Revett: *The Antiquities of Athens.*
Links: Kapitelle und Pilaster des Apollontempels von Didyma, aus: Chandler, Revett und Pars: *The Antiquities of Ionia.* Skizzen und Berichte englischer Griechenland- und Türkeibesucher ließen um die Mitte des 18. Jahrhunderts erneut das Interesse an der griechischen Kultur wach werden.

3. Porträt von Johann Joachim Winckelmann (1717–1768).

Ionia (Abb. 2). Zur gleichen Zeit, als Stuart und Revett in Athen arbeiteten, reisten zwei andere Engländer, Robert Wood und James Dawkins, durch Kleinasien und den Vorderen Orient. Die Frucht ihrer Reise waren die beiden von Robert Wood herausgegebenen Bände *Ruins of Palmyra* (1753) und *Ruins of Baalbec* (1757).
Der Sammeleifer der Italiener ließ freilich im Lauf des 18. Jahrhunderts nach, und ein großer Teil der römischen Sammlungen geriet nach Paris, Madrid, München und Prag. Dennoch – als Johann Joachim Winckelmann (1717–1768) um die Mitte des 18. Jahrhunderts seine berühmte *Geschichte der Kunst des Altertums* (1763–1768) schrieb, stammte die Hauptmasse des Materials, auf das er sich stützte, noch immer aus Rom. Man hat Winckelmann (Abb. 3) den ›Vater der Archäologie‹ genannt. In der Tat war er der erste Gelehrte, der die Kunst des Altertums historisch betrachtete. Und doch ist Kunstgeschichte nur ein Teilbereich der Archäologie.
Früh schon ließ man es in den Ländern der Klassischen Antike nicht beim Sammeln und Beschreiben bewenden, sondern führte auch Ausgrabungen durch. Es war der Ausbruch des Vesuvs am 24. August 79 n. Chr., dem die beiden antiken Städte Pompeji und Herku-

4. Ausgrabungen in Herkulaneum, aus: *Voyages pittoresques de Naples et de Sicile.*

laneum ihre historische und archäologiegeschichtliche Bedeutung verdanken. Am Tag nach der Katastrophe, als der tobende Vulkan sich wieder beruhigt hatte, bedeckte eine stellenweise mehr als 6 m dicke Aschen- und Bimssteinlage Pompeji. Über Herkulaneum legte sich Lavaschlamm, der gar zu einer 20 m dicken Schicht erstarrte. Zwei Briefe (6, 16 und 6, 20) Plinius' des Jüngeren (62 bis etwa 114 n. Chr.) an den römischen Geschichtsschreiber Tacitus (etwa 55–116/120 n. Chr.) enthalten einen authentischen Augenzeugenbericht von diesen schrecklichen Naturereignissen.

Pompejis Ruinen wurden gegen Ende des 16. Jahrhunderts entdeckt, als man unterirdische Stollen für eine Wasserleitung grub. 1709, als sich das Land in österreichischer Hand befand, begannen die Ausgrabungen in Herkulaneum. Grabungsarbeiter fanden drei Marmorstandbilder junger Frauen, die die Phantasie der Gattin König Karls IV. von Neapel beflügelten. So ließ Karl IV. 1738 seinerseits in Herkulaneum Grabungen durchführen, ein Jahrzehnt später begann man auch in Pompeji, und 1763 kam eine Inschrift zum Vorschein, in der von der *res publica Pompeianorum* die Rede war. Damit stand fest: die verschüttete Stadt war das alte Pompeji.

5. Kupferstich des Isistempels in Pompeji von Piranesi dem Jüngeren. Die Entdeckung und Ausgrabung Pompejis und Herkulaneums hatte im 18. Jahrhundert tiefgehende Auswirkungen auf den Geschmack Europas.

Zunächst begnügte man sich in Herkulaneum weiterhin damit, senkrechte Schächte und waagerechte Stollen im Boden voranzutreiben, bis man 1765 das Theater, die Basilika und die Villa der Papyri fand und den ersten Stadtplan zeichnen konnte. In der Umgebung von Stabiae und Gragnano ließ Karl IV. von Neapel (später Karl III. von Spanien) außerdem bei verschiedenen Grabungsvorhaben ein Dutzend antiker Villen freilegen.

Die Entdeckung des Klassischen Altertums und die Begeisterung, die sie auslöste, blieben nicht ohne Folgen für den Geschmack und die künstlerischen Ausdrucksformen im Europa des 18. Jahrhunderts.

Eine bedeutende Sammlung bemalter griechischer Vasen stellte William Hamilton (1730–1803), der von Nelson gehörnte britische Botschafter am Hof von Neapel, zusammen (1792). Sie wurde vom Britischen Museum erworben, und Hamiltons *Antiquités Etrusques, Grecques et Romaines* (1766–1767) inspirierten Josiah Wedgwood (1730–1785), griechische, etruskische und pompejanische Vasen nachzubilden und das von ihm neugegründete Dorf bei

Newcastle-under-Lyme in Staffordshire, wo sich noch heute die Wedgwood-Keramikwerke befinden, *Etruria* zu taufen.

Schon griechischen Reisenden des Altertums und später frühen arabischen Reisenden waren die noch wie Theaterkulissen hoch über Bodenniveau emporragenden Baudenkmäler Altägyptens bekannt. Herodot (um 485 bis nach 430 v. Chr.), den man später als ›Vater der Geschichte‹ bezeichnete, kam in Ägypten bis nach Assuan und berichtete nicht nur von der ägyptischen Sitte, Tote einzubalsamieren, sondern auch von den Pyramiden. Diodor von Sizilien, Strabon, Pausanias und Plinius der Ältere – sie alle suchten Ägypten auf. Mit dem homerischen Helden Memnon brachte man die kolossalen Sitzbilder Amenophis' III. bei Theben in Verbindung und gab ihnen daher fälschlicherweise den Namen ›Memnonskolosse‹. *Memnoneion* nannten die Griechen auch den Totentempel Ramses' II.; Diodor freilich bezeichnete ihn als ›Grab des Osymandias‹ (eine griechische Verballhornung des Thronnamens $Wsr-m^{3c}t-R^c$ bzw. *User-Maat-Rê*, den Ramses II. führte) und beruft sich dabei auf eine Inschrift an einer der Statuen, deren Wortlaut er wie folgt wiedergibt: »Ich bin Osymandias, König der Könige. Wünscht jemand zu wissen, wie mächtig ich bin und wo ich ruhe, so laßt ihn an jedem beliebigen meiner Werke vorüberziehen« (dies ist wahrscheinlich die Quelle für Shelleys Gedicht *Osymandias*).

Von arabischen Reisenden, die während des Mittelalters Ägypten besuchten, stammen vor allem Angaben über die Pyramiden von Gizeh (Giza/Gise). In allererster Linie aber ging es ihnen darum, Schätze zu finden. Auch europäische Reisende des 16., 17. und 18. Jahrhunderts kamen von Kairo aus selten über die Pyramiden von Gizeh hinaus. Im Jahre 1610 schilderte ein Engländer namens Sandys in seinem *Travels* überschriebenen Reisebericht, wie er das Innere der Großen Pyramide betrat und erklärte, es handle sich nicht um ein Schatzhaus, sondern um ein Königsgrab. John Greaves aus Oxford war 1638 in Ägypten und verfaßte später sein Werk *Pyramidographia*. Es enthält erstmals die genauen Maße der Großen Pyramide, verficht die These, das Bauwerk sei als Königsgrab und Unsterblichkeitssymbol aufzufassen, und gibt überdies den ersten zutreffenden Aufriß des Pyramideninneren unter der Überschrift: ›Das Innere der ersten und schönsten Pyramide‹.

Richard Pococke allerdings, dessen *Travels in Egypt* 1715 erschienen, war über Gizeh hinausgekommen. Er beschrieb auch die Pyramiden in Saqqâra und Dahschur, berichtete – wahrscheinlich als erster – von der Stufenpyramide Djosers und schilderte auch die Mastaben in Gizeh, die er völlig korrekt als Gräber von Prinzen und Edelleuten erkannte.

Napoleon Bonaparte gliederte seiner Expeditionsstreitmacht, mit der er am 19. Mai 1798 von Toulon nach Ägypten aufbrach, einen Stab fähiger Zeichner und Wissenschaftler an, dem es oblag, Ägyptens Geographie, Hilfsquellen und Altertümer zu erkunden. Zu diesen – von den Soldaten als ›Esel‹ verspotteten – Gelehrten gehörten der Mineraloge Dolomieu sowie Dominique Vivant, Baron Denon (1747–1825 [s. unten Seite 77]). Wie man sich erzählt, waren die

6. *Umseitig:* Seit Herodot (um 485 bis nach 430 v. Chr.) erregten die Pyramiden von Gizeh die Bewunderung europäischer Reisender. Nicht selten ließ man bei ihrer Darstellung der Phantasie freien Lauf wie hier Fischer von Erlach auf seinem Kupferstich aus dem Jahre 1721.

A. Die Größte Pyramide, worinn 360000 Menschen 20 Jahr gearbeitet. B. Die andere, welche etwas weniger im Umfange hat. C. Die kleineste, in welche, wie in die andere gar kein Eingang ist. D. Das überbliebene von dem Colossalischen Sphynx. E. Deßen sonst vollkomne Gestalt. Ausan:-

J.B. Fischers v.E. delin.

ÆGYPTIACÆ.

A. La plus grande des Pyramides, qui a été l'ouvrage de 360000 hommes pendant 20 Ans. *Plin.* B. La seconde, qui a un peu moins de circonference. C. La plus petite, qui a nulle ouverture, comme la Seconde. D. Le reste du Sphynx Colossal. E. Le Sphynx dans sa forme entiere. *Ausone.*

the First PYRAMID.

A Description of the Inside of the first PYRAMID.

The inside of the first and fairest Pyramid

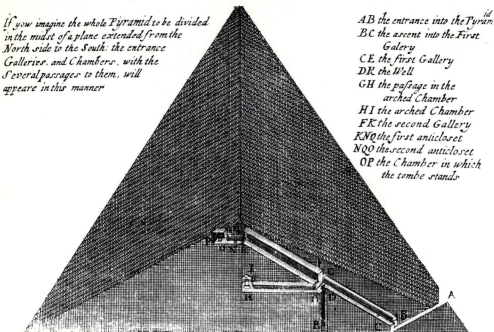

If you imagine the whole Pyramid to be divided in the midst of a plane extended from the North side to the South: the entrance Galleries, and Chambers, with the Several passages to them, will appear in this manner

AB the entrance into the Pyramid
BC the ascent into the First Galery
CE the first Gallery
DR the Well
GH the passage in the arched Chamber
HI the arched Chamber
FK the second Gallery
KNQ the first anticloset
NQO the second anticloset
OP the Chamber in which the tombe stands

7. John Greaves aus Oxford besuchte die ägyptischen Pyramiden im Jahre 1638. Die oben wiedergegebene Zeichnung aus seinem Werk *Pyramidographia* ist die erste Darstellung der Großen (Cheops-)Pyramide, die den Anspruch erheben kann, genau zu sein.

8. *Gegenüber:* Der heute im Britischen Museum befindliche Stein von Rosette im Nildelta wurde 1799 unweit von Alexandrien entdeckt.

Pyramiden Napoleon gerade recht, um seine Männer anzuspornen. Jedenfalls soll er gesagt haben: »Soldaten! 40 Jahrhunderte Geschichte blicken auf euch herab!« Obwohl 1798 die englische Flotte unter Admiral Nelson bei Abukir (nordöstlich von Alexandrien) die französische Flotte vernichtend schlug, blieben die nunmehr vom Mutterland abgeschnittenen französischen Landstreitkräfte noch eine Weile in Ägypten. Erst 1799 segelte Napoleon nach Frankreich zurück. Inzwischen war das französische Ägypten-Institut gegründet worden, das bis ins 20. Jahrhundert Bestand haben sollte. Ausgrabungen gehörten allerdings nicht zu seinem archäologischen Aufgabenbereich. Vielmehr beschränkte es sich auf die Untersuchungen über Bodenniveau anstehender Baudenkmäler und die Sammlung transportabler Antiquitäten.

Zu den letztgenannten gehörte der berühmte Dreisprachenstein von Rosette (Abb. 8). Diesen Stein – eine Basaltplatte von 114 cm Höhe, 72 cm Breite und 28 cm Dicke – fand ein französischer Soldat 1799 etwa 60 km östlich von Alexandrien bei Grabungsarbeiten für

den Ausbau einer Festung. Ein Offizier namens Boussard oder Bouchard hielt es für möglich, daß die Steinplatte für die Wissenschaft von Bedeutung sein könnte und brachte sie nach Kairo. Dort fertigte man Gipsabgüsse an und sandte diese nach Paris. Doch als 1801/2 Frankreich endgültig Ägypten räumen mußte, übernahmen die Briten alle von den Franzosen zusammengetragenen Altertümer, einschließlich – obwohl dies nicht ganz ohne Komplikationen abging – des Steines von Rosette. Daher befindet sich dieses Fundstück, dessen Wert für die Wissenschaft gar nicht abzuschätzen ist, heute im Britischen Museum – es kam als Kriegsbeute nach England!

Auch nach Mesopotamien gelangten seit dem 16. Jahrhundert europäische Reisende. Bei Hilleh in Babylonien sowie unweit von Mossul in Assyrien kamen sie zu zwei mächtigen Tells, die man aufgrund biblisch-jüdischer und arabischer Überlieferung korrekt als die Stätten der einstigen biblischen Orte Babylon und Ninive erkannte. Sie sammelten Gefäßscherben, Ziegelbruchstücke und Tontafelfragmente mit Keilschrift, wie man sie auch an altpersischen Monumenten fand. 1765 besuchte der dänische Forschungsreisende Carsten Niebuhr die Ruinen von Persepolis und kopierte zahlreiche inschriftliche Keilschrifttexte. Dabei entging ihm nicht, daß er es offensichtlich mit drei Varianten zu tun hatte, die man später in der Tat als Altpersisch, Elamisch und Babylonisch identifizierte.

Altertumskunde in Nord- und Westeuropa

Doch nicht alle europäischen Altertumskundler hatten genügend Zeit und Geld für Forschungsreisen zu den Monumenten der Klassischen Antike und Altägyptens. Tatsächlich bekennt Dr. William Borlase, der 1754 seine *Antiquities of Cornwall* veröffentlichte, daß er seine Untersuchungen in Cornwall als Ersatz für Auslandsreisen betrachtet habe.

Ein kurzer Überblick über die Reihe der britischen Antiquare möge einen Begriff davon vermitteln, was sich damals auf dem Gebiet der

9. Carsten Niebuhr besuchte Persepolis im Jahre 1765 und zeichnete dort Reliefs sowie persische Keilschrift-Inschriften auf.

Altertumsforschung tat. John Leland (1506 [?] – 1552), im Jahre 1533 von Heinrich VIII. zum Hofantiquar ernannt, reiste durch Britannien und beschrieb, was immer von antiquarischem Interesse war, insbesondere Bibliotheken, Klöster und Baudenkmäler. William Camden (1551–1632), zuerst Lehrer an der *Westminster School*, dann *Clarenceux King of Arms* am *College of Heralds*, reiste ebenfalls weit im Lande umher und untersuchte Britanniens Altertümer, soweit sie noch sichtbar über Bodenniveau anstanden. Er setzte sich für die Altertumskunde ein, die er als »rückblickende Neugier« des Menschen rechtfertigte. Zwar war ihm durchaus klar, daß nicht viele ebenso dachten, »so gäntzlich verdammen und

10. Eine der frühesten Abbildungen auf britischem Boden gefundener Altertümer: römische Münzen aus der im Jahre 1600 erschienenen Ausgabe der *Britannia* Camdens.

verwerffen selbige Alterthumbs-Studia«. Er selbst freilich war ganz anderer Ansicht: »Das Studium der Alterthümer (welchselbes stets mit Würde verbunden und in gewisser Weise der Ewigkeit ähnlich) enthält eyne süße Nahrung des Geistes, so jenen wol anstehet, die ehrenwerten und edlen Gemüthes sind.« Erst 35 Jahre alt – im Jahre 1586 – verfaßte er seine *Britannia*, den ersten umfassenden Führer zu den Altertümern Britanniens. Im Laufe von 200 Jahren erlebte dieses Werk mehrere Neuausgaben und erfuhr wiederholte Überarbeitungen. In der Erstausgabe findet sich die erste Abbildung, die ein englischsprachiges altertumskundliches Werk aufweist: die Wiedergabe eines wiederverwendeten sächsischen Chorbogens in einer Kirche zu Lewis in der Grafschaft Sussex (England). Im Jahre 1600 brachte Camden dann eine Neuausgabe seiner *Britannia* heraus, die bereits Bilder von Stonehenge sowie von römischen Münzen enthielt (Abb. 10). Camden war ein außerordentlich scharfsinniger Beobachter, dem nicht einmal Wachstumsunterschiede auf Feldern entgingen, die wir heute leicht mit Hilfe von Luftbildern feststellen können. Beispielsweise äußert er über das römische Richborough: »Heute sind sogar seine Spuren ausgelöscht, und wie um uns zu lehren, daß Städte wie Menschen sterben, breitet sich heute dort ein Kornfeld aus, woselbst man, wenn das Korn hochgewachsen, noch die eynander kreutzenden Straßen bemercket. Denn wo sie eynherlieffen, stehet das Korn itzt dünner.«

Es waren Robert Plot und Edward Lhwyd (Abb. 12), die – neben zahlreichen Gleichgesinnten – in Britannien die von Leland und Camden begründeten Traditionen weiterführten. Plot (1640–1696) war der erste Kurator des *Ashmolean Museum* in Oxford. Seine *Natural History of Staffordshire* sowie seine Naturgeschichte von Oxfordshire erschienen in den siebziger Jahren des 17. Jahrhunderts. Plot widmete der Topographie ebensoviel Beachtung wie der Geschichte und der Erörterung von Antiquitäten. Er verfuhr wie alle seine Zeitgenossen, indem er die historischen Schauplätze und Fundstätten besichtigte und an Landedelleute, Geistliche sowie Lehrer Fragebögen verschickte. Eine seiner Standardfragen lautete: »Gab es hier in der Nähe irgendwelche Gräber von Menschen riesiger Statur, römischen Feldherren oder anderen Persönlichkeiten aus längstvergangener Zeit?«, und der Fragebogen eines seiner Zeitgenossen, Matchell, wies folgende Punkte auf: »Welche denkwürdigen Plätze, wo Schlachten geschlagen wurden? Runde Haufen aus Steinen oder zu Hügeln aufgeschüttetes Erdreich, ringsum oder sonst irgendwie von Gräben umgeben? Welche andere Art von Befestigungen, Feldlagern und dergleichen?« Edward Lhwyd (1660–1708) war nicht nur Schüler Plots, sondern auch dessen Amtsnachfolger als Kurator des *Ashmolean Museum*. Ein vielseitig interessierter und auf vielen Wissensgebieten beschlagener Gelehrter, schrieb er über Geologie, die keltische Sprache und Altertümer. Auch er kam weit in England herum, darüber hinaus aber auch in Wales, Schottland und Irland, ja sogar der Bretagne stattete er einen kurzen Besuch ab. Im Jahre 1699 wurde nördlich von Dublin durch

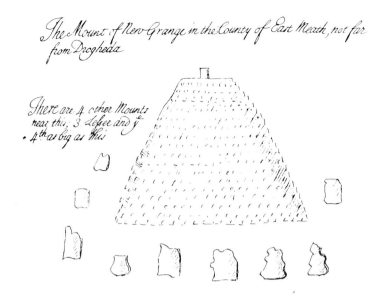

11. Im Jahre 1699 entdeckte man nördlich von Dublin das große Kammergrab von New Grange. Kurz darauf besuchte es Edward Lhwyd, von dem die nebenstehende Zeichnung stammt.

Zufall das große Kammergrab von New Grange entdeckt. Lhwyd besuchte es und war von der Grabanlage (Abb. 11) als solcher ebenso beeindruckt wie von ihren Ritzzeichnungen. Unweit vom Gipfel des Grabhügels kam eine römische Münze zum Vorschein, die, wie Lhwyd äußerte, »das Grab als römisch ausweisen« könnte, »wenn nicht die plumpe Gravierung am Eingang und in der Höhlung selbst es eher als ein barbarisches Monument zu kennzeichnen schienen. Da nun die Münze den Beweis liefert, daß dieses Grab älter ist als jeder Ostmanen- oder Däneneinfall, die Gravierung und die plumpe Skulptur aber barbarischen Charakters sind, so folgt wohl daraus, daß es sich hier um irgendeinen Opfer- oder Begräbnisplatz der alten Iren gehandelt haben muß . . . Das Denkmal war niemals römisch, ganz davon zu schweigen, daß jeder historische Beweis für die Anwesenheit von Römern auf irischem Boden fehlt.«

Dies ist eines der frühesten Beispiele einwandfreier archäologischer Argumentation: Lhwyd bezog seine Beweisgründe aus der materiellen Hinterlassenschaft vergangener Zeit (dem ›archäologischen Material‹) und nicht aus den Schriften klassischer Autoren. Ein scharfsinniger Feldarchäologe war auch John Aubrey (1626–1697 [Abb. 13]), der Verfasser der berühmtgewordenen *Brief Lives* und ein Freund Lhwyds. Sein umfangreiches Werk *Monumenta Britannica* lag bis 1980 unveröffentlicht in der *Bodleian Library*. In den sechziger Jahren des 17. Jahrhunderts äußerte er über Nord-Wiltshire:

»*Stellen wir uns also vor, wie das Land zur Zeit der alten Briten beschaffen war: Ein schattiger, düsterer Wald, und die Bewohner fast so wild wie die Tiere, deren Häute ihre einzige Kleidung bildeten . . . Caesar schildert ausführlich ihre Religion. Ihre Priester waren Druiden, deren Tempel, teilweise aber auch Gräber, ich* rekonstruiert zu haben mich vermesse, so beispielsweise Avebury, Stonehenge und dergleichen mehr. Auch ihre Lebensweise beschreibt Caesar außerordentlich lebensvoll . . . Sie kannten bereits den Gebrauch des Eisens . . . Wie mir scheint, waren sie zwei bis drei Stufen weniger wild als Amerikas Ureinwohner . . . Die Römer unterwarfen und zivilisierten sie.«

Aubrey stützt sich bei seiner Altertümer-Deutung auf die Angaben klassischer Autoren. Als erster schrieb er die prähistorischen Steinkreise den Druiden zu. Die als ›Sturm und Drang‹ bekannte literarische Bewegung mit ihrer Vorliebe für die malerischen Akzente einer Landschaft trug außerordentlich dazu bei, daß man von den alten Briten und den Druiden so viel Wesens machte.

Das Musterbeispiel eines britischen Archäologen der Romantik war William Stukeley (1687–1765), den man vor allem wegen seiner Druiden-Besessenheit zu erwähnen pflegt, die ihn indessen nicht hinderte, ein ausgezeichneter Feldforscher zu sein. Tatsächlich waren seine Werke *Itinerarium Curiosum* (1725), *Abury* (1743) und *Stonehenge* (1740), gemessen an den Maßstäben ihrer Zeit, bemerkenswerte Arbeiten (Abb. 14, 15). Sein erklärtes Ziel war es: » . . . die Dankbarkeit derer zu erwerben, die auf Britanniens Altertümer neugierig sind, Stätten ebenso wie Einzelobjekte aufgrund eigener Anschauung zu schildern und nicht nur zusammenzuklittern, was andere erarbeitet und erfahren haben.«

Das 18. Jahrhundert brachte nicht nur neue Vertreter der Feldarchäologie, sondern auch philosophische Spekulationen über die Urzeit des Menschen. Ein Vertreter der letztgenannten Richtung war beispielsweise William Pownall (1722–1805), von 1757–1760 Gouverneur des Staates Massachusetts.

»Da das Antlitz der Erde«, so schrieb er 1733, »ursprünglich überall bewaldet war, ausgenommen dort, wo Wasser überwog, müssen die ersten Menschen *Waldlandbewohner* gewesen sein, die von den

12. *Unten links:* Edward Lhwyd (1660–1708). Initiale im *Ashmolean Book of Benefactors*, Oxford: Ashmolean Museum.

13. *Unten rechts:* Porträt John Aubreys (1626–1697) aus John Brittons *Memoir of Aubrey.*

14. *Gegenüber:* Grund- und Aufriß von Old Sarum bei Salisbury, aus William Stukeley: *Itinerarium Curiosum*, Cent. I (1725).

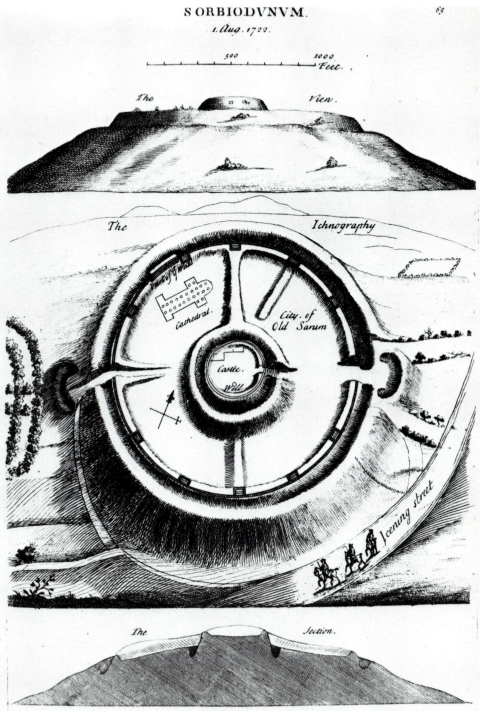

Früchten, Fischen und dem Wild des Waldes lebten. Ihnen folgte der Landbearbeiter. Er gründete Siedlungen und nahm eine seßhafte Lebensweise an, wuchs und vermehrte sich. Wohin immer der Landbearbeiter kam, tilgte er bis auf den heutigen Tag die nur spärlich verbreitete, weitverstreute Rasse der Waldmenschen aus.«

Hier zeigt sich eine ganz andere Art, die Vergangenheit zu betrachten. Sie weist in einer Hinsicht auf die besonders stark an Fragen der Ökonomie interessierte Urgeschichtsforschung unserer Tage voraus, entspricht in anderer Hinsicht aber auch den Ansichten der schottischen Primitivisten des 18. Jahrhunderts wie Thomas Blackwell und James Burnett (der spätere Lord Monboddo [1714–1799]), die ihre Vorstellungen dem mittelalterlichen Konzept eines geordneten und sich nach einem sinnvollen Plan entfaltenden Universums entlehnten, der Idee einer großen Kette alles Seienden, in der alles, von der geringsten Kleinigkeit bis hin zum Menschen, seinen

15. Stukeleys Zeichnung von Stonehenge aus Stukeley: *Stonehenge, a Temple Restored to the British Druids* (1740).

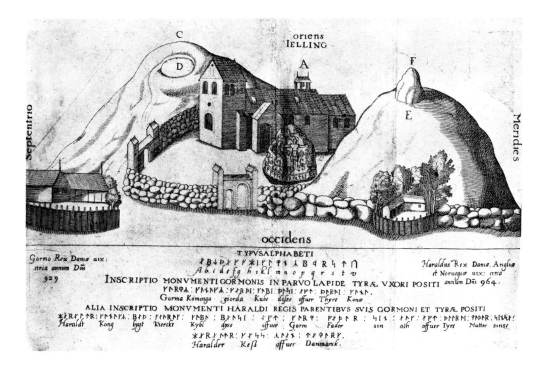

ihm zugewiesenen Platz hatte. Monboddos sechsbändiges Werk *On the Origin and Progress of Language* erschien in den Jahren 1773 und 1792, ein weiteres sechsbändiges Werk *(Ancient Metaphysics)* folgte zwischen 1779 und 1799. Nach Monboddos Auffassung war der Orang Utan eine Variante des Menschen und konnte nur durch Zufall nicht sprechen. Der Mensch, so gleichfalls Monboddo, werde mit einem Schwanz geboren, und nur den Hebammen sei es zuzuschreiben, daß diese ›Tatsache‹ nicht allgemein bekannt sei. Dr. Samuel Johnson (1709–1784) verwarf Monboddos Spekulationen. »Andere Völker haben seltsame Grillen«, so schrieb er, »doch sie verbergen sie. Wenn sie Schwänze haben, verstecken sie sie. Lord Monboddo aber ist auf seinen Schwanz so eitel wie ein Eichhörnchen auf den seinen.« Johnson billigte aber auch antiquarische Spekulationen nicht, die auf über Bodenniveau anstehenden Monumenten bzw. auf im Feld gefundenen Antiquitäten beruhten. »Alles, was wir wirklich über den Zustand Britanniens im Altertum wissen«, meinte er, »füllt höchstens ein paar wenige Seiten. Wir können nicht mehr in Erfahrung bringen, als was uns antike Autoren mitteilen.« Diese negative Einstellung gegenüber der Archäologie war im ausgehenden 18. Jahrhundert weit verbreitet. Im renaissancezeitlichen Skandinavien verlief die Entwicklung der Archäologie nach ganz ähnlichem Schema, nur daß es hier bereits einige frühe Ausgrabungen gab. So grub man 1588 den als *Langben Rises Høj* bekannten langen ›Dolmen‹ nördlich von Roskilde aus, weil man hoffte, so beweisen zu können, daß die volkstümliche Überlieferung recht hatte, die von einem ›Hünen-‹ und ›Krieger-

16. Schon gegen Ende des 16. Jahrhunderts begann man in Dänemark auf Bodendenkmäler zu achten. Obige Zeichnung der beiden Königs-Tumuli und des großen Runensteines (mit Transkription) aus Jelling (Ostjütland) wurde bereits 1591 veröffentlicht.

29

grab‹ sprach. Allein – man fand nur spärliche Überreste von Keramik und anderen Artefakten. Ende des 16. Jahrhunderts ließ der Gouverneur von Holstein die berühmten Monumente von Jelling in Jütland (Abb. 16) sowie einige andere Runeninschriften kopieren und entziffern. Insbesondere König Gustav II. Adolf von Schweden sowie König Christian IV. von Dänemark förderten die Untersuchung der Altertümer ihrer Länder. Eine Zeitlang war John Bure, besser bekannt unter der latinisierten Form seines Namens: Johannes Bureus (1568–1652), Erzieher Gustav Adolfs. Er untersuchte Runensteine, bereiste ganz Schweden, veröffentlichte eine Publikation unter dem Titel *Monumenta Sveo-Gothica hactenus exsculpta,* und außerdem geht ein inediertes Inschriftenkorpus mit dem Titel *Monumenta Runica* auf ihn zurück. Der König richtete eine neue Behörde ein: das Riksantikvariat (›Reichsantiquariat‹), und Bure war der erste, der das betreffende Amt bekleidete.

Ole Worm – oder Olaus Wormius, um ihn nicht seiner latinisierten Namensform zu berauben – lebte 1588–1654. Er war Sohn eines Bürgermeisters von Aarhus, stammte allerdings aus einer Familie holländischer Flüchtlinge, die aus religiösen Gründen ihre Heimat aufgegeben hatten. An und für sich Mediziner, war er jedoch ein außerordentlich vielseitiger Gelehrter, der an der Universität Kopenhagen nacheinander Professuren für Klassische Altertumskunde, griechische Sprache und schließlich für Medizin innehatte. Er sammelte, was immer ihm sammelnswert erschien, insbesondere florale und faunale Überreste sowie von Menschenhand gefertigte Objekte, die er nach einem selbsterdachten, strengen System ordnete und klassifizierte. Ein *Museum Wormianum* betitelter, detaillierter und noch von ihm selbst vorbereiteter Katalog erschien 1655 posthum. Herausgeber war sein Sohn William. Ole Worms Sammlung zählte zu den bedeutendsten Attraktionen Kopenhagens und umfaßte zahlreiche Kuriositäten, Objekte bizarren und exotischen Charakters, Antiquitäten und ausgestopfte Tiere (Abb. 23, 24). Sehr interessiert an Denkmälern dänischer Vergangenheit, insbesondere an Runeninschriften, hatte Worm selbst bereits 1643 *Monumenta Danica* sowie *Fasti Danici* veröffentlicht, ja schon 1626 den König veranlaßt, ein Rundschreiben an die gesamte Geistlichkeit des Landes zu erlassen, das alle Pfarrer aufforderte, sämtliche Runensteine, Gräber und andere Geschichtsdenkmäler innerhalb ihrer Pfarrsprengel zu melden. Im Jahre 1639 kam in Gallehus, Südjütland, ein goldenes Horn zum Vorschein, und man bat Worm als erfahrenen Runen- und Antiquitätenkenner, eine Expertise zu geben. Das Ergebnis war seine 1641 veröffentlichte Schrift *De aureo cornu.* Dieses aus Gold gefertigte Horn wurde – zusammen mit einem einhundert Jahre später entdeckten Gegenstück – 1802 aus den königlichen Sammlungen entwendet und ist seither verloren. Deshalb besitzt Worms Beschreibung dieses Horns sowie der Runen und Dekormuster, die es zierten, auch heute, 300 Jahre danach, bedeutenden wissenschaftlichen Wert (Abb. 17).

Im Jahre 1684 fiel das Amt des Reichsantiquars an den Geschichts-

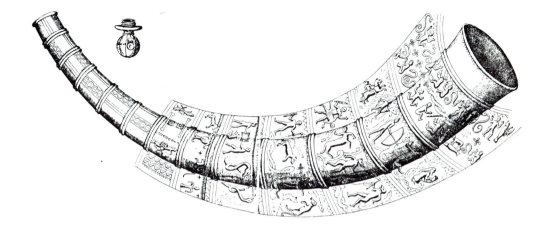

17. Das 1639 in Gallehus (Südjütland) gefundene goldene Horn wurde später aus dem dänischen Königsschatz gestohlen. Daher ist diese 1641 veröffentlichte Zeichnung Ole Worms heute, 300 Jahre später, von außerordentlicher Bedeutung.

professor Thomas Bartholin. 1689 veröffentlichte dieser zusammen mit seinem isländischen Assistenten Arni Magnusson ein dreibändiges Werk unter dem Titel *Antiquitates Danicae de causis contemptae a Danis adhuc gentilibus mortis*, das ebenso literarische Quellen wie Bodenfunde bemühte, um zu beweisen, wie wenig einst die heidnischen Dänen den Tod gefürchtet hätten.

Die Universität Uppsala in Schweden erhielt 1662 einen Lehrstuhl für Altertums- oder vielmehr Altertümerkunde. Sein erster Inhaber war Olof Verelius. Im Jahre 1666 wurde er zum Hofantiquar ernannt, und man rief ein eigenes Kolleg für Altertümerforschung ins Leben, das der Universität Uppsala angegliedert wurde. Geistiger Vater dieses Kollegs war Johan Hadorph, der das Amt des Museumssekretärs bekleidete. Auf seine Initiative ging auch ein königlicher Erlaß zum Schutz der antiken Monumente im Königreich Schweden und Finnland zurück. Ein zweiter, einige Jahre später veröffentlichter Erlaß diente zusätzlich dem Schutz tragbarer, mobiler Antiquitäten. Mit seinem Kolleg zur Untersuchung der Monumente seiner Vergangenheit und diesen königlichen Erlassen war Schweden, was die Förderung archäologischer Studien angeht, damals allen anderen europäischen Ländern voraus. Das Kolleg wurde 1692 aus Uppsala nach Stockholm verlegt und in ›Altertümerarchiv‹ umbenannt.

In Dänemark legten 1744 der damalige Hofkaplan Erik Pontoppidan (1698–1764) und der Kronprinz (der nachmalige König Friedrich V.) bei Jaegerspris ein megalithisches Ganggrab frei. Es war vielleicht die erste regelrechte Ausgrabung dieser Art. Der Bericht darüber erschien noch im selben Jahr (1744) in der ersten Ausgabe der Sitzungsberichte der Dänischen Königlichen Gesellschaft. Pontoppidan stellte fest, daß es sich bei dem Grab um die Begräbnisstätte ganz normaler Menschen handelte und keineswegs, wie man früher geglaubt hatte, um ein Grab von Riesen. Statt dessen waren, so schrieb er, »unsere zwar heidnischen, aber doch frommen Vorfahren vor mindestens 1800 Jahren« die Erbauer des Monuments. 1763 faßte er die Ergebnisse aller seiner der Vergangenheit Däne-

18. Das 1685 durch Zufall entdeckte und danach ausgegrabene neolithische Kammergrab von Cocherel bei Dreux (Nordfrankreich) ist eine der ersten Ausgrabungen Westeuropas, von der Grabungsberichte veröffentlicht wurden.

Gegenüber:
I,II Jungpaläolithische (spätaltsteinzeitliche) Höhlenmalereien (Bisons bzw. Wisente) aus Altamira, Spanien.

Umseitig:
III Goldmaske aus der Zeit um 1550 v. Chr., von Heinrich Schliemann, der sie für die Maske Agamemnons hielt, in den Schachtgräbern von Mykenai (Mykene) entdeckt. Höhe: 26 cm.

IV Stierkopf aus Blattgold und Lapislazuli über einem Holzkern. Zierat einer Lyra aus dem reichen Grabschatz (um 2500 v. Chr.), den Sir Leonard Woolley in den Königsgräbern von Ur entdeckte.

marks gewidmeten Forschungen in seinem großen Werk *Den Danske Atlas I* zusammen. In der Tat: Was Dänemarks und Schwedens Altertumskundler im 17. und 18. Jahrhundert bereits an Leistungen aufzuweisen hatten, war durchaus bemerkenswert.
In Frankreich entdeckte man 1685 bei Cocherel (unweit von Dreux im Eure-Gebiet) ein Megalithgrab und deckte es auf (Abb. 18). Ganz offenkundig handelte es sich um ein gutes Beispiel eines Grabtyps, den man heute als ›Galeriegrab‹ zu bezeichnen pflegt. Die Aufzeichnungen darüber sind erhalten, sie gehören zu den ältesten Berichten über die Ausgrabung eines Kammergrabes in Westeuropa. Veröffentlicht wurden sie in *L'antiquité expliquée et représentée en figures* von Bernard de Montfaucon (1719) sowie in der *Histoire civile et ecclésiastique du Comté d'Évreux* von Le Brasseur (1722).
Geradezu dafür prädestiniert, schon früh die Aufmerksamkeit von Altertumskundlern auf sich zu ziehen, war die südliche Bretagne mit ihrem Reichtum an megalithischen Denkmälern. In dem Jahrzehnt zwischen 1727 und 1737 beschrieb de Robien die megalithischen Monumente von Carnac und Locmariaquer, er zog einen Künstler mit heran, um sie im Bild festzuhalten. Zahlreiche prähistorische Denkmäler bildete auch der Comte de Caylus (1692–1765) in dem erst 1767 (also erst nach seinem Tode) erschienenen

I

II

IV

letzten Band seines *Receuil d'antiquités Égyptiennes, Étrusques, Grecques et Gauloises* ab. Legrand d'Aussy (1738–1800) wurde 1795 zum Institutsmitglied ernannt und hielt eine Vorlesung mit dem Titel: *Les anciennes sépultures nationales.* Dabei zitierte er mit großer Zustimmung das 1796 veröffentlichte Buch von La Tour-d'Auvergne-Coret: *Origines gauloises celles des plus anciens peuples de l'Europe,* dessen Verfasser bereits zutreffend die Megalithbauten der Bretagne den vor-römerzeitlichen Bewohnern Galliens zuschrieb.

Seit wann gibt es Menschen und Steinwerkzeuge?

Wie wir sahen, standen den Altertumsforschern des 17. Jahrhunderts vier Arten von Quellen zur Verfügung: volkstümliche Überlieferungen, Mythen und Legenden, die Denkmäler des Altertums selbst, klassische Autoren und die Bibel. Lediglich die Bibel schien Hinweise auf die Zeitstellung des Menschengeschlechtes zu geben: im sogenannten ›Geschlechtsregister‹ der biblischen ›Erzväter‹ oder Patriarchen im Buch *Genesis* (1. Mos.), Kapitel 5, das die Lebenszeiten biblischer Gestalten angibt, Lebenszeiten übrigens von außergewöhnlich langer Dauer, so scheint es wenigstens. Schon in der Frühzeit des Christentums versuchten die Kirchenväter, aus diesen Angaben das Gerüst einer absoluten Chronologie zu zimmern. Hieronymus, der unter anderem Eusebius ins Lateinische übersetzte, zählte zunächst 2242 Jahre von Adam bis zur Sintflut sowie weitere 942 Jahre von der Flut bis zu Abraham, revidierte allerdings später diese Ziffern und reduzierte sie auf 1656 plus 292. Mit Hieronymus' Zusätzen wurde so Eusebius' Chronologie zur Datengrundlage, auf der Europas Historiker ihre chronologischen Systeme aufbauten und auf der die Vorstellung gedieh, die Welt sei 6000 Jahre alt.
Luther betrachtete das Jahr 4000 v. Chr. als das Jahr der Weltschöpfung. Er bevorzugte eine runde Zahl. Manches freilich schien eher für andere Zeitansätze wie 4032, 4004, 3949 und 3946 zu sprechen. So erklärte der Astronom Kepler, er habe in der christlichen Zeitrechnung einen Irrtum von vier Jahren gefunden, und weil man dies akzeptierte, trug die 1611 veröffentlichte autorisierte Version der englischen Bibel am entsprechenden Seitenrand die Jahreszahl 4004 v. Chr. als Datum der Erschaffung der Welt. Für dieses Datum sprachen sich auch die englischen Theologen des 17. Jahrhunderts aus. 1658 erschien das Werk des Erzbischofs Ussher in englischer Sprache (die Originalausgabe war lateinisch). Es trug den – zeitüblich bombastischen – Titel: ›Die Annalen der Welt seit frühester Zeit und fortgesetzt bis zum Anfang der Regierung Kaiser Vespasians sowie zur völligen Zerstörung und Aufgabe des [Jerusalemer] Tempels und des Gemeinwesens der Juden‹ (*The Annals of the World Deduced from the Origins of Time and continued to the beginning of the Emperor Vespasian's Reign, and the total Destruction and Abolition of the Temple and Commonwealth of the Jews*).

Gegenüber:
V Goldmaske Tutanchamuns (um 1325 v. Chr.). Gefunden von Howard Carter in Tutanchamuns Grab im Tal der Könige. Höhe: 54 cm.

Ussher äußerte hier: »Ich neige zu der Ansicht, daß vom Vorabend des ersten Welttages bis zu jener Mitternachtsstunde, in der der erste Tag der christlichen Zeitrechnung begann, 4003 Jahre, 70 Tage und sechs Stunden vergingen« und setzte folglich die Erschaffung des Menschen am sechsten Schöpfungstage auf Freitag, den 28. Oktober 4004 v. Chr. fest.

Schon 1642 hatte ein anderer Gelehrter, Dr. John Lightfoot, seines Zeichens Magister an *St. Catharine's College* und Vizekanzler der Universität Cambridge ein Werk mit einem womöglich noch schwülstigeren Titel veröffentlicht: ›Einige wenige und neue Beobachtungen zum Buch Genesis, die meisten von ihnen zutreffend, der Rest wahrscheinlich, allesamt harmlos, merkwürdig und bisher selten vernommen‹ *(A Few and New Observations on the Book of Genesis, the most of them certain, the rest probable, all harmless, strange and rarely heard of before)*. Hier heißt es:

»*Unsere Leiber, Himmel und Erde, das Zentrum und alles andere ringsumher, wurden alle zusammen in einem einzigen Augenblick erschaffen, dazu Wolken voll Wasser, nicht wie wir sie durch Verdampfen erzielen, sondern solche, die man Fenster oder Katarakte des Himmels nennt ... Der dreifaltige Gott schuf den Menschen um die dritte Stunde des Tages, das heißt um 9 Uhr am Morgen des 23. Oktober 4004 v. Chr.*«

Damals war man allgemein von der Richtigkeit dieser Auffassung überzeugt. So läßt William Shakespeare in ›Wie es euch gefällt‹ (1600) Rosalind sagen (4. Akt, 1. Szene): »Die arme Welt ist fast 6000 Jahre alt, und die ganze Zeit über ist noch kein Mensch in eigener Person gestorben, nämlich in Liebessachen« (deutsch nach der Schlegel-Tieckschen Übersetzung). Eine Welt derartiger Vorstellungen war es, in der Sir Thomas Browne in seiner *Religio Medici* (1643) sagen konnte: »Zeit ist für uns begreifbar. Ist sie doch nur fünf Tage älter als wir selbst und hat sie doch das nämliche Horoskop wie die Welt.« Und diese Vorstellung von der Kürze und Erfaßbarkeit der Zeit sollte ein gutes Stück ins 18., ja noch bis in das 19. Jahrhundert fortwirken. So enthält Samuel Rogers Gedicht *Italien – ein Abschied* (1822–1828) eine Zeile, in der von »manch einem Tempel, halb so alt wie die Zeit« die Rede ist, Rogers' Freund Burgon lieh sich diese Wendung für sein Newdigate-Preisgedicht *Petra* (Oxford 1845) aus, das die so staunenerregende, von eigentümlichem Reiz erfüllte Nabatäer-Kapitale als »rosenrote Stadt – halb so alt wie die Zeit« feiert.

In der zweiten Hälfte des 19. Jahrhunderts wurde diese Vorstellung von der kurzen, nur sechs Jahrtausende umfassenden Dauer der Menschheit zunichte gemacht. Einmal durch neue Entwicklungen im Bereich der Geologie auf der Basis einer neuen Lehre von der Gleichartigkeit des Wirkens der Naturkräfte in Vergangenheit und Gegenwart, weiterhin durch die Entdeckung menschlicher Artefakte in Verbindung mit Überresten ausgestorbener Tierarten, die – der neuen Geologie zufolge – weit über 6000 Jahre alt sein mußten. Doch zunächst galt es, die ältesten Steinwerkzeuge des Menschen

19. Aquarelldarstellung eines Indianers von John White (1585). Die Entdeckung derartiger Völkerschaften in Amerika warf die Frage auf: Hatte es einst auch in Europa eine Bevölkerung auf ähnlicher Kulturstufe gegeben, die nichts von Metallgewinnung und -verarbeitung wußte?

als das zu erkennen, was sie sind, nämlich Artefakte von Menschenhand, die dem Menschen ihre Formgebung verdanken.
Immerhin dauerte es geraume Zeit, bis sich diese Erkenntnis durchgesetzt hatte. Lange deutete man Steinwerkzeuge als ›Donnerkeile‹, ›Feenpfeile‹ und ›Elfenschüsse‹. Um die Mitte des 17. Jahrhunderts führte Ulysses Aldrovandi Steingeräte auf eine »Mischung einer bestimmten Ausdünstung von Donner und Blitz mit metallischer Materie« zurück, die »besonders in dunklen Wolken durch die sie umgebende Feuchtigkeit verdichtet, (ähnlich wie Mehl und Wasser) zu einer zusammenhängenden Masse verkleistert und sodann wie ein Backstein durch Hitze gehärtet« werde. Und Tollius behauptete fast zur gleichen Zeit: Feuersteinabschläge entstünden »am Himmel aus einer Ausdünstung des Blitzes, die durch die ringsherum herrschende Feuchtigkeit in einer Wolke verdichtet« worden sei.
Doch nach der Entdeckung Amerikas sah man sich plötzlich Menschen gegenüber, die noch immer Steingeräte benutzten (Abb. 19). Wenn man sie nicht als heruntergekommene Abkömmlinge einer einst mit Metall vertrauten Bevölkerung ansehen wollte, drängte sich unweigerlich die Frage auf: Wenn es in Amerika Steinwerkzeugbenutzer gab, konnte es dann nicht auch sehr früh in Alt-Europa Menschen gegeben haben, die von Metall noch nichts wußten? Kolumbus entdeckte Amerika im Jahre 1492, und die Wirkung zeigte sich unmittelbar. Petrus Martyr (Pietro Martire d'Anghiera), dessen Schriften zwischen 1504 und 1530 publiziert wurden, sowie Ferrante Imperato (in seinem Werk *Dell'Historia Naturale*; 1599) diskutierten das Problem der Ureinwohner Amerikas, deren Werkzeuge aus Stein bestanden.
Einer der ersten europäischen Gelehrten, die sich damit abfanden, in prähistorischen Steinwerkzeugen nichts anderes als eben nur Steinwerkzeuge zu sehen, war Michele Mercati (1541–1593). Papst Pius V. ernannte ihn zum Oberaufseher der Vatikanischen Gärten, und Gregor XIII. sowie Sixtus V. bestätigten ihn in diesem Amt. An sich Mediziner, zeichnete er sich durch vielseitige Interessen sowie durch profunde Kenntnisse auf vielerlei Wissensgebieten aus. Als hervorragender Mineraloge war er zugleich einer der Begründer der modernen Paläontologie. Er sammelte Versteinerungen, Mineralien und Artefakte und schrieb darüber in seiner *Metallotheca*, einem Werk, das bis zu seiner Veröffentlichung im Jahre 1717 als Manuskript in der Vatikanischen Bibliothek aufbewahrt wurde. Es enthielt auch Abbildungen von Steingeräten, die als Kriegswaffen erklärt wurden, derer sich der Mensch bedient habe, bevor er Metalle kennenlernte. Mercati berief sich dabei auf Zeugnisse klassischer Autoren ebenso wie auf die Bibel, doch stand er zweifellos unter dem Eindruck der sich im Vatikan immer mehr anhäufenden steinernen Artefakte indianischen Ursprungs, die als Geschenke spanischer, portugiesischer und italienischer Entdeckungsfahrer an den päpstlichen Hof gelangten.
Im Jahre 1655 veröffentlichte Isaac de la Peyrère aus Bordeaux in Amsterdam und London sein ›theologisches System auf der Voraussetzung, daß es schon vor Adam Menschen gab‹ (*A theological*

System upon that Pre-supposition that Men were before Adam). Er ging davon aus, daß es sich bei den vermeintlichen ›Donnerkeilen‹ in Wirklichkeit um Artefakte einer primitiven, uralten, voradamitischen Rasse menschlicher Wesen handeln müsse. Freilich stießen seine theologischen Auslassungen, insbesondere seine Prä-Adamiten-These, auf heftige Ablehnung: die Inquisition nahm sich seiner und seiner Bücher an. Man zwang ihn zum Widerruf, und sein Werk wurde in Paris öffentlich verbrannt. Sollte es die einzige Aussage über die Ursprünge des Menschen und seiner Steinartefakte in der Geschichte der altertumskundlichen und archäologischen Literatur geblieben sein, die eine solche Reaktion hervorrief?
Schon bald nach der Veröffentlichung des inkriminierten Buches von de la Peyrère gab Sir William Dugdale (1605–1686) in seinem Werk *The Antiquities of Warwickshire* (1658) die Abbildung eines Steinbeiles und berief sich auf den Fund einiger weiterer Objekte dieser Art, die »auf sonderbare Weise durch Schleifen oder dergleichen« hergestellt worden seien. »Die ersten eingeborenen Briten« hätten sie angefertigt, um sie »als Waffen zu benutzen, sintemalen sie ja noch keinerley Kenntniß der Bearbeytung von Eisen oder Gelbguß für dergleychen Zweck besessen.« Auch Dr. Robert Plot zweifelte nicht daran, daß es sich um das Werk von Menschenhänden handelte; gleicher Ansicht waren Sir Robert Sibbald und Edward Lhwyd. In einem Brief vom 17. Dezember 1699 weist Lhwyd ausdrücklich auf das entsprechende amerikanische Material hin:

»Nicht daß ich zweifle, Ihr hättet oft dergleychen Pfeilspitzen gesehen, so man Elfen oder Feen zuschreybet, sind es doch justament die gleychen abgeschlagenen Feuersteyn, mit welchselben die Eingeborenen von Neu England bis zum heutigen Tag ihre Pfeile versehen, und wurden auch hierzuland verschidene Steinbeyl gefunden, so denen in Amerika nicht unähnlich ... man schuf dergleychen nicht wegen der Zauberey, sondern benutzt sie einst auch hier zum Schießen, als noch anitzo in Amerika. Die meysten hierzulande, wißbegierig so als auch Menschen vulgären Schlages, begnügen sich mit der Behauptung, sie fielen oft, von Feen geschossen, vom Himmel herab, und wissen vielerley Beyspiel davon zu erzählen. Ich für meyn Theyl indessen bedarff starcker Mittel, um meinen Glauben zu suspendieren, es sey denn, ich sehe eynen davon zur Erde fallen.«

Ende des 17. Jahrhunderts fand ein Mr. Conyon einen Feuerstein-Faustkeil in der Nähe von Gray's Inn Lane (London). Zusammen damit kam das Skelett eines ›Elefanten‹ (wohl eines Mammuts) zum Vorschein. John Bagford, der 1715 in einem Brief diesen Fund schildert, akzeptiert zwar ohne weiteres den Fundzusammenhang zwischen einem von Menschenhänden geschaffenen Gegenstand und einer ausgestorbenen Tierart, hielt aber nichtsdestoweniger den ›Elefanten‹ für ein von den Römern ins Land gebrachtes Tier. Die 1685 durchgeführte Ausgrabung des bereits erwähnten Megalithgrabes von Cocherel (Abb. 18) förderte geschliffene Steinbeile

ans Licht, darunter sogar ein Beil aus Jade. In seiner Fundbeschreibung bemerkt der Abbé von Cocherel 1722, die Beile glichen denen der Indianer, ja er verstieg sich sogar zu der Annahme, möglicherweise habe man die Skythen als Bindeglied zwischen Amerika und den Grab-Erbauern von Cocherel anzusehen. Schon 1719 war Dom Bernard de Montfaucon in seinem Grabungsbericht über Cocherel zu der ebenso scharfsinnigen wie zutreffenden Erkenntnis gelangt, das Grab müsse nach Ausweis der in ihm gefundenen Steingeräte von »einer barbarischen Nation« erbaut worden sein, »die weder den Gebrauch des Eisens noch irgendwelchen anderen Metalls« kannte – eines der frühesten Beispiele für die Zuweisung prähistorischer Monumente (nicht nur von Steinbeilen, Pfeilspitzen und dergleichen) an ein Steinzeitalter.
In Frankreich sprachen sich im 18. Jahrhundert – namentlich nachdem 1717 endlich Mercatis *Metallotheca* veröffentlicht worden war – zahlreiche Gelehrte wie z. B. de Jussieu, Lafitau, Mahudel und Goguet dafür aus, daß es einst tatsächlich Steingeräte und eine Steinzeit gegeben haben müsse. Père Lafitaus ›Sitten der amerikanischen Wilden verglichen mit den Sitten der Urzeit‹ *(Mœurs des Sauvages Amériquains Comparée aux Mœurs des Premiers Temps)* – ein faszinierender Titel, der aufhorchen läßt – wurde 1724 veröffentlicht. Lafitau betont den Wert ethnographischer Parallelen für die Untersuchung der einstigen Bevölkerung Uralt-Europas. »Es genügte mir nicht«, schreibt er, »die Natur der Wilden zu kennen sowie ihre Sitten und Gebräuche zu studieren. Vielmehr suchte ich in diesen Sitten und Gebräuchen nach Spuren unserer fernsten Vergangenheit.«
Antoine Ives Goguet (1716–1758) publizierte 1738 ›Der Ursprung des Rechts, der Künste und Wissenschaften sowie ihr Fortschritt bei den ältesten Völkern‹. Seiner Auffassung nach ließen sich »aus den Lebensbedingungen [, die] im größten Teil der Neuen Welt [herrschten], unmittelbar nachdem diese entdeckt worden war«, Rückschlüsse auf die Verhältnisse im antiken Europa ziehen, und er fuhr fort: »Zuerst verwendete man Bronze, später erst Eisen . . . ganz zuerst aber Steine, Feuersteingeröll, Knochen, Horn, Fischgräten, Muschelschalen [bzw. Schneckenhäuser], Schilfrohre und Dornen für all das, wofür zivilisierte Menschen heute Metall verwenden. Primitive Völker liefern uns ein getreues Bild früherer Gesellschaften.«
Zweifellos fehlte es also Anfang des 18. Jahrhunderts in Frankreich keineswegs an Gelehrten, die bereit waren, die Existenz einer Steinzeit, ja eines Dreiperiodensystems von Stein-, Bronze- und Eisenzeit zu akzeptieren. Auch in England waren ein paar Gelehrte bereits so weit, um Dugdale, Sibbald und Plot folgen zu können. So verfaßte 1765 Bischof Lyttelton von Carlisle eine Abhandlung, die 1773 im zweiten Band der *Archaeologia* veröffentlicht wurde. In ihr heißt es:
»*Ich stimme vollkommen mit Dugdale überein, daß es sich um Kriegsgeräte der Briten handelt, die von diesen benutzt wurden, bevor sie die Kunst beherrschten, Waffen aus Gelbguß oder Eisen*

herzustellen. Doch gehe ich weiter und bin überzeugt, daß sie, als sie diese Waffen anfertigten, überhaupt noch nichts von all diesen Metallen wußten . . . Meiner Ansicht nach sind diese Steinbeile die ältesten bis zum heutigen Tage erhaltenen Überreste unserer britischen Vorfahren und wahrscheinlich zeitgleich mit den ersten Bewohnern dieses Landes.«

Kurz darauf sollte der Deutsche Johann Friedrich Esper erstmals über eine echte Fundvergesellschaftung menschlicher Gebeine mit Steinwaffen und Überresten ausgestorbener Tierarten berichten. Die betreffende Entdeckung war in der sogenannten »Zoolithenhöhle« bei Gaylenreuth (heute: Gailenreuth) in den Juraformationen unweit von Muggenbrunn (Fränkische Schweiz) gemacht worden. Esper publizierte die Funde 1774 in seinem *Ausführliche Nachricht von neuentdeckten Zoolithen unbekannter vierfüßiger Tiere und denen sie enthaltenden sowie verschiedenen anderen denkwürdigen Grüften der obergebürgischen Lande des Marggrafthums Bayreuth*. Sich selbst legt er die Frage vor: »Gehörten sie [die gefundenen Menschenknochen] einem Druiden, einem vorsintflutlichen Menschen oder einem Menschen jüngeren Datums?« Leider beantwortet er diese Frage wie folgt: »Ohne hinreichenden Grund wage ich nicht, die Vermutung zu äußern, daß diese menschlichen Glieder ebenso alt sind wie die anderen, von Thieren stammenden Versteinerungen. Sie müssen mit ihnen zusammen durch Zufall hierher gelangt sein.«
Ein englischer Landedelmann aus *East Anglia* namens John Frere (1740–1807 [Abb. 20]) war es schließlich, der aus seinen Beobachtungen in einer Kiesgrube bei Hoxne (unweit von Diss in Suffolk) die richtigen Folgerungen zog. 1797 schrieb er an den Sekretär der *Society of Antiquaries* in London und legte seinem Brief einige Feuersteingeräte bei (Abb. 21), die, wie er meinte, »zwar an sich nicht besonders neugiererweckend, doch . . . in dem Lichte betrachtet werden müssen, das sich aus der Lage ergibt, in der sie gefunden wurden«. Es handelte sich um paläolithische (altsteinzeitliche) Faustkeile, die 3,5 m unter Bodenniveau in der untersten Schicht einer Reihe unversehrter archäologischer *strata* gefunden worden und mit Knochen ausgestorbener Tierarten vergesellschaftet waren. Völlig korrekt beschrieb Frere sie als »Kriegswaffen, hergestellt und benutzt von Menschen, die noch kein Metall verwendeten«. Damit ging er noch nicht weiter als die bereits aufgezählten Altertumskundler von Mercati bis hin zum Bischof Lyttelton, die samt und sonders an Steinartefakte und an eine Steinzeit glaubten. Und doch war er ihnen weit voraus, weil ihm klar war, daß – wenn man den neuen Erkenntnissen der Geologie Glauben schenkte – viel Zeit vergangen sein mußte, bis sich dreieinhalb Meter Kies über den Steinbeilen angesammelt hatten. Er schrieb also:
»Die Lage, in der diese Waffen gefunden wurden, könnte uns dazu verführen, sie einem sehr fernen Zeitraum zuzuschreiben, ja sogar einem Zeitraum vor der Existenz unserer gegenwärtigen Welt.

Doch welche Vermutungen wir auch immer über diese Spitzen äußern – es wird schwerfallen, eine Erklärung für die Schicht zu finden, in der sie liegen, bedeckt von einer weiteren Schicht, die man, um einmal von dieser Vermutung auszugehen, für einstigen Meeresgrund oder wenigstens einstige Meeresküste halten könnte.«

Worauf es hier ankommt, ist die kurze Wendung: »Vor der Existenz unserer gegenwärtigen Welt« – womit selbstverständlich die kurzlebige Welt von nur sechstausendjähriger Dauer gemeint ist, jene bequeme Welt, die 4004 v. Chr. begann und die Sir Thomas Browne zu begreifen vermochte. Mochte man Petra ›halb so alt wie die Zeit nennen‹: die Feuerstein-Artefakte aus Hoxne waren viele hundertmal älter als diese ›Zeit‹ – die Zeit eines Eusebius, eines Ussher und eines Lightfoot. Freres faszinierender und klarsichtiger Brief nahm die Annahme des hohen Alters der Menschheit vorweg,

20. John Frere (1740–1807), porträtiert von J. Hoppner.

21. Bei Hoxne in Suffolk gefundene Acheuléen-Faustkeile. Sie wurden 1797 von John Frere an die *Society of Antiquaries* in London gesandt und in *Archaeologia* 12 (1800) abgebildet.

die eine der Grundannahmen heutiger Archäologie ist. Und doch schenkte kaum jemand ihm Beachtung. Sein Brief wurde im Jahrgang 1800 der *Archaeologia* abgedruckt und blieb erst einmal 60 Jahre lang von den meisten vergessen.

Amerika

Seit Kolumbus 1492 die Neue Welt entdeckt hatte, nahmen in der Alten Welt die Spekulationen über den Ursprung der Indianer und der archäologischen Überreste, an denen auch auf dem neuen Kontinent kein Mangel herrschte, kein Ende. Anfangs waren sie rein theoretischer Natur. Erst um die Mitte des 19. Jahrhunderts berief man sich auch auf archäologische Quellen. Der Phantasie waren keinerlei Grenzen gesetzt, und man ließ Amerikas Urbewohner, die Indianer, von den alten Ägyptern, den Phönikern, den ›verlorenen Stämmen Israels‹ oder von dem angeblich im Meer versunkenen, legendären Inselkontinent Atlantis abstammen.
Bald zogen die von Menschenhand geschaffenen Hügel im Mittel- und Südwesten Nordamerikas die Aufmerksamkeit auf sich, und amerikanische Altertumsforscher fragten sich schon früh, von wem diese Hügel herrührten.
General Samuel Persons sandte eine Beschreibung der Hügel von Marietta (Ohio) an Ezra Stile, den damaligen Präsidenten von Yale, der 1783 in einem Antwortschreiben erwiderte, diese Hügel (Abb. 22) seien das Werk von »Kanaanäern nach ihrer Vertreibung durch Josua«. Stile befragte auch Benjamin Franklin, der zurückgab, er wisse keine Erklärung, aber vielleicht seien sie von den Soldaten jenes Hernando de Soto aufgeschüttet worden, der 1539–1542 mit einer bewaffneten Streitmacht von Tampa in Florida nach New Orleans gezogen war.
Die von dem Brigadegeneral Rufus Putnam ins Leben gerufene *Ohio Company* befaßte sich ab 1787/88 in unmittelbarer Nähe von Marietta mit Landgewinnungs- und Siedlungsprojekten. Putnam vermaß und kartographierte die Erdhügel und -dämme mit größter Sorgfalt. »Seine saubere kartographische Aufnahme mit ihrem genauen Maßstab war ein Meilenstein seriöser Erforschung der amerikanischen Vergangenheit«, schreibt Brian M. Fagan (*Die vergrabene Sonne* [München 1977] Seite 88), und 1930 bezeichnete Henry Shetrone Putnams Karte als »Genesis der archäologischen Wissenschaft in Nord-, Mittel- und Südamerika«. Die *Ohio Company* stellte die Monumente unter Denkmalschutz und legte ringsumher öffentliche Plätze an, in deren Mitte sie als historische Denkmäler weitgehend davon verschont blieben, überbaut oder durch landwirtschaftliche Nutzung zerstört zu werden*.

---

* Den höchsten Hügel erklärte man zum Mittelpunkt des Stadtfriedhofs. In den dreißiger Jahren des 19. Jh.s sammelten Mariettas Bürger Geld, um die Erdwälle einzuzäunen und gegen Erosion zu schützen: Weidendes Vieh hatte die Böschungen kahlgefressen. Ein Teil der Erdwerke ist inzwischen dennoch unter den Häusern der heutigen Stadt begraben (*Anm. des Übers.* nach Brian M. Fagan a.a.O.).

22. Früh schon erregten von Menschenhand geschaffene Hügel im amerikanischen Mittelwesten – wie der hier abgebildete Hügel von Marietta (Ohio) – großes Aufsehen. Im 18. Jahrhundert schrieb man sie unter anderem Kanaanäern, Dänen, Spaniern sowie (wesentlich zutreffender) Indianern eines vergangenen Zeitalters zu.

Putnams Agent in Marietta war ein Geistlicher aus Massachusetts namens Manasseh Cutler. Er kam dazu, wie Arbeiter auf einem der Hügel Bäume fällten und begann die Wachstumsringe der gefällten Bäume zu zählen. Bei einem der Bäume kam er auf 463 Ringe. Wenn jeder Ring einem Jahr entsprach, mußte der Hügel, auf dem der Baum gewachsen war, vor 1300 n. Chr. entstanden sein.

B. S. Barton behauptete 1787, die Hügel-Erbauer seien Dänen gewesen, die später nach Mexiko weitergewandert und dort als Tolteken in Erscheinung getreten seien. William Bartram andererseits erklärte, die Hügel seien zwar nicht von Angehörigen noch existierender Indianerstämme errichtet worden, aber doch von Mitgliedern älterer Indianervölker, deren Stammeszugehörigkeit sich im einzelnen nicht mehr bestimmen ließe. General William Harrison, später neunter Präsident der USA, schlug sich 1839 auf die Seite derer, die Ohios Hügel nicht Indianern, sondern einer ›verschollenen Rasse‹ zuschrieben.

Im Jahre 1787 zog sich Thomas Jefferson, nachmals dritter Präsident der Vereinigten Staaten, vorübergehend von der Politik auf sein Landgut bei Monticello zurück und verfaßte dort seine Schrift *Notes on the State of Virginia*. Neben vielem anderen interessierte ihn der Ursprung der Hügel-Erbauer, und um sich zu vergewissern, woran er mit ihnen war, führte er Ausgrabungen durch. Er wollte genau wissen, was es mit den Hügeln auf sich hatte, die sich auf seinem eigenen Grund und Boden erhoben. In einem der Hügel ließ

er einen Graben ausheben, und er erkannte eine Abfolge von Schichten. Außerdem entdeckte er eine bedeutende Anzahl menschlicher Skelettüberreste und stellte fest: man hatte die Gebeine deponiert, mit einer Erdschicht bedeckt, darauf neue Gebeine hinzugefügt, sie abermals abgedeckt und dies so lange wiederholt, bis ein Hügel von etwa 3,6 m Höhe entstanden war. Alles in allem beobachtete Jefferson die folgenden sechs ›besonderen Umstände‹: »1. Die Anzahl der Knochen, 2. ihr Durcheinander, 3. ihre Verteilung auf verschiedene Schichten, 4. die Nicht-Zusammengehörigkeit der Schichten auf der einen mit denen auf der anderen Seite, 5. den Unterschied der Bestattungszeitpunkte und 6. das Vorhandensein von Kindergebeinen zwischen den Knochenüberresten von Erwachsenen.« Nach Lehmann-Hartleben nahm Jeffersons Ausgrabung »die Grundauffassung und die Methoden der modernen Archäologie um ein volles Jahrhundert voraus«, und Sir Mortimer Wheeler feierte Jeffersons Tat als »erste wissenschaftliche Ausgrabung in der Geschichte der Archäologie ... einzigartig nicht nur für ihre Zeit, sondern noch lange danach«.
Doch auch Jeffersons Ausgrabung vermochte das Rätsel nicht zu lösen, wann diese Hügel entstanden waren. »Daß es sich um Begräbnisstätten für Tote handelte«, so schrieb Jefferson, »lag für jedermann auf der Hand. Aus welch konkretem Anlaß sie aber errichtet wurden, war zweifelhaft.« Eines allgemeinen Kommentars zum Problem der Hügel-Erbauer enthielt er sich.
Als Präsident der Amerikanischen Philosophischen Gesellschaft in Philadelphia sandte Jefferson dann 1799 einen Rundbrief an deren korrespondierende Mitglieder, der mit der Feststellung begann, die Gesellschaft habe »stets die Vergangenheit, die Veränderungen und den gegenwärtigen Zustand ihres eigenen Landes als wichtigste Forschungsziele angesehen«. Den Empfängern des Schreibens wurde dringend empfohlen,

sich genaue Pläne, Zeichnungen und Beschreibungen alles dessen zu verschaffen, was von Interesse ist ... insbesondere Befestigungen, Grabhügel und andere indianische Kunstwerke ... In viele der Grabhügel können nach verschiedenen Richtungen hin Schnitte geführt werden, um sich ihres Inhalts zu vergewissern, während der Durchmesser des größten Baumes, der auf ihnen wächst, die Zahl seiner Jahresringe und seine Art dazu beitragen können, einen gewissen Begriff von ihrem Alter zu vermitteln.

Kein Zweifel: Thomas Jefferson und Manasseh Cutler waren Pioniere der Dendrochronologie – der Baumringdatierung!
Man hat Jefferson als den ›Vater der amerikanischen Archäologie‹ bezeichnet. Doch mit Recht heben Willey und Sabloff in ihrer *History of American Archaeology* (1974), Seite 36, hervor, daß er keine unmittelbaren Nachfolger im Geiste fand. Am bemerkenswertesten an Jeffersons archäologischer Tätigkeit ist schließlich, daß er nicht nur eine Ausgrabung durchführte – und dies mustergültig unter Berücksichtigung der Stratigraphie –, sondern daß er nicht grub, um einen Schatz zu heben.

In der Tat ist er vor allem dadurch in die Geschichte der Archäologie eingegangen, daß er erstmals versuchte, mit Hilfe einer Grabung ein Problem zu lösen.

Museen und gelehrte Gesellschaften

Die ersten Museen gingen aus Privatsammlungen von Königen, Herzogen, Kardinälen und Persönlichkeiten bescheideneren Standes hervor. So wurde die Sammlung des Ulysses Aldrovandi (1527–1603) zum Grundstock des Museums in Bologna. Auch die Kollektionen jenes Thomas Howard, des Earls von Arundel (1586–1646), den Horace Walpole als »Vater rechtschaffenen Mannestums [*vertu*] in England« feierte, fanden schließlich ihren Weg in Museen. Zwei der frühesten englischen Sammler und Naturforscher waren John Tradescant († 1638) und sein Sohn gleichen Namens († 1662). Das im Volksmund liebevoll als ›Tradescants Arche‹ bewitzelte ›Tradescants Kuriositätenkabinett‹ *(The Tradescant Closet of Curiosities)* in Lambeth, eine bemerkenswerte Sammlung von ›Mannigfachem und Ausgefallenem‹ war weithin bekannt und wurde viel besucht. Im Jahre 1656 veröffentlichte John Tradescant der Jüngere seinen ›Museumsführer‹: ›Das Tradescant-Museum oder eine Sammlung von Raritäten, aufbewahrt in South Lambeth bei London‹ *(Musaeum Tradescantianum; or a Collection of Rarities presented at South Lambeth near London).* 1659 erwarb Elias Ashmole die Tradescant-Sammlung, verleibte sie seiner eigenen Sammlung ein und vermachte das ganze 1682 der Universität Oxford. Diese Sammlungen bildeten den Grundstock des noch im selben Jahr von Jakob II., damals noch Herzog von York, eröffneten *Ashmolean Museum.* Dessen erster Kurator war – wir sagten es bereits – Robert Plot. Edward Lhwyd war sein Assistent, und die Sammlungen standen zur Besichtigung offen.

Eine der seinerzeit berühmtesten Privatsammlungen war die von Ole Worm (Abb. 23). Wie sie aussah, wissen wir aus der bekannten Darstellung im *Museum Wormianum* (Abb. 24), dem 1655 posthum herausgegebenen Sammlungskatalog (Worm starb bereits 1654). Nach Worms Tode ging die Sammlung an König Friedrich III. von Dänemark, der gegenüber Schloß Christiansborg einen eigenen Bau für die königliche Bibliothek und die königlichen Sammlungen errichten ließ. Allerdings wurde das Obergeschoß, in dem das Museum (das *Kunstkabinett*) untergebracht werden sollte, erst nach dem Tode des Königs fertig, immerhin aber brachte man es bis zum Ende des 17. Jahrhunderts auf rund 75 prähistorische Ausstellungsstücke. Dem Publikum war es gegen eine Eintrittsgebühr zugänglich, die dem Kurator zugute kam.

Als Peter der Große Westeuropa bereiste, interessierte er sich nicht nur für Industrie, Schiffbau und Staatsverwaltung, sondern ebenso auch für Museen und Privatsammlungen. Eines der größten privaten Museen des 17. Jahrhunderts war das von Albert Seba (1665–1736), der seine Laufbahn als Drogist in Amsterdam begonnen

23. Ole Worm (1588–1654) im Alter von 38 Jahren, porträtiert von Simon de Pas.

hatte, dann als Angestellter der Niederländischen Ostindischen Kompanie zu bedeutendem Reichtum kam und einen großen Teil seines Vermögens für seine Sammlung ausgab, die alles erdenkliche Interessante aus dem Tier-, Pflanzen- und Mineralreich umfaßte. Als sich Peter der Große 1716 in Amsterdam aufhielt, erwarb er die Sammlung (Seba begann sofort, eine neue anzulegen) und ließ sie nach St. Petersburg bringen. Dort bildete sie die Grundlage eines schon seit 1719 dem Publikum offenstehenden Museums, aus dem schließlich die *Eremitage* hervorging, die, allerdings offiziell erst 1764 von Katharina der Großen gegründet, 1852 wieder der Öffentlichkeit zugänglich gemacht wurde. Zar Peter selbst hielt zwar seine Botschafter an, nicht nur in Amsterdam, sondern auch in Paris und Wien nach Sammelnswertem Ausschau zu halten, ergötzte sich persönlich aber mehr an Kuriositäten und Launen der Natur. So brachte er eine umfangreiche Sammlung von in Alkohol eingelegten Monstrositäten zustande, die er in seiner *Kunstkamera* ausstellen ließ. Doch von diesen Mißbildungen und Scheußlichkeiten

24. Die ersten Museen gingen aus privaten Kuriositätenkabinetten wie dem des vielseitig gebildeten und interessierten Ole Worm hervor, der Leibarzt König Christians IV. von Dänemark war. Sein berühmtes *Museum Wormianum* enthielt exotische Altertümer, ausgestopfte Tiere, geologische Merkwürdigkeiten und vieles andere mehr. Als Worm 1654 starb, ging seine Sammlung an König Friedrich (Frederik) III. über, der sie im Alten Schloß zu Kopenhagen unterbrachte.

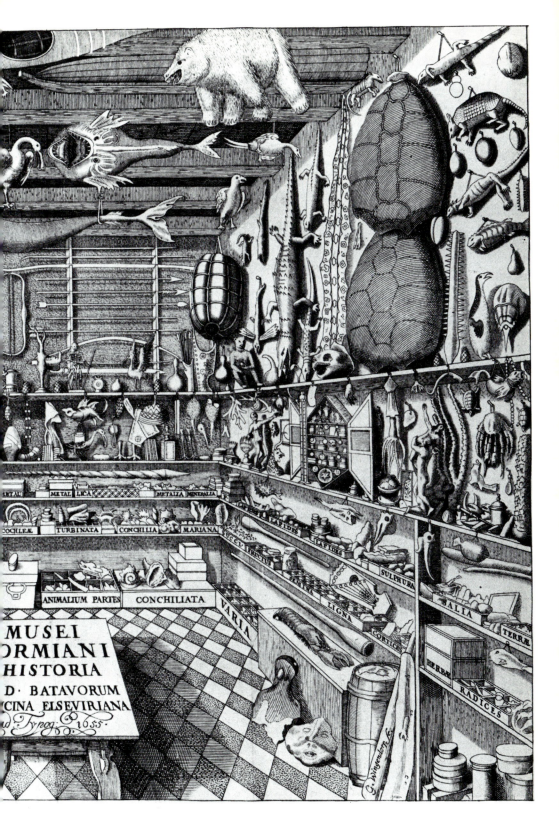

abgesehen ordnete Peter immerhin in seinem Dekret vom Februar 1718 an, wer immer etwas Außergewöhnliches oder außergewöhnlich Altes fände, habe dies den staatlichen Behörden auszuhändigen.

Einer der bedeutendsten Sammler aller Zeiten war Sir Hans Sloane (1660–1753), seinerzeit ein berühmter Arzt und Präsident der Medizinischen Akademie sowie der Königlichen Gesellschaft. Seine Bibliothek und seine Sammlungen, deren Wert sich bei seinem Tode auf £ 80000 belief, vermachte er dem britischen Volke. Man nahm seine Stiftung an und legalisierte 1753 durch einen Parlamentsakt nicht nur den Erwerb seiner Bibliothek und seines Museums sowie der Harley-Handschriften, sondern darüber hinaus deren Zusammenschluß mit der Cotton-Bibliothek in einer ›gemeinsamen Unterkunft‹, die zusätzlich auch künftigen Erwerbungen Platz bieten sollte. Aus dieser seit Januar 1759 geöffneten ›Unterkunft‹ wurde schließlich das *Britische Museum* im Montagu House zu Bloomsbury, London.

Bedeutende Sammlungen in Frankreich gab es vor allem zwei: An erster Stelle die von N. Fabri de Peirese (1580–1637) in Aix-en-Provence, den man nicht selten als den Begründer der französischen Altertumskunde bezeichnet. Die zweite gehörte dem Grafen Caylus, einem gelehrten Reisenden des 18. Jahrhunderts. Die hier wiedergegebene Darstellung läßt in etwa erkennen, wie die Sammlung angeordnet war. Bei dem Bild handelt es sich um das Frontispiz von Caylus' *Recueil d'Antiquités* (Band 1, 1752 [Abb. 25]). Viele seiner Ausstellungsstücke aus dem Bereich der Klassischen Archäologie hatte der Graf in Kleinasien selbst ausgegraben.

Im 17. Jahrhundert schlossen sich auch die ersten gelehrten Gesellschaften zusammen. So blühte von 1603–1630 in Rom die ›Akademie der Luchse‹ *(Accademia dei Lincei)*, der unter anderem Galileo Galilei angehörte. 1650 gründeten die Medici in Florenz die ›Akademie des Wagnisses‹ *(Accademia del Cimento)*, ja schon seit 1560 existierte in Neapel eine ›Akademie der Naturgeheimnisse‹ *(Accademia Secretorum Naturae)*. Bereits 1572 war in England eine Gesellschaft zusammengetreten, die sich die Erhaltung der nationalen Altertümer zum Ziel gesetzt hatte. Der Hauptanstoß zu ihrer Gründung ging von Erzbischof Matthew Parker, John Stow, William Camden und seinem Schüler Sir Robert Cotton aus. An Königin Elisabeth I. richtete man das Gesuch, der Gesellschaft durch eine königliche Gründungs- und Verfassungsurkunde offiziellen Status und königliche Privilegien zu verleihen, doch nach Elisabeths Tod widersetzte sich Jakob I. dem Vorhaben, und die kaum ins Leben gerufene Gesellschaft wurde als angeblich politische Vereinigung wieder aufgelöst. 1707 schlossen sich dann ein paar an Altertümern und an Geschichte interessierte junge Leute zu einem Klub zusammen. Ihre Stammlokale waren ›Der Junge Teufel‹ *(the Young Devil)* und der ›Bär‹ *(the Bear)* in der Strand Street. Hieraus entwickelte sich eine Vereinigung, deren Ziele auf der gleichen Linie lagen wie die der inzwischen aufgelösten Gesellschaft des Elisabethanischen Zeitalters. Im Jahre 1718 konstituierte sich

25. Titelblatt von Caylus' *Recueil d'Antiquités* (›Altertümersammlung‹, 1752) mit einem Kupferstich, der das Antiquitätenkabinett des Verfassers darstellt.

der neue Verband in aller Form als ›Gesellschaft der Londoner Altertumskundler‹ *(Society of Antiquaries of London)* und erhielt 1751 seine königliche Gründungsurkunde.

Das französische *Journal des Savants* erschien erstmals 1665, 1670 folgen die *Miscellanea Curiosa* der Deutschen Akademie der Naturforscher zu Halle, und 1770 erschien erstmals die *Archaeologia* betitelte Zeitschrift der Londoner *Society of Antiquaries* mit dem ausdrücklichen Ziel: »gründlich mit allem aufzuräumen, was auf bloßer Erfindung eitler Phantasten beruht«. Doch nicht alle Zeitgenossen waren glücklich über das, was in der *Archaeologia* stand.

Horace Walpole beispielsweise geißelte jene Mitglieder der *Society of Antiquaries*, denen es angeblich an Feingefühl und Geschmack fehlte. »Gnade uns«, schrieb er beim Durchblättern des zweiten Bandes der *Archaeologia*, »welch eine Wagenladung Ziegel, Schutt und römischer Ruinen hat man hier zusammengewürfelt!« Und an anderer Stelle fügt er hinzu:
»*Die Altertumsforscher werden so lächerlich sein wie gewöhnlich. Und da es unmöglich ist, ihnen Geschmack einzuflößen, werden sie so trocken und stumpf wie ihre Vorgänger bleiben. Man kann Untergegangenes wiederbeleben, aber es wird wieder zugrundegehen, wenn man ihm nicht mehr Leben einhaucht, als es ursprünglich hatte ... Ich bin nicht neugierig darauf, wie unbeholfen und plump die Menschen im Morgendämmer der Kunst und in ihrem Verfall waren.*«

Noch war es ein weiter Weg, bis die Archäologie als Wissenschaft ernstgenommen wurde.

2 Antiquare und Archäologen (1797–1867)

Die neue Geologie und das Alter der Menschheit

Im Jahre 1851 verfaßte Daniel Wilson ein Buch mit dem Titel: ›Archäologie und prähistorische Annalen Schottlands‹ *(The Archaeology and Prehistoric Annals of Scotland)*. Wie viele andere war auch er davon überzeugt, den Begriff ›prähistorisch‹ (›vorgeschichtlich‹) geprägt zu haben. Tatsächlich spricht er im Vorwort zur zweiten Auflage (1863) von der »Anwendung des Fachbegriffs ›prähistorisch‹, der – wenn ich nicht irre – erstmals in diesem Werk [in die Literatur] eingeführt wurde«. Er irrte: Bereits 1833 hatte Tournal, seines Zeichens Kurator des Museums von Narbonne, mit dem Terminus *préhistoire* gearbeitet. Schon fünf Jahre zuvor hatte derselbe Tournal in den *Annales des Sciences naturelles* (15, 348) die Ergebnisse seiner Forschungen in der Höhle von Bize (Aude) veröffentlicht, wo er auf Menschenknochen und Keramik sowie auf Knochenüberreste teilweise noch lebender, in den meisten Fällen aber ausgestorbener Tierarten gestoßen war. Marcel de Sèvres betonte mit Nachdruck, daß sich die menschlichen Skelettreste im gleichen Erhaltungszustand befanden wie die der ausgestorbenen Tierarten, und 1829 berichtete Tournal – abermals in den *Annales des Sciences naturelles* (18, 244) –, er habe Knochen ausgestorbener Tierarten freigelegt, die Spuren der Anwendung von Schneidewerkzeugen aufwiesen. Ein Jahr später publizierte de Christol aus Montpellier eine Schrift unter dem Titel *Notice sur les Ossements Humains des Cavernes du Gard* (1830). Die Publikation schildert, wie ihr Verfasser in einem Abri unweit von Montpellier Menschengebeine zusammen mit Hyänen- und Nashornknochen fand. Angeregt durch diese in Südfrankreich durchgeführten Forschungsarbeiten, begann ein gewisser Dr. P. C. Schmerling Untersuchungen in mehreren Höhlen in der Nähe von Engihoul bei Lüttich (Belgien), von denen die Höhle von Engis die größte Berühmtheit erlangen sollte. Schmerling entdeckte dort unter anderem sieben Menschenschädel sowie zahlreiche Artefakte, einige davon in Fundzusammenhang mit Nashorn- und Mammutskeletten. Seine Resultate legte er 1833 in einer *Recherches sur les Ossements Fossiles découverts dans les Cavernes de la Province de Liège* betitelten Arbeit vor, in der es heißt: »Es steht außer Zweifel, daß die menschlichen Gebeine zur gleichen Zeit und aus dem

26. William Buckland (1784–1856), zunächst Geologieprofessor in Oxford und später Dekan von Westminster.

gleichen Grunde unter die Erde gerieten wie die [Gebeine der] ausgestorbenen Arten.« Doch seine Zeitgenossen nahmen Schmerling nicht ernst. Wie Charles Lyell 1863 in *The Geological Evidences for the Antiquity of Man* sehr zutreffend bemerkte, verging »ein Vierteljahrhundert, bis sich auch nur die Professoren der nahen Universität Lüttich zu der Bestätigung aufrafften, daß ihr unermüdlicher und klarsichtiger Landsmann die Wahrheit sprach«.

Die gleiche Nichtachtung wurde der Arbeit J. MacEnerys zuteil, eines katholischen Geistlichen, der zwischen 1824 und 1829 in Kent's Cavern (Torquay) Ausgrabungen durchführte. Dabei stieß er auf Feuersteinwerkzeuge im Fundzusammenhang mit Überresten ausgerotteter Tierarten wie beispielsweise Nashörner, stratifiziert und abgeschlossen unter dem aus unversehrter Stalagmitmasse bestehenden Höhlenboden. Diese Entdeckungen brachten MacEnery auf den Gedanken, daß seine Funde – nach John Freres Wort – »einer wirklich fernen Periode« angehörten –, einer Periode »sogar noch vor der derzeitigen Welt«. MacEnery konsultierte den Dekan Buckland, den ehemaligen Oxforder Geologen, der sich freilich sträubte, MacEnerys Folgerungen zu akzeptieren. Seiner Auffassung nach hatten die ›Briten des Altertums‹, von denen MacEnery Artefakte gefunden habe, im Stalagmitboden der Kent's Cavern Gruben ausgehoben, um darin Feuer anzuzünden, und durch besagte Löcher seien ihre Gerätschaften in die Schicht unterhalb des Bodens geraten. Ihre angebliche ›Vergesellschaftung‹ mit den Gebeinüberresten ausgestorbener Tierarten sei also in Wahrheit rein ›zufällig‹. MacEnery protestierte: Feuergruben, wie Buckland sie postuliere, gebe es in der Höhle nicht. Buckland indessen, der auch nicht im Traum daran dachte, von Oxford nach Torquay zu reisen, um sich persönlich von der Wahrheit oder Unwahrheit der Angaben MacEnerys zu überzeugen, fiel daraufhin nichts anderes ein, als MacEnery aufzufordern, fleißig weiterzugraben, bis er eines Tages die fraglichen Löcher im Boden finden werde. Entmutigt und ernüchtert, gab MacEnery daraufhin die Hoffnung auf, seine Zeitgenossen zum Glauben an etwas bewegen zu können, das er mit eigenen Augen gesehen hatte, und er versagte sich fortan jedwede Äußerung über die Zeitgleichheit menschlicher Artefakte mit Nashornknochen. Zwar setzte er, bis er 1841 starb, seine Arbeiten in Kent's Cavern fort, doch gab er seinen Plan auf, seine Entdeckungen der Öffentlichkeit vorzutragen. Sie blieben daher unbeachtet, und ebenso wie bei Schmerling dauerte es auch bei MacEnery ein Vierteljahrhundert, bis er die verdiente Anerkennung fand.

Etwa zur gleichen Zeit führte Ami Boué in quartären Schichten Südösterreichs Ausgrabungen durch und fand Überreste fossiler Menschen zusammen mit Überbleibseln ausgerotteter Tierarten. Das Jahr 1835 brachte dann die erste wissenschaftliche Beschreibung eines schon 1700 in Bad Cannstatt gefundenen Menschenschädels, der seitdem im Stuttgarter Museum gelegen hatte, doch widmete man diesem ersten Schädel eines prähistorischen Menschen, der je ans Licht gekommen war, noch bei weitem nicht die ihm gebührende Aufmerksamkeit. 1848 kam dann in Gibraltar ein Schädel des heute als Neandertaler bekannten Menschentyps zum Vorschein. Auch dieser Fund fand kaum Beachtung, und erst 1907 bequemte man sich zu einer Beschreibung, die ihm Gerechtigkeit widerfahren ließ.

Doch nach und nach häufte sich das Zeugnismaterial. Warum dauerte es so lange, bis sich das Wissen um das hohe Alter der Menschheit durchsetzte und man die Vorstellung von ihrer nur sechstausendjährigen Vergangenheit aufgab? In erster Linie wollte man wohl nicht an das hohe Alter der Menschheit glauben, weil dies bedeutete, daß die auf dem biblischen Buch *Genesis* (1. Mos.) beruhende Chronologie nicht zutraf und man davon eine Unterminierung des christlichen Glaubens befürchtete. Daher flüchtete man sich zu jeder sich nur anbietenden Erklärung, die einen Ausweg aus dem Dilemma zu zeigen schien, mochte sie noch so fadenscheinig sein. Beispielsweise erklärte Desnoyers, manche der in den Höhlen angetroffenen Artefakte seien mit Artefakten identisch, auf die man in Megalithgräbern gestoßen sei (tatsächlich trifft dies auf einige Typen zu, *nicht* aber auf die mit den Knochen ausgestorbener Tiere vergesellschafteten Gerätschaften) und daher nicht älter als der Randbereich der Frühphase geschichtlicher Zeit.

Dann ließ sich natürlich die allgemein bekannte Tatsache ins Feld führen, daß Höhlen durchaus nicht nur von einer Bewohnergeneration benutzt worden seien, daß sie bisweilen als Begräbnisstätten gedient und schließlich Tiere, die ihren Bau gruben, Überschwemmungen und in anderer Form eingedrungenes Wasser Veränderungen der Schichtungsverhältnisse hervorgerufen hätten.

1823 begab sich der inzwischen zum Dekan von Westminster avancierte William Buckland nach Südwales, um die ›Ziegenlochhöhle‹ *(Goat's Hole Cave)* bei Paviland an der Gower-Küste zu erforschen, und hier fand er (wie wir heute wissen) das Skelett eines jungen Mannes aus dem Jungpaläolithikum, das man damals freilich als Frauenskelett ansah und als ›rote Lady von Paviland‹ bezeichnete, weil die Knochen mit rotem Ocker gefärbt waren. Zusammen mit diesem Skelett kamen paläolithische Feuersteinwerkzeuge sowie Knochen ausgestorbener Tiere zum Vorschein. Dennoch erklärte Buckland das Skelett für »eindeutig nicht zeitgleich mit den antediluvianischen [= vorsintflutlichen] Knochen der ausgestorbenen Arten« und schrieb das Vorhandensein der menschlichen Gebein-Überreste einer altbritischen Bestattung aus der Römerzeit zu, bei der man in ältere Schichten eingedrungen sei. Eine andere Erklärung galt es freilich für das Vorhandensein mit Stalaktitenmasse überzogener menschlicher Knochen in einer Höhle bei Burrington (in den Mendips) zu finden. Hier hieß es nun, die Höhle sei »entweder in sehr früher Zeit als Begräbnisstätte benutzt« worden oder habe »Ausgestoßenen als Zufluchtsstätte« gedient, »die in ihr umkamen, als das Land unter einer unserer zahlreichen militärischen Operationen zu leiden hatte«. Immerhin räumte Buckland dann ein, der Zustand der Knochen enthielte »Hinweise auf sehr hohes Alter«, doch fügte er hinzu, es gebe

gleichwohl ›keinen Grund, sie nicht als post-diluvianisch [= nachsintflutlich] anzusehen‹.«
Und doch gab es dafür jeden Grund, bestand jegliche Veranlassung, jene Vermutung zu wagen, die Johann Friedrich Esper sich einst nicht auszusprechen getraut hatte. Daß man sich dessenungeachtet so außerordentlich schwertat, sich von dem Beweismaterial aus den Höhlen Frankreichs, Belgiens und Großbritanniens überzeugen zu lassen, ja daß man dieses Material bewußt zurückwies, war wohl der Tatsache zuzuschreiben, daß die meisten damaligen Geologen noch immer Katastrophisten waren und die alte Sedimentschichten dementsprechend als ›Sintflutablagerungen‹ deuteten.
Modernes geologisches Denken entwickelte sich in Westeuropa langsam, Schritt für Schritt, und es ist falsch (doch leider begegnet man diesem Fehler nur allzu oft), die Dinge so hinzustellen, als habe sich alles schlagartig geändert, als Charles Lyell (1797–1875) in den Jahren 1830–1833 seine *Principles of Geology* veröffentlichte. Nein – der Wandel vollzog sich sukzessive, ganz allmählich wurde man sich darüber klar, was es mit geologischen Schichten auf sich hatte und was es bedeutete, stratigraphische Geologie zu treiben. Es verhielt sich kaum anders als mit jenem allmählichen Wandel, der – wie wir im nächsten Abschnitt sehen werden – schließlich zur Annahme des technologischen Modells führte, das auf der zeitlichen Abfolge von Geräten aus den Werkstoffen Stein, Bronze und Eisen beruht. Der französische Naturforscher Georges Cuvier (1769–1832) war der Auffassung, die Sprache der Felsgesteine sei nur deutbar, wenn man davon ausginge, daß es einst eine Reihe allumfassender Erdkatastrophen gegeben habe, von der die im biblischen Buch *Genesis* (1. Mos.) geschilderte Noah-Flut lediglich die letzte, jüngste gewesen sei (wobei man den biblischen Bericht als historische Ereignisschilderung zu werten habe). Zwar feiert man Cuvier mit Recht als den ›Begründer der Wirbeltier-Paläontologie‹, doch leugnete er die Existenz fossiler Menschen und bestand nachdrücklich darauf, derartiges *könne* es nicht gegeben haben. Im Scherz bezeichnete man ihn als ›Knochenpapst‹, und seine Untersuchungen von Versteinerungen – ›Denkmünzen der Schöpfung‹, wie er sie nannte – trugen ihm in ganz Europa hohes Ansehen ein. Cuviers Anhänger und Schüler setzten seine Arbeit fort. So stellten Brongniaert und d'Orbigny ein ansehnliches System von nicht weniger als 27 aufeinanderfolgenden, separaten Schöpfungsakten und Katastrophen auf!
In England machte sich ein Geistlicher namens W. D. Conybeare (1787–1857), seines Zeichens Geologe, der später zum Dekan von Llandaff avancierte, für drei Sintfluten vor Noah stark. Adam Sedgwick (1785–1857), der 1818 in Cambridge den Woodward-Lehrstuhl für Geologie erhielt, sprach sich gleichfalls für die große Flut aus, desgleichen selbstverständlich William Buckland (1784–1856), dem wir bereits im Zusammenhang mit Paviland, Burringdon und Kent's Cavern begegneten. Buckland erhielt 1813 seine Ernennung zum Lektor für Mineralogie in Oxford. Seine Lehrveranstaltungen wirkten auf sämtliche Hörer der Universität wie ein

Magnet und trugen ihm allseits Bewunderung ein. Ja es war nicht zuletzt sein Verdienst, daß 1819 in Oxford ein Lehrstuhl für Geologie eingerichtet wurde: fand darin doch jene öffentliche Anerkennung der Geologie Ausdruck, zu der er so erheblich beigetragen hatte. Er selbst freilich hatte Oxford damals bereits den Rücken gekehrt und sein neues Amt als Dekan von Westminster angetreten. Im Jahre 1823 veröffentlichte er sein Werk: ›Hinterlassenschaft der Sintflut oder Beobachtungen an den organischen Überresten in Höhlen, Felsspalten und sintflutzeitlichen Gräbern sowie an anderen geologischen Erscheinungen, die das Wirken einer allgemeinen Flut bezeugen‹ *(Reliquiae Diluvianae: or Observations on the Organic Remains Contained in Caves, Fissures and Diluvial Graves and on other Geological Phenomena Attesting the Action of an Universal Deluge)* und 13 Jahre später seine Schrift: ›Geologie und Mineralogie und ihr Verhältnis zur Theologie der Natur‹ *(Geology and Mineralogy Considered in Relation to Natural Theology)*. Er hielt am Glauben an eine weltweite Sintflut fest und hielt diesen Glauben durch die Befunde der Gesteinskunde für bewiesen.

Doch nach und nach wuchs die Zahl derer, die der Auffassung der Katastrophisten widersprachen, und je mehr sorgfältige Auswertung gesteinskundlicher Befunde blinden Buchstabenglauben an das biblische Buch *Genesis* (1. Mos.) verdrängte, desto weniger war man von der allgemeinen Flut überzeugt. Schon Ende des 17. Jahrhunderts wußte man von der Existenz geologischer Schichten, und John Michell (1724–1793), der 1762 die Woodward-Professur für Geologie an der Universität Cambridge erhielt, bewies bereits erstaunliche Kenntnis der Bodenschichten in verschiedenen Teilen Englands ebenso wie außerhalb der Grenzen Großbritanniens. Von ihm stammt eine klare Definition geologischer Stratifikation (d. h.: geologischer Schichtungsverhältnisse). »Das Erdreich«, so schrieb er, »besteht nicht aus vom Zufall zusammengewürfelten Anhäufungen von Materie, sondern aus regelmäßigen und gleichförmigen Schichten, häufig nicht stärker als einige Fuß oder Zoll, doch oft mehrere Meilen lang und breit.« Im Jahre 1785 veröffentlichte James Hutton (1726–1797) seine ›Theorie der Erde oder eine Untersuchung der Gesetze, die sich in der Bildung, Auflösung und Erneuerung von Land auf dem Erdball beobachten lassen‹ *(Theory of the Earth: or an Investigation of the Laws Observable in the Composition, Dissolution, and Restoration of Land Upon the Globe)*. Nach ihm waren all die Erdschichten aus Sand, Kies, Ton und Kalkstein nichts anderes als Ergebnisse ganz gewöhnlicher Ablagerung mit organischen Überresten durchsetzter anorganischer Sedimente unter Wasser, d. h. unter dem Spiegel von Flüssen und auf dem Meeresboden, so wie sie sich auch heute noch abspielt. Er erkannte, daß der größere Teil heutigen Landes zwar einst unter dem Meeresspiegel gelegen haben muß, doch einem allmählich ablaufenden, völlig normalen Prozeß seine Formung verdankte, ohne daß es zur Erklärung irgendeiner Katastrophe bedurft hätte. »Man braucht keine Vorgänge ins Spiel zu bringen«, äußerte er,

»die für unseren Erdball außerhalb des Normalen liegen, keinerlei Wirkkraft anzunehmen, deren Prinzip wir nicht kennen.« Der oft als ›Schichten-Smith‹ apostrophierte William Smith (1769–1839) entwarf eine Tabelle von 32 unterschiedlichen Strata, in denen er Fossilien verschiedenster Art fand. Versteinerungen waren für ihn durchaus keine ›Denkmünzen der Schöpfung‹, sondern ›Altertümer natürlichen Ursprungs‹. Der erste Teil seines Werkes *Strata Identified by Organized Fossils* (›Durch organisierte Fossilien identifizierte Schichten‹) erschien 1816. Nicht nur, daß Smith aufgrund eingeschlossener Versteinerungen das relative Alter von Felsgesteinen ermittelte, er plädierte auch für eine ganz im Rahmen der Norm über einen langen Zeitraum hinweg vor sich gegangene Schichtenbildung durch Ablagerung.

Stratigraphische Geologie und Uniformitanismus (bzw. Aktualismus [die Lehre von der Gleichartigkeit der geologischen Prozesse und Wirkkräfte in Vergangenheit und Gegenwart]) lagen also schon recht gut im Rennen, als Charles Lyell seine ›Prinzipien der Geologie‹ veröffentlichte. Der volle Titel dieses Werkes gibt bereits eine erschöpfende Definition des Aktualismus bzw. Uniformitanismus: ›Die Prinzipien der Geologie – Ein Versuch, die einstigen Veränderungen der Erdoberfläche durch Rückführung auf Ursachen zu erklären, die [noch] heute wirksam sind‹ *(The Principles of Geology, being an attempt to explain the former changes of the Earth's surface by reference to causes now in action)*. Der Dekan Conybeare mochte zwar Katastrophist und sintflutgläubig sein, doch hinderte ihn dies nicht, Lyells Werk als »in sich hinreichend bedeutsam« zu rühmen, »um eine neue Ära des Fortschritts unserer Wissenschaft zu kennzeichnen«. Wie bei Darwins ›Entstehung der Arten‹ (und Darwin war stark von Lyells *Principles* beeinflußt!) kam es nicht so sehr darauf an, daß die vorgetragenen Ideen an sich neu, sondern daß sie erstmals für jedermann, der zu lesen und zu begreifen verstand, einleuchtend und überzeugend dargelegt waren. Lyells Schwägerin, die 1894 Lyells Biographie veröffentlichte, schildert ihren Schwager als einen Menschen, der ganz von dem Sendungsbewußtsein erfüllt war, »die Naturwissenschaft von Moses zu befreien«. Und was er vollbrachte, war nichts anderes: sein Werk bedeutete die endgültige Absage der Theoretiker, die vom Wirken alltäglicher Naturkräfte ausgingen, an jeden sintflutgläubigen Katastrophismus. Fortan waren Moses und die Sintflut für Archäologen ebenso wie für Geologen gestorben. Nach Lyell brauchte kein Archäologe bei seinen Interpretationen mehr auf die einengenden Flutkatastrophen-Vorstellungen Rücksicht zu nehmen.

Jacques Boucher de Crêvecœur de Perthes (1788–1868 [Abb. 27]) war ein untergeordneter Zollbeamter in Abbeville (Nordfrankreich). In ihm erwachte das Interesse an den, wie er es nannte, ›keltischen‹ Überresten, die beim Ausbaggern des Sommekanals ans Tageslicht befördert wurden. In Wirklichkeit handelte es sich dabei allerdings um Feuersteinabschläge, geschliffene neolithische (jungsteinzeitliche) Steinbeile und zerbrochene Knochen aus prähi-

27.–28. Jacques Boucher de Crêvecœur de Perthes (1788–1868), französischer Zollbeamter aus Abbeville, der in den Kiesen der Somme paläolithische (altsteinzeitliche) Faustkeile entdeckte. Anfangs wollte man seine Funde nicht gelten lassen, weil er (s. die Abb. *rechts*) unkritisch echte Artefakte zusammen mit anderen Objekten veröffentlichte, die ihre Gestalt natürlichen Formungsprozessen verdankten.

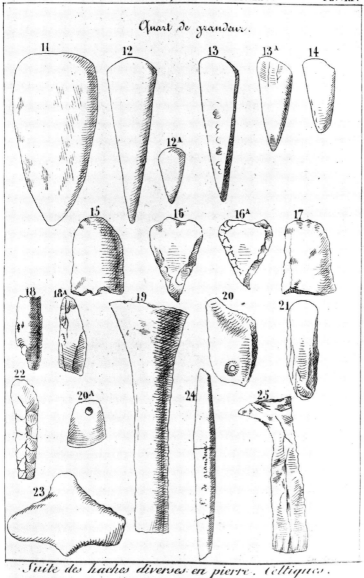

storischer Zeit. Immer mehr nahmen auch die Überreste, die er nun als präkeltisch (vorkeltisch) oder diluvial (sintflutlich) bezeichnete, seine Aufmerksamkeit in Anspruch – Überreste in Form roh abgeschlagener Feuersteingeräte und der Knochen ausgestorbener Tierarten, die in Steinbrüchen und Kiesgruben der Umgebung von Abbeville zum Vorschein kamen. 1838 veranstaltete er in Abbeville eine Ausstellung dieser Feuersteinartefakte und präsentierte im folgenden Jahre sein Material dem Institut in Paris, darüber hinaus veröffentlichte er es auch in seinem 1838–1841 erschienenen fünfbändigen Werke: *De la Création – essai sur l'origine et la progression des êtres.* Anfangs mißtraute man seinen Funden und betrachtete Boucher de Perthes als einen Sonderling. »Ich brauche nur Worte wie ›Steinbeil‹ oder ›Diluvium‹ auszusprechen«, so bemerkte er einst, »um damit ein gewisses Lächeln auf den Gesichtern meiner Gesprächspartner hervorzurufen.« Doch sammelte er unverdrossen weiter, und 1847 legte er der Öffentlichkeit den ersten Band seines dreibändigen Werkes *Antiquités Celtiques et Antédiluviennes* vor (Abb. 28). Schon im Titel läßt dieses Werk einen Fortschritt der Betrachtungsweise erkennen: aus *haches diluviennes* (›diluvianischen Äxten‹) waren bei ihm nunmehr *haches antédiluviennes* (›antediluvianische Äxte‹) geworden, und die Vergesellschaftung von Menschenhand geschaffener Artefakte mit Überresten ausgestorbener Tierarten in den prähistorischen Schichten der Sommekiese ließ nun für die Sintflut keinen Raum mehr.

Die meisten damaligen französischen Geologen waren freilich noch immer Katastrophisten, und viele glaubten nicht einmal daran, daß die Objekte, die Boucher de Perthes als Artefakte ansah, irgend etwas mit Menschen zu tun hatten. Tatsächlich leistete Boucher de Perthes seiner Sache selbst einen schlechten Dienst, indem er zu den Abschlaggeräten aus dem Paläolithikum auch Gegenstände zählte, deren Formgebung lediglich der einen oder anderen Laune der Natur zuzuschreiben war. Ein bekannter Geologe, Dr. Rigollot aus Amiens, führte seinerseits in Kiesgruben bei Saint-Acheul Ausgrabungen durch, deren erklärtes Ziel es war, Boucher de Perthes' Behauptungen zu widerlegen. Doch er sah sich eines Besseren belehrt. In seiner 1854 veröffentlichten ›Denkschrift über die bei Saint-Acheul gefundenen Feuersteingeräte‹ *(Mémoires sur les Instruments en Silex trouvées à Saint-Acheul)* legte nun auch er weitere Beweise für die Zeitgleichheit früher Menschen und ausgestorbener Tierarten vor. Weiterhin grub ein junger französischer Paläontologe namens Albert Gaudry in Amiens und Saint-Acheul, und auch er war davon überzeugt, daß Boucher de Perthes recht hatte. Das Blatt wendete sich.

In England setzte die neugegründete *Torquay Natural History Society* 1846 einen Ausschuß ein, dem die Aufgabe zugedacht war, Kent's Cavern zu untersuchen. Die Leitung des Unternehmens lag in der Hand des ortsansässigen Lehrers namens William Pengelly, der geradezu von einer Leidenschaft für geologische Forschungen besessen war. Pengelly bewies: MacEnerys Funde beruhten tatsächlich auf Wahrheit. 1858 stieß man bei Steinbrucharbeiten in den Felsen, die an der anderen Seite der Torquay-Bucht Brixham Harbour überragen, abermals auf eine Höhle. Vom Sommer 1858 bis Sommer 1859 führte Pengelly auch dort Grabungen durch. Sie erbrachten den unumstößlichen Beweis der Vergesellschaftung von Feuersteingeräten mit den Knochen ausgestorbener Tiere im Boden der Höhle, »in der«, nach Pengellys Worten, »eine drei bis acht Zoll dicke Platte aus Stalagmitmaterial lag, in und auf der sich Überreste von Löwen, Hyänen, Bären, Mammut, Nashorn und Rentier befanden«.

Diese Entdeckungen in Brixham überzeugten viele Skeptiker. Sowohl Prestwich als auch Lyell akzeptierten das Beweismaterial. Lyell erklärte 1859: »Die neuerdings durch die systematische Ausgrabung . . . der Höhle von Brixham ans Licht gebrachten Fakten müssen Sie, wie ich meine, wohl zu dem Zugeständnis veranlassen, daß der Skeptizismus bezüglich des Beweismaterials aus dieser Höhle, das für ein hohes Alter der Menschheit spricht, zuvor übertrieben wurde.«

Mittlerweile hatten aber englische Geologen und Archäologen die Sommekiese aufgesucht und Boucher de Perthes' Angaben überzeugend gefunden. 1859 besuchten Prestwich und John Evans Abbeville. Evans schrieb nach diesem Besuch: »Die Feuersteinbeile und -geräte, die in den Kiesbetten zum Vorschein kamen«, wurden »offenkundig gleichzeitig mit ihnen abgelagert – in der Tat Überreste einer Menschenrasse, die seinerzeit hier existierte, als die Überschwemmung oder was immer der Ursprung dieser Kiese war, stattfand.« Nach England zurückgekehrt, hielt Prestwich am 26. Mai 1859 vor der Royal Society einen Vortrag ›Über das Vorkommen von Feuersteinwerkzeugen in Vergesellschaftung mit Überresten ausgestorbener Tierarten in Ablagerungsbetten eines geologisch jungen Erdzeitalters bei Amiens und Abbeville sowie bei Hoxne in England‹ *(On the Occurrence of Flint Implements associated with the Remains of Extinct Species in beds of a late Geological Period at Amiens and Abbeville and in England at Hoxne).* Das Blatt hatte sich nun in der Tat gewendet. Daß die Menschheit sehr alt sei, galt nun als gesichert, und es war ein liebenswürdiger Zug Prestwichs und Evans, daß sie John Freres Brief aus dem Jahre 1797 nicht vergessen hatten. Ebenfalls 1859 erklärte Professor Ramsay: »Die Feuersteinbeile aus Amiens und Abbeville sind für mich ebenso unzweideutig Schöpfungen von Menschenhand wie jede beliebige Schnitzerei aus Sheffield.« Kein Zweifel: man betrachtete diese Beile und die, die sie geschaffen hatten, klar als einer Zeit zugehörig, die vor der Gegenwart mit ihrer knappen, auf 6000 Jahre bemessenen Dauer lag.

29. Sir John Evans (1823–1908), der Arbeiten über Stein- und Bronzewerkzeuge aus dem vorrömischen Britannien verfaßt hatte, bestätigte die Echtheit der Entdeckungen Boucher de Perthes' in Abbeville.

Doch Beile – nun ja. Wer aber waren ihre Schöpfer? Im Jahre 1857 kamen in einer Höhle in der Gemarkung ›Feldhofer Kirche‹ im Neandertal unweit von Düsseldorf der Schädel und die Röhrenknochen eines menschlichen Wesens zum Vorschein. Die erste Beschreibung dieser Überreste verdanken wir Schaaffhausen, dem die enorme Größe, die niedrige Stirn und die mächtigen Überaugenwülste dieses Schädels nicht entgingen – Eigenheiten, die wir heute als typisch für den Neandertaler ansehen. Für Schaaffhausen handelte sich hier um Überreste eines Angehörigen »einer barbarischen und wilden Rasse«, und er sah in ihnen »das älteste Denkmal der frühen Bewohner Europas«. Doch selbstverständlich fehlte es nicht an Widerspruch. Virchow erklärte die Skelettreste für die eines »pathologisch Schwachsinnigen«, Huxley jedoch akzeptierte Schaaffhausens Diagnose und äußerte, es handle sich um Überreste des affenähnlichsten Menschenwesen, das je gefunden worden sei. Dem Erscheinungsbild nach ordnete er es noch unter die Ureinwoh-

30. Als Fälschung erwies sich später der angeblich 1863 von Boucher de Perthes' Arbeitsleuten ›gefundene‹ Unterkiefer von Moulin Quignon.

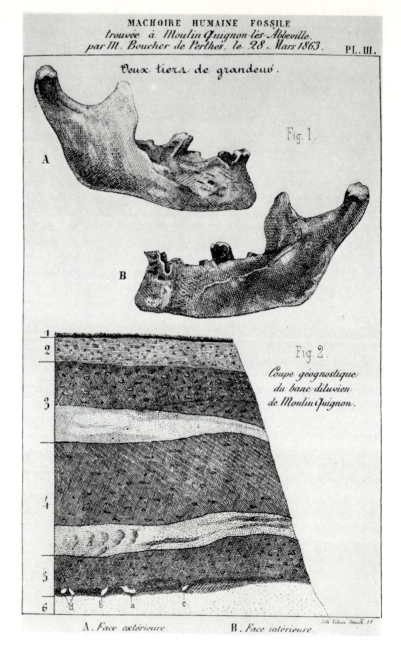

ner Australiens und erklärte es für »den höheren Affen weit näher, als diese den niederen nahestehen«.

In Frankreich war man offensichtlich unzufrieden, daß Boucher de Perthes keine Menschenknochen gefunden hatte, und er selbst wartete ungeduldig auf eine Krönung seiner Entdeckung prähistorischer Kulturüberreste durch den Fund von Skeletten der betreffenden Menschen selbst. Als dann jedoch endlich in der Grube von

Moulin Quignon bei Abbeville erstmals Menschenknochen zum Vorschein kamen, erklärten Anatomen deren Erhaltungszustand für zu schlecht, als daß eine sichere Bestimmung möglich wäre. Daraufhin setzte Boucher de Perthes eine Belohnung von 200 Francs aus, die derjenige erhalten sollte, dem der erste eindeutige Fund fossiler Menschenüberreste gelänge. Kurz danach stieß man im März 1863 in der gleichen Grube neben Faustkeilen auch auf einen kompletten Unterkiefer und einige Zähne (Abb. 30). »Dieser Fund ließ keinerlei Zweifel mehr zu«, erklärte de Perthes, und auch Quatrefages in Paris, desgleichen Lyell in London waren von der Echtheit der Entdeckung überzeugt. Prestwich und Evans dagegen hegten noch immer Zweifel, und leider wurde der ›Fund‹ schließlich in der Tat als Fälschung entlarvt. Boucher de Perthes war nicht nur von seinen eigenen Arbeitern hereingelegt worden, sondern auch seiner eigenen Begeisterung, die ihm den Blick trübte, zum Opfer gefallen. »Die Gerätschaften und der Kiefer . . . bei Moulin Quignon sind . . . jungen Datums«, schrieb Evans, und er sollte recht behalten. Doch viele Franzosen ließen sich ihren Glauben nicht nehmen, warteten sie doch so begierig auf die Abrundung der kulturellen Hinterlassenschaft prähistorischer Menschen in ihrem Lande durch wirkliche Menschenüberreste. Auch Boucher de Perthes blieb bis zu seinem Tode von der Echtheit des Knochenfundes bei Moulin Quignon überzeugt.

Das Dreiperiodensystem: Stein-, Bronze- und Eisenzeit

Schon 1738 hatte Goguet die Vermutung ausgesprochen, es müsse drei Stufen prähistorischer Technologie mit Stein-, Bronze- und Eisengeräten gegeben haben, doch verging geraume Zeit, bis diese Mutmaßung Zustimmung fand, und diese Zustimmung war alles andere als einhellig. Ohne Ausgrabungen war Archäologie keine Archäologie. Die uralten Bodendenkmäler machten sich nicht von selbst bemerkbar, und weder Autoren der Klassischen Antike noch die Bibel berichteten über sie. Zwar hatte man schon im 17. und 18. Jahrhundert in Skandinavien und Frankreich prähistorische Monumente, insbesondere Großsteingräber (Megalithgräber) ausgegraben, doch pflegte man die Ergebnisse dieser Grabungen nicht in den Rahmen dreier aufeinanderfolgender Zeitalter einzufügen, da man dieses technologisch orientierte Modell der Vergangenheit noch keineswegs allgemein akzeptierte.
Männer wie die Geistlichen Bryan Faussett in Kent und James Douglas eröffneten in der zweiten Hälfte des 18. Jahrhunderts die Reihe der ernstzunehmenden Ausgräber auf englischem Boden. Faussett grub zwischen 1757 und 1773 angelsächsische Hügelgräber in Kent aus, und Douglas' *Nenia Britannica, or a History of British Tumuli* erschien 1793.
Doch als eigentliche ›Väter‹ archäologischer Ausgrabungen in England hat man wohl William Cunnington und Sir Richard Colt Hoare anzusehen. In seiner *History of Ancient Wiltshire* (1810–1821)

erklärte Colt Hoare: »Wir sprechen von Fakten, nicht von irgendeiner Theorie. Nicht in den Bereichen der Phantasie und der dichterischen Erfindung werde ich den Ursprung unserer Hügelgräber in Wiltshire suchen«, und William Cunningham schildert, wie er im Jahre 1803 Hügelgräber auf der Ebene von Salisbury aufdeckte, »in der Hoffnung, auf etwas zu stoßen, das an die Stelle jeglicher Vermutung treten kann«. Gemeinsam gruben sie allzu viele Hügelgräber aus und gingen dabei auch viel zu hastig vor. So verzeichnet Hoare die Ausgrabung von 379 Grabhügeln, doch berichtete er immerhin sorgfältig von seinen Forschungsarbeiten und unterschied zwischen mehreren Grabformen, Bestattungsarten sowie zwischen Erst- und Zweitbestattungen. Er machte der Terminologie ein Ende, die eine Beziehung zu den Druiden voraussetzte, und differenzierte zwischen Lang- und Rundhügelgräbern. Die Rundhügelgräber wiederum unterteilte er in vier Kategorien, doch ganz frei von romantischen Anwandlungen war auch er nicht: So bezeichnete selbst er immerhin noch eine seiner Rundhügelgrab-Formen als ›Druidengrab‹, und das Titelblatt seines *Auncient Wiltescire* (= Ancient Wiltshire, ›Alt-Wiltshire‹) mit seiner archaisierenden Schreibweise und seiner Rundum-Zierkante aus steinernen Pfeilspitzen ist allein schon romantisch genug (Ab. 31)!

Colt Hoares erklärtes Ziel war es, »festzustellen, welchen der aufeinanderfolgenden Bewohner dieser Insel sie [die gefundenen prähistorischen Objekte] zuzuschreiben oder ob sie vielmehr das Werk mehr als eines einzigen Volkes sind«, doch nach zehn Jahren intensiver und unermüdlicher Arbeit sah er sich gezwungen, seine »völlige Unkenntnis« einzugestehen, »was die Schöpfer dieser Totenmale angeht: Wir haben Beweise des sehr hohen Alters unserer Hügelgräber in Wiltshire, doch hinsichtlich der Stämme, denen sie gehörten, nicht einen einzigen Hinweis, der auf soliden Fundamenten ruht«.

Demselben Problem sahen sich die Forscher bei den Altertümern Frankreichs und Dänemarks gegenüber. In Frankreich rief man 1818 eine Kommission ins Leben, deren Ziel es war, »sämtliche nationalen Monumente ... die Antiquitäten gallischer, griechischer und römischer Herkunft« zu untersuchen, doch sah auch dieses Gremium keine Möglichkeit, das Problem scheinbarer Zeitgleichheit prähistorischer Überreste zu lösen. In Dänemark veröffentlichte 1806 Professor Rasmus Nyerup *Oversyn over foedrelandets mindesmaerker fra oldtiden* – eine Schrift, in der er die Forderung nach einem staatlichen dänischen Altertümermuseum erhob, und ein Jahr darauf gründete die dänische Regierung ein Komitee für die Erhaltung und Sammlung nationaler Altertümer; Nyerup wurde Sekretär dieses Ausschusses. Viele Jahre lang hatte er bereits selbst Antiquitäten gesammelt und daraus ein kleines Museum zusammengestellt. Es war in der Universität Kopenhagen untergebracht, wo Nyerup als Bibliothekar wirkte. Doch auch Nyerup war nicht imstande, die Stücke seiner Sammlung sinnvoll zu klassifizieren, und bekannte: »Alles, was aus der Zeit des Heidentums auf uns gekommen ist, ist wie in dichten Nebel gehüllt,

31. *Gegenüber:* Titelblatt von Colt Hoares *Auncient Wiltescire* aus den Jahren 1820–1821.

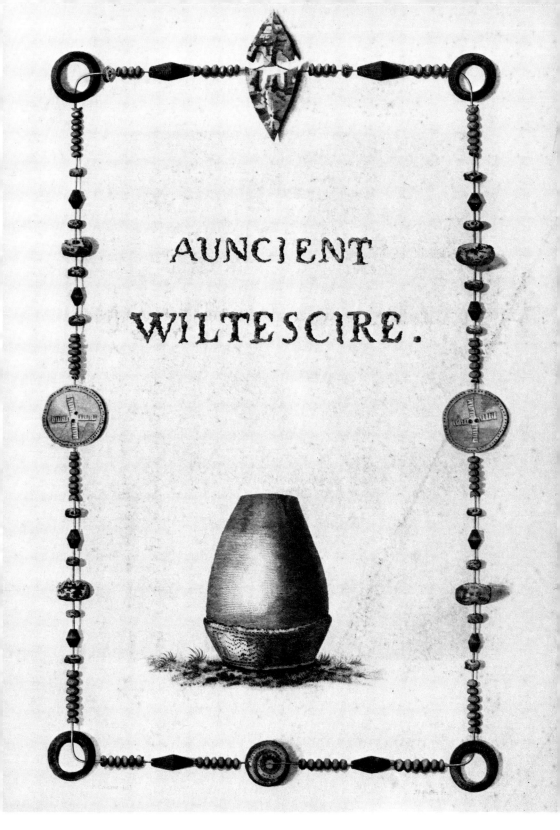

gehört es doch einer Zeitspanne an, die wir nicht zu messen vermögen. Wir wissen lediglich, daß sie dem Christentum vorausging, doch ob ein paar Jahre, ein paar Jahrhunderte oder gar über ein Jahrtausend, dies können wir bestenfalls schätzen.« Diese Worte haben den gleichen Beiklang von Verzweiflung wie die Äußerungen Colt Hoares. Und doch gab es bereits eine Antwort: Goguet hatte sie längst gegeben, und sie hätte eigentlich schon bis England vorgedrungen sein können, als Colt Hoare und Cunnington zwischen Primär- und Sekundärbestattungen unterschieden. Der Nebel konnte vertrieben, die Ungewißheit zerstreut werden. Es waren schließlich zwei Dänen, Thomsen und Worsaae, denen dies endgültig gelingen sollte.

Tatsächlich betrachteten bereits dänische Historiker im letzten Viertel des 18. Jahrhunderts das Dreiperiodensystem als gegebene, feststehende Tatsache. Beispielsweise äußerte P. F. Suhm in seiner *Geschichte Dänemarks, Norwegens und Holsteins* (1776), in den betreffenden Ländern habe man die Waffen anfänglich aus Stein, dann aus Kupfer und schließlich aus Eisen hergestellt. In seiner Schrift *Thor und sein Hammer sowie die ältesten damit zusammenhängenden Waffen* (1802) spricht Skuli Thorlacius durchweg von drei aufeinanderfolgenden Zeitaltern mit Waffen aus Stein, Kupfer und Eisen, und L. S. Vedel Simonsen schrieb in *Udsigt over Nationalhistoriens aeldste og maerkeligste Perioder* (1813–1816): *»Anfangs bestanden Werkzeuge und Waffen der frühesten Bewohner Skandinaviens aus Stein oder Holz. Dann lernten die Skandinavier Kupfer zu bearbeiten, zu schmelzen und zu härten ... zuletzt [lernten sie] schließlich [auch], mit Eisen umzugehen. So gesehen, läßt sich die Entwicklung ihrer Kultur in <u>eine Steinzeit, eine Kupferzeit und eine Eisenzeit</u> unterteilen. Diese drei Zeitalter sind keineswegs scharf voneinander getrennt, sondern greifen ineinander über. Ohne jeden Zweifel benutzten die etwas weniger entwickelten Gruppen auch nach Einführung des Kupfers weiterhin Steingeräte, und ganz entsprechend verwendete man Kupfergegenstände auch noch, nachdem man das Eisen längst kannte. Artefakte aus Holz sind selbstverständlich zerfallen, solche aus Eisen im Boden verrostet. Am besten erhalten sind Objekte aus Stein und Kupfer.«*

Hier haben wir es, und ich gebe die Worte unterstrichen wieder, aus denen unzweifelhaft hervorgeht, daß der Autor an eine Steinzeit glaubte, der eine Kupfer- und eine Eisenzeit nachfolgten. Andererseits handelte es sich hier noch immer um bloße Spekulationen eines Historikers. Sie bedurften der Bekräftigung durch archäologisches Material. Thomsen und Worsaae sollten den erforderlichen Beweis liefern.

Christian Jürgensen Thomsen (1788–1865 [Abb. 32]) trat Nyerups Nachfolge als Sekretär des staatlichen dänischen Komitees an und wurde gleichzeitig erster Kurator des Nationalmuseums (Abb. 33) – ein Amt, das er bis zu seinem Tode bekleidete. Er entstammte einer Kopenhagener Kaufmannsfamilie und arbeitete auch dann noch

32.–33. Christian Jürgensen Thomsen (1788–1865 *[oben]*), der 1819 das Dänische Nationalmuseum der Öffentlichkeit zugänglich machte *(links)* und dessen Name mehr als der jedes anderen Prähistorikers mit der Einführung des Dreiperiodensystems verknüpft ist.

teilzeitlich im väterlichen Betrieb, als er bereits am Museum tätig war. Schon in früher Jugend hatte er sich für Münzen begeistert – eine Sammlerleidenschaft, die er bald auf alle Arten von Antiquitäten ausdehnte. Schließlich begann er, was an Sammlungen in seine Obhut kam – und dies wurde immer mehr –, systematisch zu ordnen. Zu seiner Zeit war die mit allen erdenklichen nichtarchäologischen Kuriositäten durchsetzte Antiquitätensammlung in einem kleinen Raum der Kopenhagener Universitätsbibliothek untergebracht. Auf der Basis der zu Herstellung von Werkzeugen und Waffen verwendeten Rohstoffe ordnete Thomsen das archäologische Material in drei Gruppen, die, wie er meinte, drei aufeinanderfolgenden Zeitalter des Steins, der Bronze und des Eisens repräsentierten. Im Jahre 1819 wurde das Museum der Öffentlichkeit zugänglich gemacht. Einige Jahre später teilte man ihm Räume im Schloß Christiansborg zu, und dort verwirklichte Thomsen seinen Plan, die Altertümer aus Dänemarks heidnischer Frühzeit zu ordnen, endlich in vollem Umfange: Er schuf separate Räume für die Steinzeit, das Zeitalter des ›Messings‹ bzw. der Bronze und schließlich die Eisenzeit.

Die erste klare Darlegung dieses neuen Konzeptes der *Museum-*

ordning (›Museumsordnung‹), wie man es nannte (tatsächlich bestand Thomsens Leistung ja im wesentlichen darin, ein Museum geordnet zu haben), findet sich in einem 1836 unter dem Titel *Ledetraad til Nordisk Oldkyndighed* veröffentlichten Führer durch das Dänische Nationalmuseum. Thomsen hatte den *Ledetraad* herausgegeben und zeichnete persönlich für den Abschnitt über die frühen Monumente und Altertümer des Nordens verantwortlich. Und dies sind seine eigenen Worte:

»*Unsere Sammlungen bestehen ... noch nicht lange genug, und wir verfügen auch über zu wenig Faktenmaterial, als daß unsere Schlußfolgerungen schon volle Überzeugungskraft besitzen könnten ... Was wir vorzutragen im Begriff stehen, sind mithin eher Vermutungen, die darauf harren, bestätigt oder berichtigt zu werden, sobald man in der Öffentlichkeit dieser Angelegenheit mehr Aufmerksamkeit widmet als bisher ...*«

Anschließend führt er die drei Perioden an:
»*Die Steinzeit oder jene Periode, in der Waffen und Geräte aus Stein, Holz, Knochen oder einigen anderen Werkstoffen hergestellt wurden und während derer man nur wenig oder gar nichts von Metallen wußte ...*
Die Bronzezeit, in der man Waffen und Schneidegeräte aus Kupfer oder Bronze fertigte und überhaupt nichts oder nur sehr wenig von Eisen oder Silber wußte ...
Die Eisenzeit ist die dritte und letzte Periode der Zeit des Heidentums, in der man Eisen zur Herstellung solcher Artikel benutzte, für die sich dieses Metall ganz besonders eignet und bei deren Fertigung es nunmehr die Bronze verdrängte.«

Thomsen hatte bei seiner Arbeit im Museum einen Gehilfen: einen jungen Kopenhagener Studenten der Rechtswissenschaft. Jens Jakob Asmussen Worsaae (1821–1885 [Abb. 34]) stammte aus Jütland, wo er seit seiner Jugend Antiquitäten gesammelt und Hügelgräber ausgegraben hatte. Zu gegebener Zeit wurde er Thomsens Nachfolger als Direktor des Nationalmuseums, Generalinspektor der Altertümer in Dänemark, ›Reichsantiquar‹ und Professor der Archäologie an der Universität Kopenhagen. Johannes Brønsted, einer seiner Nachfolger im 20. Jahrhundert, bezeichnete ihn völlig mit Recht als den »ersten professionellen Archäologen«. Erst 22 Jahre alt, publizierte er *Danmarks Oldtid oplyst ved Oldsager og Gravhöje* (›Dänemarks Frühzeit anhand seiner alten Sagen und Grabhügel‹ [1843]). *Danmarks Oldtid* war ein bemerkenswertes Werk. Es trug das Dreiperiodensystem aus dem Kopenhagener Museum, wandte es auf Monumente im Feld an und bewies empirisch die stratigraphische Abfolge der erwähnten drei Zeitalter anhand von Ausgrabungen in Hügelgräbern und Torfmooren. Zwischen 1829 und 1843 wurde das Dreiperiodensystem so aus einer bloßen Hypothese zur erwiesenen Tatsache – zu *der* Grundtatsache der Vorgeschichte schlechthin. Der Nebel und die Ungewißheit, einst von Colt Hoare und Nyerup beklagt, waren zerstreut,

vertrieben. Helles Licht fiel nunmehr auf die Objekte aus prähistorischer Zeit. Mit vollem Recht bezeichnete später (1908) Déchelette das Dreiperiodensystem als »Grundlage der Prähistorie«, ja Macalister sollte es 1921 gar den »Eckstein der modernen Archäologie« nennen.
Worsaae hatte durch archäologische Forschungen im Feld das Dreiperiodensystem ›bekräftigt‹. Weitere empirische Bestätigung brachte die Ausgrabung prähistorischer Seerandsiedlungen in der Schweiz.
In dem sehr trockenen Winter 1853/54 hatte der Zürichsee einen besonders niedrigen Wasserstand. Deshalb kamen bei Obermeilen sowohl Überreste hölzerner Pfeiler als auch Steinbeile, Horngeräte, Keramik und verkohltes Holz zum Vorschein. Dr. Ferdinand Keller aus Zürich untersuchte die Funde und erkannte sie als Überreste einer Seerandsiedlung. Jahrelang hatten Fischer schon von ›versunkenen Wäldern‹ vor den Ufern der Schweizer Seen zu erzählen gewußt, doch erst durch Kellers Arbeiten am Zürichsee wurden die Seerandsiedlungen der Schweiz – heute eine archäologische Berühmtheit – der archäologischen Fachwelt bekannt. Nach der Entdeckung bei Obermeilen stieß man auf weitere Siedlungen dieser Art wie z. B. bei Morges am Genfer See, bei Cortaillod, Auvernier, Concise und Corcelettes am Neuenburger See und bei Robenhausen am Pfäffiker See. Im Jahre 1863 verzeichnete Oberst Schwab bereits 46 Seerandsiedlungen am Neuenburger See, ja 1875 waren es in der gesamten Schweiz mehr als 200. Kellers zuerst in einer Reihe von Denkschriften in Zürich veröffentlichte Funde wurden unter dem Titel *The Lake Dwellings of Switzerland and other Parts of Europe* (1866) auch in englischer Sprache publiziert. Der Sammelband umfaßte Arbeiten von Dr. Rutimeyer über die Fauna und von Heer über die Flora der Seerandsiedlungen – sie gehören zu den ersten Untersuchungen dieser Art an archäologischen Stätten. Damals glaubte man noch, Seerandsiedlungen seien einst als Pfahlbauten auf Plattformen im Wasser errichtet gewesen, die man über von Menschenhand geschaffene Dämme erreichte. Eine Rekonstruktion in diesem Sinne sind die Pfahlbauten bei Unteruhldingen am Bodensee. Heute neigt man eher zu der Auffassung, daß derartige Rekonstruktionen falsch sind und die Siedlungen sich jeweils an den Ufern der betreffenden Seen befanden.
Bald schon zeigte es sich: Die Seerandsiedlungen in der Schweiz gehörten durchaus nicht alle einer Periode an. Troyon wies sie vielmehr drei Perioden zu, die den drei Zeitaltern (der Stein-, Bronze- und Eisenzeit) entsprachen.
Als man das skandinavische Dreiperiodensystem auch anderswo anwandte, stellte es sich bald heraus: die ›Steinzeit‹ der dänischen Torfmoore, Muschelhaufen (Køkkenmøddinger) und Hügelgräber war lediglich die letzte Phase des Steinzeitalters. Es mußte davor eine frühere Phase gegeben haben, repräsentiert durch jene Werkzeuge aus Feuersteinsplittern, wie John Frere sie in den Kiesen von Hoxne, Boucher de Perthes in den Kiesen der Somme sowie MacEnery, Schmerling und Pengelly in Höhlen auf belgischem und

34. J. J. A. Worsaae (1821–1885), Thomsens Schüler, Verfasser von *Danmarks Oldtid* (›Dänemarks Vergangenheit‹ [1843]) und Thomsens Nachfolger als Direktor des Dänischen Nationalmuseums.

35. Auf der Suche nach dem Königsgrab bei Jelling (Ostjütland) dringen Soldaten 1861 in den Boden ein. Worsaae erläutert König Friedrich (Frederik) VII. von Dänemark die einzelnen Arbeitsschritte.

britischem Boden gefunden hatten. Französische Archäologen schlugen daher vor, zwischen zwei Steinzeiten zu unterscheiden und die ältere von beiden als ›Periode des geschnittenen Steines‹ *(période de la pierre taillée)*, die jüngere dagegen als ›Periode des geschliffenen Steins‹ *(période de la pierre polie)* zu bezeichnen.

Sir John Lubbock (1834–1913), der nachmalige Lord Avebury, veröffentlichte 1865 sein Werk *Prehistoric Times*. Darin übernahm er die von den Franzosen eingeführte Unterteilung, prägte aber für die beiden Steinzeitphasen die Begriffe *Paläolithikum* (›Altsteinzeit‹) und *Neolithikum* (›Jungsteinzeit‹). Das Paläolithikum war für ihn das Zeitalter »des Umherschweifens, als sich der Mensch mit dem Mammut, dem Höhlenbären, dem Wollnashorn und anderen ausgestorbenen Tieren in den Besitz Europas teilte«, das Neolithikum (die Jungsteinzeit) definierte er demgegenüber als »die spätere Zeit des geschliffenen Steines . . . charakterisiert durch formschöne Waffen sowie Geräte aus Feuerstein und anderen Gesteinsarten, in der wir allerdings noch keine Spur der Kenntnis irgendeines Metalls finden, es sei denn des Goldes, das man, wie es scheint, bisweilen zur Herstellung von Schmuck verwendete.« Das dänische Dreiperiodensystem war somit zum Vierperiodensystem geworden. Paläolithikum, Neolithikum sowie Bronze- und Eisenzeit bildeten den Bezugsrahmen, in den man während der sechziger Jahre des 19. Jahrhunderts archäologische Entdeckungen einordnete.

Bald jedoch zeigte es sich, daß das Paläolithikum seinerseits der Unterteilung bedurfte – daß es ein durch die Abschlagwerkzeuge

36. Neolithische (jungsteinzeitliche) Seerandsiedlung bei Lüscherz im Kanton Bern (Schweiz). Ursprünglich betrachtete man – mit Keller – die Doppelreihe der Pfeiler als Überrest eines Holzsteges, doch der heutigen Auffassung entspricht eher die Annahme, daß wir es hier mit den Überbleibseln einer Art Damm zu tun haben, der zu einer von Palisaden umgebenen Einfriedung führte.

von Hoxne und aus den Sommekiesen gekennzeichnetes *Altpaläolithikum* (= ›ältere Altsteinzeit‹) gab, daneben aber außerdem ein *Jungpaläolithikum* (eine ›jüngere Altsteinzeit‹), charakterisiert durch Funde aus den südfranzösischen Abris. Für alle Zeit wird die Entdeckung des jungpaläolithischen Menschen mit dem Namen eines französischen Verwaltungsbeamten aus dem Distrikt Gers verbunden sein, der Akten und Paragraphen den Rücken kehrte, um sich ganz der Paläontologie zu widmen: Edouard Lartet (1801–1871). Im Jahre 1852 griff ein Straßenbauer bei Reparaturarbeiten in einen Kaninchenbau und zog einen Menschenknochen heraus. Neugierig geworden, grub er weiter. Dabei legte er eine Halbhöhle frei. Sie war mit einer Steinplatte verschlossen und barg 17 Menschenskelette, dazu Überreste ausgestorbener Tiere, Feuerstein- und Elfenbeinwerkzeuge sowie Knochen mit Gravierungen. Die Menschenüberreste bestattete man auf einem benachbarten, christlichen Friedhof erneut; sie blieben unbeachtet, bis Lartet von dem Fund erfuhr. Anfangs glaubte er, man sei hier auf eine neolithische Sammelbestattung gestoßen, dann änderte er jedoch seine Ansicht und erklärte die Menschengebeine für prä-neolithisch (vor-jungsteinzeitlich).

Im Jahre 1860 untersuchte Lartet eine andere Fundstätte in den Pyrenäen: Massat im Département Ariège. Hier stieß er auf Herde mit Rentierknochen und bearbeiteten Steinen, gestielte Harpunen aus Hirschgeweih, Knochennadeln und eine abgebrochene Geweihspitze mit der Gravierung eines Bärenkopfes. Lartet veröffentlichte diese Entdeckung 1861 zusammen mit der Gravierung zweier

37. Sir John Lubbock (Lord Avebury [1834–1913]), Bankier, Politiker, Wissenschaftler und Schriftsteller, der in seinem Werk *Prehistoric Times* (›Die Zeit der Vorgeschichte‹ [1865]) erstmals zwischen *Paläolithikum* und *Neolithikum* unterschied und die entsprechenden Begriffe prägte.

Hirsche auf einem Rentierknochen (Abb. 38), den Brouillet zwischen 1834 und 1845 in der Höhle Le Chaffaud (Vienne) gefunden hatte. Brouillet und andere hatten diese Gravierung seinerzeit als keltisch angesehen, doch Lartet erklärte sie nun für sehr viel älter. Diese Vermutungen Lartets über das wahre Alter der Funde von Chaffaud, Aurignac und Massat waren die erste sinnvolle Stellungnahme zu jenem Phänomen, das wir heute als ›jungpaläolithische Kunst des frankokantabrischen Raumes‹ zu bezeichnen pflegen. Während er noch an der Erforschung der Höhlen des Pyrenäenraumes arbeitete, erhielt Lartet ein Paket mit Feuerstein- und Knochensplittern aus einem Abri bei Les Eyzies (Dordogne), und man berichtete ihm, in den Höhlen rund um Périgord gebe es derartiges Material in Hülle und Fülle. Daraufhin begab er sich nach Les Eyzies und begann 1863 mit einer ganzen Reihe von Ausgrabungen an Plätzen wie Gorge d'Enfer, Laugerie Haute, La Madeleine und Le Moustier – Namen, die heute zum ABC jedes Archäologen gehören. Jegliche Unterstützung (auch solche finanzieller Art) erfuhr Lartet dabei von Henry Christy, einem englischen Bankier. Die ersten Ergebnisse ihrer Zusammenarbeit publizierten beide 1864. Auch ein größeres Werk war geplant, doch sein Erscheinen verzögerte sich, weil Christy (1865) und Lartet (1871) starben. Schließlich erschien es – nunmehr von Rupert Jones und John Evans herausgegeben – zwischen 1865 und 1875 unter dem Titel: *Reliquiae Aquitanicae: being contributions to the Archaeology and Palaeontology of Périgord and the adjoining provinces of Southern France* (›Aquitanische Überreste: Beiträge zur Archäologie und Paläontologie des [Gebietes von] Périgord und der angrenzenden Provinzen Südfrankreichs« [Abb. 39]). Es war ein Meilenstein in der Geschichte der paläolithischen Archäologie.

Auch in anderen Teilen Frankreichs machte die Erforschung der jüngeren Altsteinzeit Fortschritte. Hier arbeiteten unter anderem der Vicomte de Lastic-Saint-Jal und Victor Brun (in Bruniquel), Garrigou und Martin (in Lourdes) sowie Ferry und Arcelin (in Solutré). Dupont grub Höhlen in Belgien aus und veröffentlichte 1872 *Les Temps antéhistoriques en Belgique: L'Homme pendant les Ages de la Pierre dans les Environs de Dinant-sur-Meuse* (frei übersetzt: ›Belgiens Vorgeschichte – der Steinzeitmensch in der Umgebung von Dinant an der Maas‹), und der Engländer Boyd Dawkins stellte in seinem Werk: *Cave-Hunting: Researches on the Evidence of Caves respecting the Early Inhabitants of Europe* (›Höhlenjagd – Untersuchungen des aus Höhlen stammenden Zeugnismaterials über Europas frühe Bewohner‹) 1874 die Ergebnisse eigener Forschungen in Höhlen und Abris zusammen. In

38. Von einem in den dreißiger Jahren des 19. Jahrhunderts zum Vorschein gekommenen Rentierknochen aus der Chaffaud-Höhle bei Sévigné (Vienne) stammt diese Ritzzeichnung, die zwei Hirschkühe darstellt.

seinem Werk *Reliquiae Aquitanicae* konstatierte Lartet, die Fundstätten Le Moustier, Laugerie Haute und La Madeleine lägen zwar »chronologisch innerhalb der Grenzen des Zeitalters grob bearbeiteter Steine, das noch keine Tierdomestikation kannte«, wiesen aber dennoch »keine Gleichförmigkeit der Fertigung« auf, so daß von einer Einheitlichkeit der dort angetroffenen Geräteindustrien keine Rede sein könne. Mit anderen Worten: das Jungpaläolithikum (die ›jüngere Altsteinzeit‹) mußte abermals weiter unterteilt werden. Lartet schlug eine Gliederung nach faunalen Merkmalen vor, nämlich 1. in eine Periode des Höhlenbären, 2. in eine Phase des Wollmammuts und des Wollnashorns, 3. in eine Rentierperiode und 4. eine Periode der Auerochsen bzw. Wisente. Garrigou setzte vor diese Zeitstufen noch eine Periode des Elefanten warmer Klimate und der Flußpferde. Ihr ordnete er die Faustkeile von Saint-Acheul und Abbeville zu, deren Schöpfer vorwiegend an Freiland-Lagerstätten hausten. Diese Einteilung beruhte mithin auf ausschließlich zoologischen und paläontologischen Fundamenten. Später ging Lartet dann zu einer Dreiteilung des Paläolithikums in Alt- (Flußpferd), Mittel- (Höhlenbär und Mammut) sowie Jungpaläolithikum (Rentier) über.

Dies war ein revolutionärer Vorschlag, der ein ganz neues Prinzip einbrachte: die Klassifikation archäologischen Materials auf der Grundlage nichtarchäologischer Befunde. Doch in der zweiten Hälfte des 19. Jahrhunderts bevorzugten Archäologen die Klassifikation ihrer Funde anhand von Kriterien des Fundmaterials selbst. Also führte Gabriel de Mortillet Lartets Einteilung auf eine Gliederung nach rein archäologischen Gesichtspunkten zurück. Aus Lartets Flußpferd-Zeitalter wurde so das Chelléen, aus dem überwiegenden Teil der Höhlenbär/Mammut-Periode das Moustérien (nach dem Abri von Le Moustier), und weitere Phasen darüber hinaus bezeichnete er als Solutréen, Aurignacien und Magdalénien. Lartet war bei seinen Unterteilungsvorschlägen von bestimmten prähistorischen Tierarten ausgegangen, die ihm geeignet schienen, bestimmte Zeiträume zu charakterisieren, andererseits aber faßte er

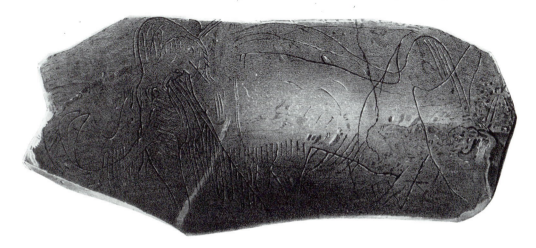

39. Gravierter Mammutstoßzahn aus dem Dordognegebiet. Aus: Edouard Lartet und Henry Christy: *Reliquiae Aquitanicae* (1865–1875).

40. Napoleon in Ägypten mit seinen *savants* (wie wir heute sagen würden: ›Experten‹), der ihn begleitenden Kommission von Gelehrten und Kunstsachverständigen, denen die Aufgabe oblag, Napoleons Ägyptenfeldzug zur Untersuchung ägyptischer Altertümer zu nutzen.

eben diese Zeiträume als Perioden menschlichen Schaffens auf, ähnlich wie man in historischer Zeit Perioden nach den Schöpfungen der Griechen, Etrusker oder Römer unterscheidet. De Mortillets System schließlich, das letztlich auf stratigraphisch-geologischer Grundlage beruhte, wurde, erweitert und ergänzt, zum tragenden Element orthodoxer Vorgeschichtsforschung und hielt sich ein gutes Stück bis weit ins 20. Jahrhundert hinein.

Ägypten und Mesopotamien

Die 167 als ›Esel‹ verspotteten Gelehrten und Künstler, die Napoleons Expertenstab in Ägypten bildeten, entfalteten ihre Aktivitäten schon sehr bald, nachdem Napoleon (Abb. 40) am 21. Juli 1798 in Kairo eingetroffen war (ganz nebenbei: Napoleon hatte ein Exemplar von Carsten Niebuhrs ›Reisebeschreibung nach Arabien‹ bei sich). In einem Palast in Kairo etablierte man das Französisch-Ägyptische Institut, das in drei Jahren ein enormes Arbeitspensum bewältigte. Die Publikation der ›Beschreibung Ägyptens‹ *(Description de l'Égypte* [Abb. 41]) von E. F. Jomard (1777–1862) steht als Markstein am Beginn der ernsthaften wissenschaftlichen Auseinandersetzung mit Ägyptens Vergangenheit. Der erste Band des Werkes erschien 1809, und schon 1813 lag es komplett vor. Dabei umfaßte es 24 prachtvoll ausgestaltete, herrlich illustrierte Bände! Zu dem bemerkenswerten Arbeitsteam um Napoleon gehörte Dominique Vivant, Baron de Denon (1747–1825), von 1804–1815 Generaldirektor der staatlichen Museen Frankreichs, der Napoleon nach Österreich, Spanien und Portugal begleitete. Nach dem ihm gewidmeten Artikel in der 14. Auflage der *Encyclopaedia Britannica* »beriet« er »den Eroberer bei der Auswahl der in den Städten, die dieser ausplünderte, zu erbeutenden Kunstgegenstände«. Der Bericht über seine Ägyptenreise erschien 1802 (Abb. 42).

Obwohl die Briten ihre Hand auf den Dreisprachenstein von Rosette gelegt und ihn nach London gebracht hatten, hatte doch einer der Generäle Napoleons, selbst ein Gelehrter, wenn auch nicht Mitglied des Expertenteams, immerhin den untersten, griechischen Teil der Inschrift übersetzt. Demzufolge besagte der Text, der Gedenkstein sei 196 v. Chr. von Priestern aus Memphis zum Ruhme König Ptolemaios' V. Epiphanes (205/4–180 v. Chr.) errichtet worden, der Ägypten zahlreiche Wohltaten erwiesen habe, wofür ihm göttliche Ehren gebührten. Der oberste Teil der dreisprachigen Inschrift war ein Hieroglyphentext, abgefaßt in einer Schrift, von der Reisende zwar berichtet hatten, die aber noch völlig unentziffert war. Die mittlere Inschrift war demotisch – altägyptisch auch sie, aber geschrieben in einer vom Hieratischen abgeleiteten Kursive, wobei man berücksichtigen muß, daß bereits das Hieratische eine Kursivform der Hieroglyphen darstellt. Man nahm an – und, wie sich herausstellte, völlig zutreffend –, daß man es hier mit einer dreisprachigen Inschrift zu tun habe, so daß es möglich sein müsse, die demotische und hieroglyphische Version anhand der griechischen Textfassung unter ihnen zu entziffern.

So stürzten sich denn nun Gelehrte aus England, Frankreich, Deutschland und Italien auf das Problem der Hieroglyphenentzifferung, wobei sie auch andere Inschriften heranzogen, so z. B. die eines Obelisken, der 1822 auf der Nilinsel Philai (Philae) bei Assuan gefunden wurde. Der Franzose Silvestre de Sacy nahm sich des demotischen Textes an und entzifferte tatsächlich einige Eigennamen, darunter den des Königs Ptolemaios, hielt andererseits jedoch die vollständige Entschlüsselung dieser Schrift für unmöglich. Die

41. Frontispiz von Jomards
›Beschreibung Ägyptens‹
(*Description de l'Égypte*
[1809]).

Entzifferung sämtlicher Eigennamen dazu einiger weiterer Wörter glückte dann dem schwedischen Diplomaten J. D. Akerblad aufgrund sorgfältigster Vergleiche mit der griechischen Version. Ernstzunehmende Forschungsarbeiten auf diesem Sektor führte auch der berühmte Mediziner und Physiker Dr. Thomas Young (1773–1829) aus Cambridge durch, der bereits seinen Entdeckungen im Bereich der Optik, insbesondere aber seiner Lichtwellentheorie hohes wissenschaftliches Ansehen verdankte. Auch er nahm sich die demotische Fassung vor, und die Resultate seiner Bemühungen waren ein erstes demotisches Wörterverzeichnis sowie ein Artikel in der *Encyclopaedia Britannica*. Den Ruhm der endgültigen Entzifferung des Dreisprachensteines genießt jedoch der französische Gelehrte Jean François Champollion (1790–1832 [Abb. 43]). Dieser war gerade 11 Jahre alt, als ihm der große Mathematiker Jean-Baptiste Fournier einige Hieroglyphentexte auf Papyri und Steintafeln zeigte. Champollion soll gefragt haben: »Kann irgend jemand das lesen?« Und als Fournier verneinte, habe er, so will es die Überlieferung, geantwortet: »Ich werde es tun!« Und er tat es. Champollion war ein Wunderkind, schrieb schon mit 12 Jahren ein Buch und las, erst 13 Jahre alt, arabische, syrische und koptische Texte. Kurz darauf warf er sich auf die Ägyptologie. 1808 begann er, sich mit dem Dreisprachenstein von Rosette zu

42. Der große Sphinx von Gizeh nach der nicht sehr präzisen Darstellung des Barons de Denon, der Napoleon 1798 in Ägypten begleitet hatte und 1802 eine Beschreibung seiner dort unternommenen Reisen veröffentlichte.

43. Jean François Champollion (1790–1832), dem die Entzifferung der ägyptischen Hieroglyphen gelang.

beschäftigen, und 14 Jahre später war ihm dessen Entzifferung gelungen. Im September 1822 entdeckte er in Abu Simbel eine königliche Namenskartusche, in der er den Namen *Ramses* erkannte, und ihm wurde klar: die Hieroglyphen hatten als phonetische Zeichen gedient. Er stürzte zu seinem Bruder, rief: »Ich hab's!« – und fiel in Ohnmacht. Schon bald jedoch war er wieder an der Arbeit und verfaßte seinen berühmten ›Brief an Monsieur Dacier, ständigen Sekretär der Königlichen Akademie der Inschriften und Geisteswissenschaften, über das Alphabet der phonetischen Hieroglyphen‹ *(Lettre à M. Dacier, secretaire perpétuel de l'Académie royale des Inscriptions et Belles-Lettres, relative à l'alphabet des hiéroglyphes phonétiques),* der am 27. September 1822 veröffentlicht wurde und die geglückte Entzifferung der Hieroglyphen bekanntgab. Zwei Jahre später erschien Champollions *Précis du système hiéroglyphique,* worin Champollion darlegte, daß es sich bei den Hieroglyphen um eine Kombination ideographischer und phonetischer Zeichen handelte.

Man ernannte Champollion zum Kurator im Louvre, und er leitete, assistiert von seinem Schüler Nicolo Rosellini, 1828 eine Expedition nach Ägypten. 1829 kehrte er nach Paris zurück, doch bereits drei Jahre später starb er. Seine altägyptische Grammatik und sein altägyptisches Wörterbuch erschienen erst nach seinem Tode.

Die Champollion-Rosellini-Expedition gelangte bis nach Assuan. Im Jahre 1840 drang Richard Lepsius bei der Erforschung nubischer Monumente bis nach Khartum vor. Er grub in Memphis und

44. *Gegenüber:* Giovanni Battista Belzoni (1778–1823), der altägyptische Gräber ausraubte und das Britische Museum mit wertvollen Funden versorgte.

anderswo, fand das Dekret von Kanopos – eine weitere Mehrspracheninschrift nach Art des Rosette-Steins – sowie Inschriften altägyptischer Bergleute aus den Kupferminen der Sinai-Halbinsel. Leider begannen sich nun auch weniger reputierliche ›Forscher‹ mit dem zu befassen, was man in ihrem Fall höchstens mit äußerster Nachsicht noch in die Kategorie archäologischer Ausgrabungen einreihen könnte, was aber in Wahrheit weit eher schlichte Grabschändung war. Der berühmteste und zugleich berüchtigtste Vertreter dieses Genres war Giovanni Battista Belzoni (1778–1823 [Abb. 44]), der ›patagonische Sampson‹. In Padua geboren, fristete er in England anfangs sein Dasein, indem er im Zirkus auftrat und staunenerregende Kraftakte vollführte. Später ging er nach Ägypten, um hydraulische Bewässerungsanlagen zu verkaufen, und als dies fehlschlug, verlegte er sich mit aller ihm zu Gebote stehenden Energie auf die Grabräuberei und den Antiquitätenhandel. 1817 begann er in Theben nach toten Pharaonen zu suchen. Er schildert, wie er in ein Grab einbrach und sich schonungslos seinen Weg mitten durch Mumien und Objekte der antiken Grabausstattung bahnte:

»Wohin auch immer ich trat, zerstörte ich ein Stück einer Mumie... Sobald mein Gewicht auf dem Leichnam eines dieser Altägypter ruhte, zerbrach die Leiche wie eine Hutschachtel. Ich versank ganz und gar zwischen diesen zerborstenen Mumien in

45. Vier Lithographien aus Belzonis *Narrative of the Operations and Recent Discoveries within the Pyramids, Temples, Tombs, and Excavations in Egypt and Nubia* (›Bericht über die Arbeiten und neuen Entdeckungen in den Pyramiden, Tempeln und Gräbern sowie über Ausgrabungen in Ägypten und Nubien‹ [1820]).

'einem Wust aus Knochen, Lumpen und Holzkästen . . . Es ließ sich nicht vermeiden, daß Skelettreste, Beine, Arme und herabrollende Köpfe mich verschütteten.«

Es überrascht keineswegs, daß Belzoni bei derart grausigen Eskapaden wiederholt Schwächeanfälle erlitt, ja daß es ihn einmal derartig packte, daß er förmlich ›in Trance umherlief‹. Belzoni arbeitete teils im Auftrage des britischen Generalkonsuls, teils auf eigene Faust, und seinen ›Grabungen‹ verdankt das Britische Museum so manches wertvolle Stück. Er verfaßte auch einen Bericht über seine Abenteuer, der den Titel *Narrative of the Operations and Recent Discoveries within the Pyramids, Temples, Tombs, and Excavations in Egypt and Nubia* trug und 1823 erschien (Abb. 45). Er enthält einige köstliche Abschnitte wie etwa ›Schwierigkeiten mit den Eingeborenen‹, ›Von einem Soldaten angeschossen‹ oder ›Von einer Hyäne überrascht‹. Fraglos war Belzoni eine der bizarrsten, zwar verwerflichsten, aber ganz gewiß auch farbigsten Gestalten in der Geschichte der Archäologie – und das will allerhand heißen!

46. Bronzebüste des französischen Archäologiepioniers Auguste Mariette (1821–1881) im städtischen Museum zu Boulogne-sur-Mer.

Nach England zurückgekehrt, stellte er 1821 die von ihm ›gesammelten‹ (oder vielmehr geraubten) Schätze in der ›Ägyptischen Halle‹ in Piccadilly aus, einem 1812 entworfenen Ausstellungsgebäude mit einer ägyptischen Fassade. Die Ausstellung wurde ein überwältigender Erfolg, der schlagend bewies, daß das Interesse an Antiquitäten wuchs: 1900 Besucher entrichteten bereits am Eröffnungstage den Eintrittspreis von einer halben Krone, und unmittelbar vorher hatte Belzoni eine Anzahl prominenter Ärzte eingeladen, ihm beim Auswickeln der Mumie eines, wie er nachträglich zufrieden feststellte, »an jedem Körperteil vollendeten« jungen Mannes zur Seite zu stehen.

Doch plötzlich wurde Belzoni der Ägyptologie und Londons müde. 1822 ging er nach Westafrika, um die Quelle des Niger zu suchen. Tatsächlich gelangte er bis nach Benin, doch dort warf ihn eine schwere Darminfektion nieder, und er starb.

Um die Mitte des 19. Jahrhunderts lagen Beschreibungen sämtlicher bedeutenderer Monumente Altägyptens vor, soweit es sich um noch immer über Bodenniveau anstehende Baudenkmäler handelte. Die Literatur darüber reichte von Niebuhrs ›Reisen‹ bis hin zu Lepsius. Die Hieroglyphen waren ebenso entziffert wie das Demotische. Auch für breitere Kreise bestimmte Veröffentlichungen befaßten sich nun erstmals mit dem Phänomen Altägypten, so z. B. John Kenricks ›Altägypten unter den Pharaonen‹ *(Ancient Egypt under the Pharaohs* [1850]) oder Sir John Gardner Wilkinsons ›Sitten und Bräuche der alten Ägypter‹ *(Manners and Customs of the Ancient Egyptians* [1837 und 1841]), und von Stund an erschienen Autoren auf dem Plan, die Altägyptens Kultur zur allerersten Hochkultur überhaupt hinaufjubelten, auf die sämtliche anderen Hochkulturen der Menschheit zurückzuführen seien. »Es bereitet nicht die mindeste Schwierigkeit, den Finger auf das Land zu legen, wo die Geschichte des Altertums begann«, heißt es bei Kenrick, »sind doch die Monumente Ägyptens, seine Aufzeichnungen und seine Literatur um viele Jahrhunderte älter als die Indiens und Chinas.« Schon früh erwachte das Interesse an Archäologie in Auguste Mariette (1821–1881 [Abb. 46]), der in Boulogne aufwuchs und später dort auch lehrte. 1849 erhielt er eine untergeordnete Stellung im Louvre, und ein Jahr darauf sandte man ihn dann nach Ägypten. Sein Auftrag lautete, koptische Manuskripte zu sammeln. Alsbald jedoch interessierte Mariette sich mehr für Altägyptens Baudenkmäler als für Handschriften und begann, Ausgrabungen durchzuführen. An seinen Posten im Louvre kehrte er nicht zurück, vielmehr blieb er in Ägypten, wo er weitere Grabungsarbeiten in Angriff nahm. 1858 ernannte ihn der Khedive (Vizekönig) zum Konservator der Monumente Ägyptens. Damit unterstand ihm die erst jüngst ins Leben gerufene ägyptische Altertümerverwaltung, die er von nun an bis zu seinem Tode leitete. Mit vollem Recht bezeichnete man ihn als den eigentlichen ›Gründervater‹ der ägyptischen Archäologie.

In den dreißig Jahren seiner Amtszeit grub er mehr als dreißig Stätten von außerordentlicher Bedeutung aus, darunter das Serapeum von Memphis, den großen Tempel des Osiris-Apis mit dem zugehörigen Stierheiligtum, den Tempel des Sphinx bei Gizeh, die Nekropole von Saqqâra sowie die Tempel von Abydos, Medinet Habu, Deir el-Bahari und Edfu. Oft wurde kritisiert, wie Mariette bei seinen Ausgrabungen vorging. Beispielsweise schildert Petrie, wie Mariette die Trümmer eines eingestürzten Tempels einfach mit Dynamit sprengte. »Nichts geschah nach einheitlichem Plan«, schrieb Petrie 1883, »man begann eine Arbeit und ließ sie unvollendet liegen, berücksichtigte die Erfordernisse künftiger Erforschung in keiner Weise und traf auch keinerlei Vorkehrungen im Interesse gewisser Grundvoraussetzungen eines zivilisierten Daseins und des Arbeitsschutzes. Es macht einen krank, wenn man sieht, wie weit alles hier zerstört wird und wie wenig man auf Erhaltung des Alten bedacht ist.«

Tatsächlich trifft es zu, daß Mariette vor allem darauf bedacht war, kostbare Objekte und imposante Baudenkmäler zu finden, daß er seine Grabungsresultate niemals in angemessener Form veröffentlichte (ja manche seiner Grabungen überhaupt nicht!) und daß er sein ganzes Glück darin sah, eine Riesenmenge archäologischen Materials zusammenzutragen, ohne den näheren Fundumständen die ihnen gebührende, detaillierte Aufmerksamkeit zu schenken oder sich um die wissenschaftliche Aussagekraft seiner Funde zu kümmern. Doch führte Mariette immerhin neue Methoden ein, wenn diese freilich auch nicht den Maßstäben gerecht wurden, die Petrie im ausgehenden 19. Jahrhundert setzte. Vor allem aber achtete Mariette eifersüchtig darauf, daß niemand außer ihm in Ägypten grub und verhinderte so eine ähnliche Katzbalgerei um Altägyptens Überreste, wie sie sich gerade damals in Mesopotamien abspielte. Er säuberte Ägypten von Grabräubern und unter der Flagge der Archäologie segelnden zweifelhaften Geschäftemachern. Die Belzoni-Ära war vorbei. Ausgrabungen und archäologische Forschungen waren erstmals behördlicher Kontrolle unterworfen.

Dabei setzte sich Mariette mit allem Nachdruck dafür ein, daß Ägyptens Altertümer nicht außer Landes geschleppt wurden. Was von Altägypten noch übrig war, sollte – nach seinem ausdrücklichen Wunsch – im neuen Ägypten bleiben, und was immer sich an archäologischen Funden transportieren ließ, sollte eine ihm angemessene Unterkunft finden. Zu diesem Zweck gründete er das Nationalmuseum für Ägyptische Altertümer (kurz: das Ägyptische Museum) in Kairo. Die Einrichtung des ägyptischen Antikendienstes, Mariettes Ernennung zu dessen Direktor und schließlich die Museumsgründung – all dies zeugte nicht etwa von einer aufgeklärten Haltung des damaligen Khediven, Saïd Pascha. Im Gegenteil: ägyptische Altertümer zählten für Saïd Pascha überhaupt nicht. Den Ausschlag gaben vielmehr gewisse diplomatische Manöver und Intrigen Ferdinands de Lesseps, der seinerzeit gerade den Suezkanal baute, und Kaiser Napoleons III. Maspero (vgl. unten Seite 139) äußerte, Saïd Pascha habe sich schließlich widerstrebend zu der Ansicht durchgerungen, »daß mit dem Kaiser besser auszukommen sei, wenn er den Anschein erweckte, als habe er etwas für die Pharaonen übrig«. Mariette stand vor der schwierigen Aufgabe, diese diplomatische Einsicht des Khediven in handfestes Engagement und bare Münze umzuwandeln. Sich regelmäßiger, ständiger Zuwendungen seitens der Regierung zu versichern, gelang ihm nie. Stets mußte er von Fall zu Fall die erforderlichen Mittel erbetteln, und sie wurden ihm je nach Lust und Laune des Khediven gewährt oder verweigert. Manche seiner Ausgrabungen mußten gestoppt werden, weil man ihm ganz plötzlich die Gelder strich, ohne die er nicht weiterkam.
Für die Unterbringung seiner Sammlung ägyptischer Altertümer wies man ihm zunächst eine verlassene, in Trümmern liegende Moschee zu, dazu ein paar schäbige Schuppen sowie ein Wohnhaus voller Ungeziefer, das Mariette selbst als ›Dienstwohnung‹ diente. Unerschrocken machte Mariette aus dieser unwürdigen Bleibe das erste Ägyptische Museum. Der Schmuck der Königin Aahhotpe stimmte schließlich den Khediven um. Den vergoldeten Sarkophag dieser Königin fanden Mariettes Arbeiter 1859 bei Theben. Bevor Mariette ihn nach Kairo bringen konnte, stahl ihn der Mudir von Qena, ein lokaler Potentat, ließ ihn in seinem Harem öffnen und machte sich mit dem Schmuck auf den Weg zum Khediven, um diesem die Kostbarkeiten als eigenes Geschenk zu überreichen. Der Dieb benutzte den Wasserweg. Mariette folgte ihm mit einem Dampfboot auf dem Nil, holte ihn ein, enterte sein Boot und zwang ihn unter Anwendung körperlicher Gewalt, die Juwelen herauszugeben. Der Khedive freilich nahm das alles nicht so tragisch. Er behielt eine goldene Kette für eine seiner Frauen, einen Skarabäus für sich selbst und befahl, den Rest in einem eigens dafür zu errichtenden Museum unterzubringen. Bereits 1859 schickte man sich daraufhin an, im Kairoer Stadtteil Bulâq ein solches Spezialmuseum zu bauen. Doch selbst jetzt noch durfte Mariette sein Museum, das sich Jahr für Jahr mit immer neuen Schätzen aus immer neuen Ausgrabungen füllte, nicht aus den Augen lassen. Oft genug

äußerte der Khedive den Wunsch, das eine oder andere Stück Freunden zu schenken, ja einmal trug er sich sogar mit dem Gedanken, die gesamte Sammlung als Sicherheit für eine Anleihe zu verpfänden, die aufzunehmen er im Begriffe stand!
Dennoch nahm die Entwicklung des Museums einen friedlichen Verlauf. 1889 wurden die Sammlungen aus Bulâq in einen zweckentfremdeten Palast nach Gizeh verlegt, und 1902 erhielten sie ihren heutigen Standort im Qasr en-Nil-Viertel Kairos. Was immer auch die Nachwelt an Mariette zu kritisieren hatte – als er starb, hatte er drei bedeutende persönliche Leistungen aufzuweisen: die Einrichtung des ersten nationalen Antikendienstes im Nahen Osten, die Gründung des ersten Nationalmuseums in einem der Länder des Vorderen Orients und die Wachrüttelung des öffentlichen Gewissens wegen des Ausverkaufs an Altertümern, der in nahöstlichen Ländern gang und gäbe war.
Für Mesopotamien schlug die Stunde des Beginns archäologischer Forschungen fast gleichzeitig mit Ägypten. Feldforschung begann mit James Rich (1786–1821), einem Sprachgenie, der zunächst im Dienste der Ostindienkompanie stand, dann aber, erst 21 Jahre alt, den Posten eines britischen Residenten im türkischen Arabien erhielt und 1808 seine Residenz in Bagdad bezog. In seiner Freizeit suchte er die Plätze altmesopotamischer Städte auf, sammelte Antiquitäten und erwarb alte Manuskripte. 1811 kam er auf diese Weise erstmals nach Babylon und untersuchte die Stätte mit aller Gründlichkeit. Ein Jahr später (1812) veröffentlichte er daraufhin seine ›Denkschrift über die Ruinen von Babylon‹ *(Memoir on the Ruins of Babylon)*, der er 1818 eine ›Zweite Denkschrift über Babylon« *(Second Memoir on Babylon)* folgen ließ. Lord Byron verewigte diese Denkschriften in seinem *Don Juan:*
    Claudius Rich, Esquire, some bricks has got
    And written lately two memoirs upon't
(Frei übersetzt: »Auf ein paar Ziegel stieß Claudius Rich
Und schrieb zwei Denkschriften darüber jüngst«).
Leider starb Rich 1821 an der Cholera. Die Reisen, die er bis dahin noch durchführte, schildert ein erst 1836 posthum erschienener ›Bericht über den Aufenthalt in Kurdistan und an der Stätte Alt-Ninives, dazu Tagebuch einer Reise tigrisabwärts nach Bagdad nebst Schilderung eines Besuches in Schiras und Persepolis‹ *(Narrative of a Residence in Koordistan and on the site of Ancient Nineveh, with Journal of a Voyage down the Tigris to Baghdad and an account of a Visit to Shiraz and Persepolis).*
Paul Emile Botta (Abb. 47) war 1842 französischer Konsul in Mossul. Seinen Posten verdankte er dem seit der Veröffentlichung der ›Denkschriften‹ *(Memoirs)* und des ›Berichtes‹ *(Narrative)* auch bei französischen Gelehrten gewachsenen Interesse an Mesopotamien und seinen Altertümern. In Ninive, das Mossul gegenüber am anderen Tigrisufer liegt, grub er 1842, ein Jahr später begegnen wir ihm in Chorsabad – es waren die ersten archäologischen Ausgrabungen, die je im Zweistromland stattfanden. Während Botta noch in Ninive arbeitete, hatte er von skulptierten Steinen gehört, die

47. Paul-Émile Botta (1802–1870), der 1840–1843 als französischer Konsul im damals türkischen Mossul (heute Irak) Chorsabad ausgrub und auch an der Stätte des biblischen Ninive (Kujundschik) Grabungen durchführte (allerdings die falsche Stadt – nämlich Chorsabad – für das Ninive der Bibel hielt).

nur etwa 22 Kilometer weiter nördlich in Chorsabad gefunden worden seien. Sofort hatte er sich daraufhin dieser Stätte zugewandt. Innerhalb einer Woche war er auf die Überreste eines riesigen assyrischen Palastes mit großen Relieftafeln und Keilschrifttexten gestoßen. Schon Rich hatte – wie es sich herausstellte, völlig korrekt – die Trümmerhügel gegenüber von Mossul als die Überreste des biblischen Ninive erkannt. Botta hielt dies für falsch. Für ihn lag Ninive in Chorsabad, und er telegraphierte daher von der dortigen Grabungsstätte nach Paris: *Ninive est retrouvé* (»Ninive ist wiedergefunden«). Heute wissen wir freilich: In Chorsabad haben wir es mit den Ruinen von *Dur Scharrukin* (wörtlich: ›Haus Sargons‹) zu tun – der Residenz des mächtigen Assyrerkönigs Sargons II. (721–705 v. Chr.). Gleichviel – in Frankreich riefen Bottas Entdeckungen größtes Aufsehen hervor. Sogar der Staat gewährte nunmehr öffentliche Mittel (bisher hatte Botta seine Grabungen selbst finanziert) und entsandte M. E. Flandin, einen Künstler, der sein Handwerk verstand, und Bottas Funde, insbesondere die Skulpturen, im Bild festhalten sollte. Nach Frankreich zurückgekehrt, veröffentlichten Botta und Flandin die Resultate ihrer Zusammenarbeit in ihren ›Denkmälern Ninives‹ *(Monuments*

de Ninive), einem großaufgemachten, fünfbändigen Werk (Paris 1849–1850), dessen erster Band Bottas Text enthielt, während Flandins Zeichnungen die restlichen vier Bände füllten. 1846 wurde ein großer Teil der Skulpturen aus Chorsabad nach Paris geschickt. Mittlerweile hatte Austen Henry Layard (1817–1894 [Abb. 48]) mit seinen Ausgrabungen bei Nimrud begonnen. Seine Grabungen – sie dauerten von 1845–1847 – wurden zunächst von ihm selbst sowie vom damaligen britischen Botschafter bei der Hohen Pforte, Sir Stratford Canning, finanziert, später jedoch vom Britischen Museum. Layard grub keineswegs nur in Nimrud, sondern vorübergehend auch in Kujundschik (Abb. 49) und Assur. In Nimrud entdeckte er Paläste der assyrischen Könige Assurnasirpal, Asarhaddon und Salmanassar III. Ein bedeutender Teil seiner Funde ging an das Britische Museum, erreichte sein Ziel aber erst 1848 nach mancherlei Umwegen. So lagerten die Stücke beispielsweise eine Zeitlang im Hafen von Bombay, wo man sie öffentlich ausstellte und Vorträge über sie hielt. Es handelte sich dabei unter anderem um die riesigen geflügelten Stiere, den Schwarzen Obelisken Salmanassars III. sowie um die Skulpturen Assurnasirpals – heute zählen sie zu den kostbarsten Besitztümern des Britischen Museums.

Auch in der breiten Öffentlichkeit fanden Layards Arbeiten starkes Echo. 1847 veröffentlichte die *Morning Post* Berichte eines Korrespondenten über die Ausgrabungen in Nimrud. Layard hielt Nimrud für Ninive, ebenso wie Botta Chorsabad dafür hielt. Das Britische Museum empfahl die Bewilligung der Summe von 4000 Pfund Sterling, um Layard eine ähnlich aufwendige Publikation zu ermöglichen wie Botta und Flandin, doch das britische Schatzamt weigerte sich, eine entsprechende Genehmigung zu erteilen. So wurde 1849 aus privaten Mitteln ein Band Zeichnungen veröffentlicht, der den Titel trug: ›Die Denkmäler Ninives‹ *(The Monuments of Nineveh)*, 1848/49 folgte dann ein für die breite Öffentlichkeit bestimmter, allgemeinverständlicher Bericht: *Nineveh and its Remains* (deutsch 1854 unter dem Titel ›Niniveh und seine Überreste‹). Kaum auf dem Markt, erwies sich vor allem das zuletzt erwähnte Werk als einer der ersten erfolgreichsten Bestseller der archäologischen Sachliteratur. Bereits im ersten Jahr wurden 8000 Exemplare verkauft. »Damit liegt es«, schrieb Layard mit begreiflichem Stolz, »Kopf an Kopf mit Mrs. Rundells Kochbuch.« Ein oder zwei Jahre später eröffnete Layards Verleger John Murray eine Buchreihe für Eisenbahnreisende. Die Bücher sollten in den neuen Bahnhofsbuchhandlungen von W. H. Smith angeboten werden. Auch zu den ersten paar Titeln dieser Reihe zählte ›Ein allgemeinverständlicher Bericht über Entdeckungen in Ninive‹ *(A Popular Account of Discoveries at Nineveh)*. Layard sah sich mit einem Male berühmt. Nur 31 Jahre alt, erhielt er 1848 von der Universität Oxford die Ehrendoktorwürde. 1849–1851 unternahm er – diesmal auf Kosten des Britischen Museums – eine zweite Expedition nach Mesopotamien. Nunmehr grub er in Kujundschik, wo einst Alt-Ninive wirklich lag, desgleichen aber auch in Nimrud,

48. *Gegenüber:* Sir Austen Henry Layard (1817–1894), der um die Mitte des 19. Jahrhunderts Nimrud, Kujundschik (Ninive) und Assur ausgrub, als junger Mann in Bachtiarenkleidung.

Assur und Babylon. Seine bedeutendste Entdeckung war der Palast Sanheribs (Sennacheribs) in Kujundschik mit seiner großen Keilschrifttafel-Bibliothek. Bei alldem kann freilich nicht verschwiegen werden, daß Layard selbst seinen Erfolg an der Zahl und am Wert der Kunstschätze sowie der transportablen Objekte maß, die er zu finden hoffte. Von dem nach seiner Auffassung ärmlichen Material in Assur und Babylon enttäuscht, konzentrierte er sich daher ganz auf die assyrischen Paläste, und nach England zurückgekehrt, fand er sich berühmter denn je zuvor. Die Stadt London machte ihn zum Ehrenbürger, und man erhob ihn in den Ritterstand. 1853 veröffentlichte er ›Eine zweite Reihe von Denkmälern Ninives‹ *(A Second Series of Monuments of Nineveh* [Abb. 50]) sowie abermals ein populäres Werk: ›Entdeckungen in den Ruinen von Ninive und Babylon‹ *(Discoveries in the Ruins of Nineveh and Babylon)*. Jüngst hat Brian Fagan in seinem Sachbuch ›Suche nach der Vergangenheit‹ *(Quest for the Past* [1978]) Layards Vorgehen heftig kritisiert. Fagan schildert, wie Layard in Kujundschik binnen kürzester Zeit mehr als 3 km Basreliefs freilegte und nicht weniger als 70 Räume im Palast Sennacheribs ausschaufelte. Nach Fagan »schaufelte« Layard gnadenlos »seinen Weg in die Vergangenheit ... riß Nimrud und Ninive förmlich in Stücke und zerstörte dabei unersetzliche archäologische Informationen«.
Rouet, Bottas Amtsnachfolger als französischer Konsul in Mossul, sandte überall im Lande Beauftragte umher, die, ganz wie der Zufall es ergab, Trümmerhügel anschneiden sollten, um für die Ausgrabung der betreffenden Plätze einen französischen Prioritätsanspruch zu sichern und die Briten unter Layard am Graben zu hindern. Dies wiederum brachte Layard in Zugzwang. So kam es zu der selbst in der an Bizarrerien nicht gerade armen Ausgrabungsge-

49. *Gegenüber:* Layard in Kujundschik (Ninive) beim Skizzieren assyrischer Reliefplatten.

50. *Oben:* Layards Rekonstruktion einer assyrischen Halle, aus: *Monuments of Nineveh* (1853 [zweite Serie]).

schichte des 19. Jahrhunderts wohl einmalig grotesken Situation, daß Franzosen, die Layards Versicherungen, er habe die Grabungserlaubnis, keinen Glauben schenkten, an demselben Trümmerhügel Schächte aushoben, wo bereits Layard Grabungen durchführte.

Nach nur wenig mehr als fünfjähriger Grabungstätigkeit in Mesopotamien gab Layard 1851 die Ausgräberei auf. Seine Arbeit wurde von Hormuzd Rassam fortgesetzt, einem Moslawi britischer Staatsbürgerschaft. Nach einer Äußerung Seton Lloyds verlegte sich Rassam ungeniert auf eine »unwürdige Scharrerei nach archäologischer Beute«. Von Mossul aus, das ihm als Basis diente, ›untersuchte‹ Rassam die Trümmerhügel im Umkreis von rund 300 Kilometern und ließ überall Ausgräbertrupps zurück, die Schätze zu erschnappen versuchten, bevor Rivalen auf der Bildfläche erschienen und behaupten konnten, die Ausgrabungsstätte gehörte ihnen. Rassam selbst hatte nicht die geringsten Skrupel, in Trümmerhügel einzudringen, die bereits anderen Nationen zugesprochen waren. Daß er beispielsweise die Bibliothek Assurbanipals im Hügel von Kujundschik entdeckte, wo einst Alt-Ninive wirklich lag, verdankte er einem Akt schamloser Piraterie. Man hatte Kujundschik geteilt. Der Nordabschnitt war den Franzosen, der Südteil den Briten zugesprochen worden, und die Briten hatten dem ausdrücklich zugestimmt. Seit 1851 standen die französischen Ausgrabungen in Kujundschik unter der Leitung von Victor Place, der damit Bottas Nachfolge antrat. Doch Place hatte sich zuerst Chorsabad zugewandt, um dort den Grundriß des Palastes Sargons II. zu ermitteln. 1853 aber gruben Places Leute im Nordabschnitt von Kujundschik, Rassams Trupp dagegen arbeitete im Südteil der Grabungsstätte. Rassam war zutiefst betroffen, als er sah, daß Places Mannschaft in den Teil der antiken Stadt eindrang, von dem er sich die aufregendsten und aufsehenerregendsten Entdeckungen versprach. Auf die Gefahr hin, wie er sich ausdrückte, »mit Monsier Place in heißes Wasser zu geraten«, grub Rassam zu nachtschlafender Zeit selbst in dem den Franzosen zugesprochenen Gelände und entdeckte so Assurbanipals Palast, die dazugehörige Bibliothek und den berühmten Korridor mit den Wandreliefs der Löwenjagd. In der Schilderung, die Rassam von dieser Episode gibt, rechtfertigt er sein Vorgehen als ›strategischen Schachzug‹ und behauptet – kann man ihm das wirklich abnehmen? – Place habe seine Handlungsweise nicht nur widerspruchslos hingenommen, sondern ihm sogar zu seinem ›Ausgräberglück‹ gratuliert!

Rassams Arbeit in Ninive wurde von William Kennett Loftus weitergeführt, der bereits in Südmesopotamien tätig geworden war und dort Kulturhügel inspiziert hatte (Abb. 51), in denen wir – nach seinen eigenen Worten – »seit unserer Kindheit gelernt hatten, die Wiege der Menschheit zu sehen«. Anfang der fünfziger Jahre des 19. Jahrhunderts grub er in Warka, dem biblischen Erech (Uruk), der Heimat jenes Helden Gilgamesch, der im sumerischen Mythos eine so bedeutende Rolle spielt. Loftus entdeckte hier farbige Terrakottamosaiken sowie einige Keilschrifttafeln.

J. E. Taylor, britischer Vizekonsul in Basra, grub 1854–1855 Tell Muqajjar aus, einen Kulturhügel, der die großartige Ziqqurrat des Urnammu in Ur (dem biblischen ›Ur der Chaldäer‹) enthielt, desgleichen deckte er unter dem Tell Abu-Schahrein das alte Eridu auf. Loftus' und Taylors Ausgrabungen legten sumerische Bauten frei. Wissenschaftlich betrachtet, war dies von außerordentlicher Bedeutung. Doch in der Öffentlichkeit fanden sie seinerzeit kaum Widerhall – förderten sie doch keinerlei spektakuläre Skulpturen zutage wie die Ausgrabungen in Assyrien!

Die Franzosen entsandten nicht nur Place, der Bottas Nachfolge antrat, sondern bewilligten auch Mittel für eine ›Wissenschaftliche und künstlerische Mission nach Mesopotamien und Medien‹. Diese bestand aus Fresnes, Oppert und Félix Thomas, der an verschiedenen Stätten Südmesopotamiens – so z. B. in Kisch und Babylon – Grabungen durchführte. Das von der Expedition ergrabene Material, dazu 240 Kisten mit Stücken aus Chorsabad und aus Assurbanipals Palast in Ninive, beförderte man auf Booten und Flößen flußabwärts, doch in Qurna am Beginn des Schatt el-Arab brachten arabische Flußräuber die gesamte Flottille vorsätzlich zum Kentern.

Die Katastrophe von Qurna bedeutete einen großen Verlust für die Archäologie, insbesondere für jene europäischen Museen, die auf das assyrische Material warteten, um es auszustellen. Doch lag Alt-Mesopotamien in Europas Antiquitätensammlungen bereits gut im Rennen. Deshalb erteilten die französischen Behörden Places Nachfolger, als dieser neue Mittel für weitere Grabungen beantragte, die lapidare Absage: »Nein . . . die Ausgrabungen sind zu Ende; sie kosteten bereits zu viel.« Das Britische Museum füllte sich derma-

51. Die älteste bekannte Darstellung der Ziqqurrat in ›Ur in Chaldäa‹. So bot sich das Bauwerk William Kennett Loftus dar, als dieser 1849 Südmesopotamiens Trümmerhügel untersuchte.

52.–53. Henry Creswicke Rawlinson (1810–1895 [gegenüber]), britischer Generalkonsul in Bagdad, der – hauptsächlich von der *oben* abgebildeten, 516 v. Chr. in die Felsen gehauenen dreisprachigen Inschrift des Achaimenidenkönigs Dareios' I. (522/21–486/85 v. Chr.) in Behistun (Bisutun) ausgehend – 1835–1847 die 1802 von Georg Friedrich Grotefend (1775–1853) begonnene Entzifferung der Keilschrift entscheidend weiterbrachte.

ßen mit Material mesopotamischer Herkunft, daß man im Kristallpalast einen eigenen Raum dafür einrichtete. 1855 unterbrach der Krimkrieg die mesopotamischen Ausgrabungen für einige Zeit. Nahezu 20 Jahre dauerte dieser Stillstand.

Inzwischen war die Keilschrift entziffert worden. Bereits um die Wende vom 18. zum 19. Jahrhundert hatte sich G. F. Grotefend, ein deutscher Gelehrter, intensiv mit Niebuhrs Kopien mehrsprachiger Inschriften aus Persepolis befaßt. 1802 war es ihm gelungen, in der altpersischen Version, der einfachsten Textfassung, drei Königsnamen zu entziffern. Wenig später vermochte er ein Drittel der Schriftzeichen dieser Sprache zu lesen. Doch Grotefend war kein Orientalist und kam daher mit seinen Forschungen nicht weiter.

Eine Schilderung seiner Entdeckung legte er der Göttinger Akademie als Dissertation vor, doch betrachtete man seine Darlegung nicht als publikationswürdig. Tatsächlich war sie erst 1893 der Öffentlichkeit zugänglich, als sie längst nur noch von historischem Wert war. Als eigentlicher Entzifferer der Keilschrift gilt allgemein Henry Creswicke Rawlinson (1810–1895 [Abb. 53]). Er hatte von Grotefends Vorarbeiten keinerlei Ahnung, verfügte dafür aber über

eine Kenntnis orientalischer Sprachen, die Grotefend gänzlich abging.

Rawlinsons Arbeitsgrundlage waren zunächst zwei kurze, dreisprachige Inschriften aus der Umgebung von Hamadan. Später wandte er sich dann der berühmten, gleichfalls dreisprachigen Königsinschrift zu, die 516 v. Chr. auf Befehl des Achaimeniden Dareios I. Hystaspes (522/21–486/85 v. Chr. [Abb. 52]) in den großen Felsen von Behistun (Bīsutūn [Bagastana]) gehauen worden war. Sie befindet sich in schwindelerregender Höhe 122 m über dem Boden an der Wand des 518 m über die Ebene emporragenden Felsmassivs. 1835 begann Rawlinson die altpersische und elamische Textfassung zu kopieren, und 1844 setzte er die Kopierarbeit fort. Selbstverständlich war es keineswegs leicht, nahe genug an die Texte heranzukommen. Doch schließlich war 1847 auch die Kopie der babylonischen Version fertiggestellt – dies mit Hilfe einer der liebenswürdigsten, namenlos gebliebenen Gestalten der Archäologiegeschichte, »eines wilden Kurdenjungen von irgendwo«, der die erstaunlichsten Dinge vollbrachte. Mit Fingern und Zehen fand er in Spalten und Ritzen der Felswand Halt, schwang sich an Seilen über Abgründe und fertigte Papierpausen mit Hilfe einer frei schwingend aufgehängten Staffelei.

Ende 1837 hatte Rawlinson die beiden ersten Paragraphen des altpersischen Keilschrifttextes übersetzt. 1846 veröffentlichte er unter dem Titel *The Persian Cuneiform Inscription of Behistun* (›Die persische Keilschrift-Unschrift von Behistun‹) zwei Bände, die die vollständige Übersetzung des gesamten Textes enthielten. Unabhängig davon erschien im selben Jahre auch die Übersetzung von Dr. Edward Hincks. Schließlich nahmen sich Rawlinson, Hincks, Oppert, Fox Talbot und andere Gelehrte der babylonischen Fassung an. Auch sie war bald übersetzt, und man verfügte damit gleichzeitig über den Schlüssel zum Verständnis des Babylonischen und Assyrischen. 1857 übersetzte Rawlinson im Auftrage des Britischen Museums die Inschrift auf einem Zylinder Tiglatpilesers I. Vor der Veröffentlichung des Textes forderte man Hincks, Fox Talbot und Oppert auf, ihrerseits unabhängig voneinander eigene Übersetzungen einzureichen. Diese wurden in versiegelten Umschlägen dem Präsidenten der Königlichen Asiatischen Gesellschaft zugesandt und von einer Kommission überprüft, die sie für so weitgehend miteinander übereinstimmend erklärte, daß kein Zweifel mehr bestehen konnte: Die Keilschrift war entziffert.

Diese großartige wissenschaftliche Leistung ermöglichte es Rawlinson, die Trümmerhügel am Tigris gegenüber Mossul als Ninive, Sinkara als das alte Larsa, Tell Muqajjar als das biblische ›Ur der Chaldäer‹ und Tell Abu Schahrein als das gleichfalls in der Bibel erwähnte Eridu zu identifizieren. Mit einem Male war Rawlinson nun ebenso berühmt wie Layard. Auch er erhielt die Ehrendoktorwürde der Universität Oxford und wurde 1856 in den Ritterstand erhoben.

Griechenland und Rom:
Die Anfänge der klassischen Archäologie

Reisende des 18. und des frühen 19. Jahrhunderts, gleich, ob sie aus Frankreich, Deutschland oder Großbritannien kamen, hatten keinerlei Skrupel, für die Museen ihrer nordwesteuropäischen Heimatländer alles mitgehen zu heißen, was sich in Italien, Griechenland und im Nahen Osten nur an Altertümern mit Händen greifen und davontragen ließ. Ihr Tun rechtfertigten sie mit der Behauptung, die Einheimischen in den genannten Ländern selbst seien der dortigen antiken Kunstwerke nicht wert und auch gar nicht imstande, sie vor Verfall zu schützen. »Wir kopierten Inschriften, wo immer wir gerade auf sie stießen«, äußerte Robert Wood in seinen ›Ruinen Palmyras‹ *(Ruins of Palmyra)* 1753, »und nahmen die Marmorskulpturen mit, wo immer es möglich war, denn Habgier und Aberglaube der Einheimischen machten unsere Aufgabe schwierig, ja bisweilen undurchführbar.« Lord Elgin (1766–1841), ein schottischer Aristokrat, dessen vollständiger Name Thomas Bruce, Earl of Elgin and Kincardine, lautete, wurde 1799 – erst 33 Jahre alt – als Botschafter der britischen Krone bei der Hohen Pforte nach Konstantinopel entsandt. Sein Freund, der Architekt Thomas Harrison, animierte ihn, Gipsabgüsse griechischer Skulpturen mitzubringen (Griechenland befand sich damals in türkischer Hand). Dies brachte Lord Elgin auf die Idee, so viele Zeichnungen und Abgüsse antiker Kunstwerke anfertigen zu lassen, wie nur irgend möglich. Als er im damals unter türkischer Herrschaft stehenden Athen die Akropolis besichtigte, wurde ihm klar: die Bildwerke der dortigen Tempel waren ständig mutwilligen Beschädigungen ausgesetzt, und niemand kümmerte sich darum. Schließ-

54. Lord Elgin (1766–1841), in den Jahren 1799–1803 britischer Botschafter in der Türkei, erhielt die Genehmigung, Teile der Marmorfriese des Parthenons auf der Akropolis von Athen abnehmen zu lassen. 1816 verkaufte er die Fragmente dann für £ 35 000 an das Britische Museum, wo sie sich seitdem (als *Elgin marbles*) befinden. So umstritten Elgins Handlungsweise auch ist – fest steht: Die Kunstwerke hätten schwerste Schäden erlitten, wenn man sie an ihrem ursprünglichen Platz belassen hätte.

lich erwirkte er von den türkischen Behörden die Genehmigung, einige der marmornen Statuen, Friestafeln und Metopen des Parthenon abnehmen zu lassen. Etwa drei- bis vierhundert Arbeiter hatten ein Jahr lang zu tun, um die Bildwerke zu entfernen. Dabei wurde den altgriechischen Bauwerken erheblicher Schaden zugefügt, so daß der Spruch die Runde machte: *Quod non fecerunt Gothi, fecerunt Scoti* (»Was die Goten nicht fertigbrachten, schafften die Schotten«). 1803 wurde Lord Elgin nach England zurückberufen. Seine in 200 Kisten verpackte Sammlung füllte die Frachträume mehr als nur eines einzigen Schiffes. Vor Kap Malea, einer der Südspitzen der Peloponnes, erlitt die mit Kunstwerken beladene Brigg ›Mentor‹ Schiffbruch. Erfahrene Taucher brauchten drei Jahre, um die Schätze zu bergen, die aber erst 1812 endgültig nach London verschifft wurden. Nach mancherlei Hin und Her erwarb 1816 schließlich der Staat die sogenannten *Elgin marbles* (›Elgin-Marmorskulpturen‹) für 35 000 Pfund Sterling, und die Stücke wurden im Britischen Museum untergebracht. Immer wieder wurde und wird seitdem die Frage gestellt: War es richtig, die ›Marbles‹ nach England zu schaffen? Sollte man sie nicht wenigstens jetzt den Griechen wieder zurückgeben? Außer Zweifel steht freilich, daß sich die Skulpturen im Britischen Museum, wo sie heute einen Ehrenplatz einnehmen, ausgezeichnet gehalten haben, während sie an ihrem ursprünglichen Standort auf der Athener Akropolis sicher erheblichen Schaden genommen hätten.

Das ehrenwerte Mitglied der Universität Cambridge, Edward Daniel Clarke (1769–1822), zuerst Professor der Mineralogie und später Universitätsbibliothekar, hatte ausgedehnte Reisen in Griechenland unternommen. In Athen entdeckte er das Grab Euklids – nicht des gleichnamigen Mathematikers, aber Clarke hielt es irrtümlich dafür und schrieb: »Wie fesselnd ... muß eine derartige Antiquität für die Universität Cambridge sein, wo Euklids Name so besonders hoch in Ehren steht.« Und sein Bericht über die Entfernung der kolossalen *Kistophoros* (›Korbträgerin‹) von Eleusis (heute im Fitzwilliam Museum) wirft ein Schlaglicht auf die damals üblichen Methoden:

»Ich fand die Gottheit, die bis zu den Ohren in einem Misthaufen steckte. Als ich auch nur andeutete, daß ich sie mitnehmen wollte, starrten mich die Bauern von Eleusis an, als wollte ich den Mond aus seiner Bahn werfen. Was sollte aus ihrem Korn werden, fragten sie, wenn die alte Frau mit dem Korb nicht mehr da wäre? So begab ich mich nach Athen und trug mein Anliegen dem Pascha vor, wobei ich, um meiner Bitte Nachdruck zu verleihen, ein englisches Teleskop zwischen seine Finger gleiten ließ. Der Handel war perfekt.«

55. *Gegenüber:* Im Jahre 1821 erwarb Frankreich auf der griechischen Insel Melos die sogenannte ›Venus von Milo‹. Sie befindet sich heute im Louvre in Paris.

John Disney, ein Gentleman aus Essex, war Rechtsanwalt. Er erhielt seine Zulassung 1803 – im selben Jahre, als Lord Elgin aufgrund einer Verordnung Napoleons auf der Fahrt durch Paris verhaftet wurde. Disney gehörte dem Bund der *dilettanti* an, sammelte Altertümer und war ein Freund von E. D. Clarke. Wie

Clarke, bot auch er seine Sammlungen der Universität Cambridge an, doch begnügte er sich nicht damit, sondern begründete – wohlhabender als Clarke – 1851 einen Lehrstuhl für Archäologie. Das Abkommen, das zwischen Stifter und Universität getroffen wurde, legt klar die Obliegenheiten des Lehrstuhlinhabers fest. »Pflicht des Lehrstuhlinhabers ist es«, so heißt es da beispielsweise, »in Verlauf jedes akademischen Jahres... mindestens sechs Vorlesungen über klassische, mittelalterliche oder andere Altertümer, die Schönen Künste und alles, was damit zusammenhängt, zu halten.«

Freilich – dieser von Disney gestiftete Lehrstuhl war zwar der erste seiner Art auf britischem Boden, doch keineswegs der erste Archäologie-Lehrstuhl in Europa überhaupt. Vielmehr erwähnten wir ja bereits die schon 1662 erfolgte Einrichtung eines altertums- oder vielmehr ›altertümerkundlichen‹ Lehrstuhls an der Universität Uppsala, dessen erster Inhaber Olof Verelius war. Weiterhin gab es schon einen Lehrstuhl in Leiden, an den 1818 Caspar Jakob Christian Reuvens berufen worden war. Sein Aufgabenbereich umfaßte, wie ausdrücklich spezifiziert wurde, die Disziplinen ›Ägyptologie, Numismatik (Münzkunde), Baugeschichte sowie klassische und nichtklassische Archäologie‹.

Ein emsiger Antiquitätensammler war auch der französische Konsul in Athen, Fauvel. Ihm verdankt der Pariser Louvre eine besonders schöne Platte des Parthenonfrieses. Eine internationale Gruppe, bestehend aus den beiden Engländern C. R. Cockerell und J. Foster, zwei Dänen namens Bröndstedt und Koes, dem livländischen Baron Otto Magnus von Stackelberg sowie dem Nürnberger Architekten Baron Haller von Hallerstein, grub 1811 den vermeintlichen Zeustempel von Aigina sowie den Apollontempel von Bassai auf der Peloponnes aus. König Ludwig I. von Bayern und das Britische Museum kauften Skulpturen aus beiden Tempeln, die der gefeierte dänische Bildhauer Bertel Thorwaldsen restauriert hatte (die von König Ludwig von Bayern erworbenen Stücke befinden sich heute in der Münchener Glyptothek). 1829 arbeitete eine französische Archäologengruppe auf der Peloponnes. Ihre Ergebnisse wurden unter dem Titel *Expédition scientifique de Morée* (›Wissenschaftliche Expedition nach Morea‹ [Morea = die Peloponnes]) publiziert. Schon 1821 aber hatte der Vicomte de Marcellus, seines Zeichens Sekretär der französischen diplomatischen Mission in Athen und als solcher dem französischen Botschafter bei der Hohen Pforte in Konstantinopel unterstellt, die heute im Louvre befindliche, weltberühmte Statue der Venus von Milo (Abb. 55) erworben. Er schrieb von ihr: »O Venus, deren Reiz meine Augen und all mein Denken erfüllt – nach mehr als tausendjährigem Schlummer unter taubem, wildem Kräutig hat meine Stimme sie wiedererweckt...«

1829 war Griechenland von der türkischen Fremdherrschaft frei, und in der jungen Nation erwachte lebhaftes Interesse an der eigenen, alten Vergangenheit – ein Prozeß, den zahlreiche nichtgriechische Archäologen, die im Lande wirkten, förderten.

Das Jahr 1846 brachte die Gründung der *École française d'archéologie* in Athen. Es war die erste Einrichtung dieser Art in Griechenland. Entsprechende Institutsgründungen der Deutschen, Briten, Amerikaner und Italiener schlossen sich an. An sich waren die Tage der Konsularbeamten und diplomatischen Missionschefs, die nebenher Archäologie betrieben, nunmehr gezählt, doch die Laufbahn eines Engländers namens Thomas Newton zeigte noch immer exemplarisch jene Verzahnung von Archäologie und Diplomatie, die für eine ganze Epoche so charakteristisch war. Newton war am Britischen Museum angestellt, erreichte es aber, vom Foreign Office für sieben Jahre als Diplomat in den Nahen Osten geschickt zu werden, wo er die Wahrnehmung seiner Amtspflichten im Staatsdienst mit dem Sammeln von Material für das Britische Museum verbinden konnte. Es glückte ihm, in Halikarnassos den Standort des weltberühmten Maussolleions (Mausoleums) zu ermitteln, das in der Antike als eines der ›Sieben Weltwunder‹ gegolten hatte, und er brachte es fertig, alles, was von diesem vielgerühmten Bauwerk noch erhalten war, für das Britische Museum zusammenzutragen, darunter Fragmente, die bereits bis nach Konstantinopel und Rhodos, ja sogar bis nach Genf gelangt waren. 1858/1859 fand er heraus, nach welchem Plan das antike Knidos erbaut war – es war dies der erste mit wissenschaftlicher Sorgfalt festgestellte Plan einer antiken Stadt. Bei all seinen archäologischen Arbeiten machte er ausgiebig Gebrauch von Photographien.

Im Italien des 18. Jahrhunderts hatten lange Zeit niemals mehr als vier, acht oder höchstens dreißig Mann auf einmal in Herkulaneum und Pompeji gegraben, und was man dort trieb, war Schatzgräberei. Von seriösen wissenschaftlichen Ausgrabungen konnte keine Rede sein. Man legte Häuser frei und plünderte sie aus. Malereien wurden aus den Wänden gesägt, und die dergestalt ausgeraubten Häuser ließ man anschließend einfach verfallen. Die Ausgrabung eines vollständigen Gebäudes war eine Seltenheit, wenn sie überhaupt vorkam. Meist schaufelte man einfach das Obergeschoß aus und ließ es in die ausgehobenen Schächte stürzen, wobei es die tieferliegenden Schichten unter seinen Trümmern begrub. Systematische, planvolle Ausgrabungen begannen in Pompeji erst unmittelbar am Ende des 18. sowie zu Beginn des 19. Jahrhunderts. Ermöglicht wurde die neue Grabungsstrategie durch die Großzügigkeit der von Napoleon eingesetzten Könige Neapels, und die Leitung des Unternehmens lag in den Händen eines neapolitanischen Gelehrten namens Michele Arditi. Dies war nun die erste in großem Stil geplante Ausgrabung in der Geschichte der Archäologie, und auch an Geldmitteln fehlte es nicht. Fast 600 Mann waren bisweilen an der Arbeit.

1860 übernahm Giuseppe Fiorelli die Leitung des Unternehmens. Er legte ganze *insulae* (›Wohnblocks‹) frei, dabei trug er mit äußerster Behutsamkeit Schicht um Schicht ab und beließ Details von besonderem Interesse *in situ* (in ihrer ursprünglichen Position). Außerdem begründete er die *Scuola di Pompeji*, wo nicht nur Italiener, sondern auch ausländische Archäologen sich die neuen

56.–57. Pompejis Bewohner – gleich, ob Menschen *(oben)* oder Tiere *(rechts)* – traf der Ausbruch des Vesuvs im Jahre 79 n. Chr. völlig unerwartet. Von glühender Asche verschüttet, erstickten sie in heißen Schwefeldämpfen. Giuseppe Fiorelli, der 1860 die Leitung der Ausgrabungen in Pompeji übernahm, entwickelte das Verfahren, die von den inzwischen längst zerfallenen Leichnamen und Kadavern in der Aschenschicht zurückgebliebenen Hohlräume mit Gips auszugießen, so daß sich ein Gipsabguß der Toten ergibt.

archäologischen Techniken aneignen konnten. Persönlich spezialisierte sich Fiorelli auf die Untersuchung der im alten Pompeji verwendeten Baumaterialien und Baumethoden. Weiterhin entwickelte er das Verfahren, Abgüsse der in Pompeji verschütteten Leichen anzufertigen, indem er mit Gips jene Hohlräume ausgoß, die nach dem Zerfall der Leichname in dem vulkanischen Lockermaterial zurückgeblieben waren (Abb. 56, 57). Schließlich beherrschte er diese Technik in solchem Maße, daß er imstande war, Abgüsse von Türen, Möbeln, ja sogar ganzen Dächern anzufertigen.

Durch und durch Wissenschaftler, war Fiorelli ein Pionier der stratigraphischen Analyse. Gaston Bossier, der die von ihm in Pompeji eingeführten Methoden beschreibt, äußert:

»Er [Fiorelli] erklärte und wiederholte es auch in seinen Berichten: Im Mittelpunkt des Interesses stünde bei der Ausgrabung Pompejis Pompeji selbst. Die Entdeckung von Kunstwerken sei demgegenüber von untergeordneter Bedeutung. Vor allem richteten sich seine Bemühungen auf die Wiederbelebung einer römischen Stadt, die uns einen Eindruck vom Leben und Treiben vergangener Zeital-

ter vermitteln könne. Dabei sei es unerläßlich, die Stadt ebenso in ihrer Gesamtheit im Auge zu behalten wie kein noch so kleines Detail zu übersehen, damit das, was diese Stadt uns lehre, keine Beeinträchtigung erfahre, und man suche nicht nur in Erfahrung zu bringen, wie die Häuser der Reichen beschaffen waren, sondern interessiere sich ebenso für die Unterkünfte der Armen mit ihrem alltäglichen Hausrat und plumpem, unbeholfenem Wandschmuck. Mit diesem Ziel vor Augen, gewinne alles und jedes Bedeutung, und man habe nicht das mindeste Recht, über irgend etwas hinwegzusehen.«

Eine äußerst bemerkenswerte und vor allem außerordentlich modern anmutende Feststellung.

Das barbarische Europa

Mit den Etruskern beschäftigten sich Anfang des 19. Jahrhunderts Micali, Inghirami und Gerhard. 1827 erfuhr die Öffentlichkeit von den farbenprächtigen Wandmalereien in Cornetto, andere etruskische Stätten, insbesondere Grabstätten, legte man anschließend in Veji, Chiusi, Cerveteri und Orvieto frei. Die Entdeckung der Tomba Regolini-Galassi, eines Etruskergrabes in Caere (Cerveteri, 1836) mit seinen unvorstellbaren Grabschätzen (heute im Vatikan) trug erheblich dazu bei, das Interesse der Öffentlichkeit an den Etruskern zu wecken, lockte aber auch Schatzgräber herbei. Englische Leser machten vor allem durch George Dennis' ›Städte und Friedhöfe Etruriens‹ *(Cities and Cemeteries of Etruria)*, ein vielgelesenes und köstliches Buch, das 1848 erschien, mit den Etruskern Bekanntschaft. Dennis war völlig von der bedeutenden Rolle der Etrusker als Vermittler mediterraner Hochkultur nach Nord- und Nordwesteuropa überzeugt. Seiner Ansicht nach stimmten die Altertumskundler darin überein, »daß sämtliche alten Bronzen, die an verschiedenen Fundstätten nördlich der Alpen von der Schweiz bis nach Dänemark sowie von Irland bis nach Ungarn und in die Wallachei gefunden wurden, etruskischen Ursprungs sind«.
Einst hatte der griechische Historiker Herodot die Skythen beschrieben. Die ersten Skythenfunde in der modernen Archäologiegeschichte machte Paul Dubrux bei Kul Oba in der Nähe von Kertsch (1830 [Tafeln VII, VIII]). Spätere archäologische Vorhaben schildert das 1866–1873 von der Kaiserlich Russischen Archäologischen Kommission in St. Petersburg herausgebrachte Werk *Les Antiquités de la Scythie d'Hérodote*. 1839 war die Kaiserlich Archäologische Gesellschaft für Geschichte und Altertümer Odessas gegründet worden. Zehn Jahre später wurde aus ihr die Kaiserliche Archäologische Gesellschaft. Eine weitere Gesellschaft für Archäologie und Numismatik (= Münzkunde) wurde 1846 ins Leben gerufen.
Die archäologische Erforschung der Kelten (Abb. 58) sowie der vorrömischen Eisenzeit in ganz Europa kam während der fünfziger

58. Keltischer Kopf am Griff einer frühlatènezeitlichen Bronzekanne aus Waldalgesheim westlich von Bingen (Rheinpfalz). Frühes 4. Jahrhundert v. Chr. Höhe des Kopfes: 4 cm.

und sechziger Jahre des 19. Jahrhunderts in Gang. Selbstverständlich hatte man schon vor der Definition der Eisenzeit durch Thomsen und seine Nachfolger in Europa vorrömisch-eisenzeitliches Material als nichtrömisch erkannt. Doch man etikettierte es unterschiedlich als ›britisch‹, ›teutonisch‹ oder ›gallisch‹ und war im übrigen durchaus nicht sicher, ob man es der Periode vor oder nach der Römerzeit oder am Ende nicht doch der Römerzeit selbst zuzuweisen habe. Colt Hoare hatte die Trensen, die eisernen Kopfzierstücke sowie die Achsbeschläge von Hampden Hill als vorrömisch und britisch bezeichnet. Der Baron de Bonstetten charakterisierte den in Tiefenau bei Bern zum Vorschein gekommenen Haufen eiserner Waffen, Pferdepanzer, Wagenteile, keltischer Münzen und keltischer Keramik als alemannisch und wies ihn dem 3. oder 4. Jahrhundert n. Chr. zu. 1858 führte dann Oberst Schwab die ersten Ausgrabungen in La Tène am Neuenburger See in der Westschweiz durch. Diese Grabungen sollten viele Jahre dauern und brachten unter anderem eine hervorragende Serie eiserner Schwerter ans Licht. Ferdinand Keller untersuchte sie und erkannte: sie gehörten weder der Römer-, noch der Bronzezeit an, sondern waren keltischen Ursprungs – sie stammten aus der helvetischen

Phase der Schweizer Urgeschichte und damit aus der Eisenzeit. 1846 begann Ramsauer im Auftrag des Wiener Museums in Hallstatt zu graben. Die Grabungsarbeiten sollten etwa zwanzig Jahre andauern. 1866 war eine internationale Archäologengruppe in Hallstatt am Werk, deren Mitglieder sämtlich höchstes Ansehen genossen. Zu ihr gehörten Sir John Evans, Sir John Lubbock, Sir A. W. Franks, Édouard Lartet und Morlot. John Evans schrieb über die damalige Grabung: »Wir vereinbarten mit dem Bergmeister, emsige Arbeitskräfte einzusetzen und am nächsten Morgen möglichst früh zur Stelle zu sein, um die Ergebnisse in Augenschein zu nehmen. Es könnte durchaus sein, daß wir den ganzen Tag dort blieben.«
Und am nächsten Tage vermerkt er:
»Wir fanden unsere Grabungen zu fesselnd, als daß wir uns einfach hätten zurückziehen können. Lubbock und ich frühstückten schon kurz nach Sechs, und um einhalb Sieben waren wir bereits am Friedhof ... wo die Männer bereits ein bronzenes Halsband und eine zerbrochene Fibel zutage gefördert hatten. In der Folge entdeckte ich in einem unserer Gräben eines der eisernen Tüllenbeile mit einem noch in ihm verbliebenen Schaftrest sowie an einer Seite mit dem Abdruck eines feingeköperten Stoffes, auf dem es gelegen hatte. Ich grub es mit eigenen Händen aus.«

Die Ergebnisse der nahezu zwanzigjährigen Ausgrabungen faßte 1867 Baron von Sackens *Das Grabfeld von Hallstatt* zusammen. Mehr als 993 Bestattungen waren freigelegt worden. Wie es schien, dokumentierte das Gräberfeld den Übergang von Bronze- zur Eisenzeit. 1872 schlug schließlich Hildebrand vor, die Eisenzeit Europas in eine ältere Phase (Hallstattzeit) und einen späteren Abschnitt (die La Tène-Periode) zu unterteilen.
John Kemble lenkte die Aufmerksamkeit der Gelehrten auf eine Gruppe im La Tène-Stil dekorierter Objekte, die Sir A. W. Franks im Britischen Museum untersuchte. Beim Ordnen und Beschreiben der Tafeln, die Kembles (allerdings erst 1863 posthum erschienenes) Werk *Horae Ferales* illustrieren sollten, wagte er es, von ›spätkeltischen‹ Stücken zu sprechen. Freilich tat er dies ganz bewußt, weil er den Eindruck hatte, daß einerseits das Verbreitungsmuster der betreffenden Objekte mit dem Verteilungsmuster keltischer Siedlungen übereinstimmte, andererseits aber die Form der Ornamente mit Formen der frühchristlichen Kunst Irlands in Zusammenhang zu stehen schien. Auf jeden Fall unterschieden sich diese Ornamente erheblich vom Dekor anderer in England gefundener Objekte der Römer-, Sachsen- und Dänenzeit.
Den ersten klaren Zeitansatz der La Tène-Kunst brachten die 1861–1865 auf Anordnung Napoleons III. am Mont Auxois (Alesia) sowie am Mont Réa bei Alise Sainte-Reine in Burgund durchgeführten Ausgrabungen. In den Gräben eines römischen Truppenlagers fand man dort, vergesellschaftet mit römischen und gallischen Münzen, Schwerter und Speere. Keines der Stücke war jünger als 54 v. Chr. Dies legte für die Gegenstände des La Tène-Stiles ein

vorrömisches Datum mit der Mitte des 1. Jahrhunderts v. Chr. als Untergrenze nahe. Damit hatte man den ersten brauchbaren Datierungshinweis für die La Tène-Kunst gewonnen. Nunmehr war es Archäologen in Frankreich ebenso wie in Spanien möglich, Einzelfunde ebenso wie Gräber mit Gegenständen des La Tène-Stiles der vorrömischen Eisenzeit zuzuweisen. Gleichzeitig erhielt man auch einen Eindruck von der ungeheuren Verbreitung dieses Stils, denn 1879 stellte de Mortillet fest: Objekte aus Gräbern bei Marzabotto in der Nähe von Bologna glichen Gegenständen aus La Tène-zeitlichen Gräbern im Marnegebiet aufs Haar. Dies war das erste Mal, daß man bewußt die einst in Italien eingedrungenen Kelten archäologisch erfaßte und als La Tène-zeitlich identifizierte.

Wir erwähnten bereits den Geistlichen Brian Faussett. Als Kind hatte ihn einst ein Affe, das Lieblingstier seiner Eltern, ins Feuer geworfen. Doch Faussett überlebte und wurde einer der ersten Archäologie-Pioniere auf englischem Boden. Im 18. Jahrhundert deckte er Grabhügel auf, die er für römisch hielt, die aber in Wirklichkeit angelsächsischen Ursprungs waren. Das Tagebuch, das Faussett führte, wurde erst 1856 von Charles Roach Smith in dessen *Inventarium sepulchrale* veröffentlicht – ein Jahr bevor J. Yonge Akerman seine ›Überreste des heidnischen Sachsentums‹ *(Remains of Pagan Saxendom)* publizierte. Inspiriert von Akerman fand Kemble Übereinstimmungen zwischen angelsächsischer Keramik und Urnen aus dem Gebiet von Hannover. Auch er veröffentlichte seine Entdeckung bereits 1857. Ein Jahr darauf wurde in der Grafschaft Oxfordshire eine angelsächsische Hütte ausgegraben. Damit war in den fünfziger Jahren des 19. Jahrhunderts die angelsächsische Archäologie geboren.

Joseph Dubrowski (1753–1829) begann 1781 die Begräbnisriten der alten Slawen zu untersuchen und versuchte, seine Funde historisch einzuordnen. Er war einer der ersten Archäologen, die Methoden und Prinzipien der prähistorischen Archäologie auf schriftliche Quellen anwandten. Seine archäologischen Funde bezeichnete er als ›sprechenden Beweis‹. Außerdem verfaßte er einen Bericht über die 1803 in Lochowitz (Lochovice) in Böhmen durchgeführten Ausgrabungen eisenzeitlicher Hügelgräber – die ersten professionell ausgeführten und dokumentierten Ausgrabungen auf dem Gebiet der heutigen Tschechoslowakei.

Amerika

Im Kapitel 1 erwähnten wir bereits das Interesse der Amerikanischen Philosophischen Gesellschaft an Archäologie sowie das Rundschreiben, das Präsident Jefferson 1799 erließ. Im Jahre 1812 begründete der Verleger Isaiah Thomas in Massachusetts die Amerikanische Altertumskundliche Gesellschaft *(American Antiquarian Society),* die erste ihrer Art in der Neuen Welt. Ihr erklärter Zweck war »die Sammlung und Präsentation der Altertümer unseres Landes sowie denkwürdiger und wertvoller Objekte aus Kunst und Natur, die geeignet scheinen, die Sphäre des menschlichen Wissens zu erweitern . . . desgleichen der Nachwelt zum Wohle und zur Lehre zu dienen«. Das erste Treffen der Gesellschaft fand in Boston statt. Man richtete eine Bibliothek ein, sammelte Material für ein Museum, entwarf Pläne für Forschungsvorhaben, und 1820 erschien der erste Band der Sitzungsberichte der noch jungen Vereinigung. Er enthielt unter anderem einen Aufsatz eines gewissen Caleb Atwater (1778–1867), der den Titel trug: ›Beschreibung der im Staate Ohio und in anderen Staaten des Westens entdeckten Altertümer‹ *(Description of the Antiquities Discovered in the State of Ohio and other Western States)* – eine Schilderung zahlreicher von Menschenhand errichteter Hügel, vornehmlich in der Umgebung von Circleville (Ohio), woher der Autor stammte. Dem Text waren viele Pläne beigegeben. Weniger nützlich als die Arbeit des Vermessens und Kartographierens, die der Verfasser geleistet hatte, waren seine Klassifikation der Hügel und die wilden Spekulationen über deren Ursprung. Er unterteilte die Hügel in drei Perioden. Danach stammten die jüngsten angeblich von europäischen Einwanderern. Ihnen voran gingen von noch in der Neuzeit existierenden Indianerstämmen errichtete Hügel. In den Hügel der ältesten Gruppe erblickte er jedoch das Werk einer eigenen, alten Bevölkerung von ›Hügelerbauern‹: nach Atwaters Auffassung Hindus auf dem Wege von Indien nach Mexiko!

Ein Mann, der nie selbst Feldforschungen unternommen hatte, Dr. James McCulloh Junior, veröffentlichte 1817 ›Forschungen in Amerika‹ *(Researches in America)* sowie 1829 ›Philosophische und altertumskundliche Forschungen zur Geschichte der Eingeborenen Amerikas‹ *(Researches Philosophical and Antiquarian Concerning the Aboriginal History of America)*. Er bestritt Atwaters Theorie eines eigenen ›Hügelerbauer‹-Volkes und erklärte die Hügel für Erdwerke der Indianer, womit er schließlich recht behalten sollte.

Im Jahre 1848 veröffentlichten Ephraim George Squier, ein Journalist aus Ohio, und Edwin Hamilton Davis, ein Arzt aus Chillicothe (gleichfalls Ohio), ihr gemeinsames Werk: ›Denkmäler des Mississippi-Tales aus alter Zeit‹ *(Ancient Monuments of the Mississippi Valley* [Abb. 59]). Beide hatten eine große Zahl von Hügeln vermessen und kartographiert, einige ausgegraben, und außerdem enthielt ihr Werk einen Schnitt durch den Grave Creek Mound aufgrund der Angaben des Besitzers dieses Hügels, Abelard B. Tomlinson, der 1838 einen tiefen Schacht ins Innere dieses Hügels getrieben hatte. Squiers und Davis' Buch enthielt eine Synthese eigener und fremder Arbeiten. Für Spekulationen ließen beide Autoren nur wenig Raum. Allerdings glaubten auch sie an die These einer eigenen ›Hügelerbauer‹-Rasse und waren fest davon überzeugt, daß weder die Indianer ihrer Zeit noch deren Vorfahren je die Fähigkeit besessen hätten, die von ihnen – Squier und Davis – untersuchten Hügel aufzutürmen.

Tomlinson behauptete, als er 1838 in den Grave Creek Mound eindrang, dort eine Sandsteintafel mit unbekannten Schriftzeichen gefunden zu haben. Doch Henry Rowe Schoolcraft, ein Geologe

59. So sah ein Künstler um die Mitte des 19. Jahrhunderts den *Grave Creek Mound* in West Virginia (USA). Aus: Ephraim George Squier und Edwin Hamilton Davis: *Ancient Monuments of the Mississippi Valley* (1848).

und Völkerkundler, der diesen und andere Funde untersuchte, erklärte: »An all dem ist wenig, was die Annahme bekräftigt, diese Erdwerke aus alter Zeit kämen von Stämmen mit etablierter, höher entwickelter Kultur . . . sei es asiatischen oder europäischen Ursprungs.« Vielmehr handle es sich, so sagte er, »um die Hinterlassenschaft barbarischer Völkerschaften, keiner Hochkultur«. Seine Ansichten fanden allerdings wenig Beachtung, waren sie doch in seinem sechsbändigen Monumentalwerk ›Historische und statistische Information, betreffend die Geschichte, die Lebensverhältnisse und die Aussichten der indianischen Stämme der Vereinigten Staaten‹ *(Historical and Statistical Information Respecting the History, Condition and Prospects of the Indian Tribes of the United States)*, das 1851–1857 erschien, mehr begraben und versteckt als der Öffentlichkeit zugänglich.

1837 wurde Samuel Haven (1806–1881) zum Bibliothekar der Amerikanischen Altertumskundlichen Gesellschaft ernannt – ein Amt, das er bis zu seinem Tode bekleidete. 1856 veröffentlichte er ›Die Archäologie der Vereinigten Staaten oder historische und bibliographische Skizzen des Fortschritts im Bereich der Information und der allgemeinen Ansichten, was die Überreste vergangener Zeiten in den Vereinigten Staaten betrifft‹ *(The Archaeology of the United States, or Sketches Historical and Bibliographical of the Progress of Information and Opinion Respecting Vestiges of Antiquity in the United States)*. G. R. Willey und J. A. Sabloff feiern dieses Werk in ihrer ›Geschichte der amerikanischen Archäologie‹ *(A History of American Archaeology* [1974], Seite 47) als »Musterbeispiel wohldurchdachter Schilderung und Diskussion«. »Wir ziehen es vor, zu schweigen, wo uns die Beweise ausgehen«, schreibt Haven, »und haben keine Spekulation anzubieten, was die Richtung angeht, aus der die Urheber der in den Vereinigten Staaten anzutreffenden Überreste vergangener Zeit unser Land betraten oder woher sie künstlerisch beeinflußt wurden.« Allerdings erklärte er die amerikanische Urbevölkerung für außerordentlich alt. Bei ihr fänden sich »alle charakteristischen Übereinstimmungen mit den frühen Lebensbedingungen asiatischer Ras-

sen«, und auch ein Verbindungsweg zeichne sich ab, über den Amerikas Ureinwohner ins Land eingewandert sein könnten. Havens' Buch, einer der Grundsteine der modernen amerikanischen Archäologie, wurde von der Smithsonian Institution veröffentlicht. James Smithson, ein exzentrischer und sehr reicher Engländer, der nie die Vereinigten Staaten besucht oder auch nur das geringste Interesse an ihnen gezeigt hatte, hinterließ zum lebenslänglichen Nießbrauch eines Neffen mehr als 500000 Dollar, die der Stiftung einer Institution »zur Mehrung und Verbreitung des Wissens unter den Menschen« zugute kommen sollten. Heute ist die Smithsonian Institution eine der bedeutendsten Forschungsanstalten der Welt. Sie öffnete ihre Pforten im Jahre 1846.
George Peabody, ein in London lebender und ebenfalls sehr wohlhabender amerikanischer Geschäftsmann und Philanthrop, stiftete 1866 das Peabody Museum für Archäologie und Völkerkunde in Harvard. Peabodys Neffe, Othniel Marsh aus Yale, war durch die Lektüre von Lyells ›Das Alter der Menschheit‹ *(The Antiquity of Man)* für amerikanische Archäologie begeistert worden, und als er mit Lyell persönlich zusammentraf, hatte dieser ihn förmlich bedrängt, die Dinge persönlich in die Hand zu nehmen und selbst in Amerika Archäologie zu treiben. Marsh gab Lyells Drängen nach, und während er einen Erdhügel bei Newark (Ohio) ausgrub, kam ihm der Gedanke, seinen Onkel zur Gründung eines archäologischen und völkerkundlichen Museums zu überreden. Freilich bedurfte es bei George Peabody der Überredung kaum. Inzwischen hatten und haben sowohl die Smithsonian Institution in Washington als auch das Peabody Museum in Harvard einen Einfluß auf den weiteren Fortgang der archäologischen Forschung in Amerika, dessen Bedeutung sich gar nicht hoch genug einschätzen läßt.
Während man in Nordamerika erbittert über die ›Hügelerbauer‹ debattierte, hatte sich in der Archäologie Mesoamerikas nur wenig getan. 1804 entsandte schließlich König Karl IV. von Spanien einen Franzosen namens Guillermo Dupaix nach Mexiko, um dort die Ruinen zu untersuchen, die aus der Zeit vor der Eroberung des Landes durch die Spanier stammten. Dupaix führte seinen Auftrag aus, aber seine Berichte blieben ungelesen in Mexico City. Auch andere Archäologen, Reisende und Forscher wie John Galindo, ein Ire von Geburt, doch Guatemalteke durch Einbürgerung, sowie Jean Frédérick Waldeck versuchten, das Interesse der Welt auf Palenque und andere Ruinenstätten zu lenken. Waldecks Reisebeschreibung ›Als Maler und Archäologe 1834 und 1836 in der Provinz Yucatan‹ *(Voyage pittoresque et archéologique dans la Province d'Yucatan pendant les années 1834 et 1836)* erschien 1858 in Paris. Immerhin rüttelten diese reisenden Archäologie-Pioniere das Interesse gelehrter Zirkel wach, und es wurden zwei wissenschaftliche Expeditionen ausgerüstet. Die erste unternahmen ein Offizier, Lieutenant John Caddy, und ein Zivilbeamter, Patrick Walker, aus Honduras. Ihr verdanken wir den ersten wissenschaftlichen Bericht über Palenque, das allerdings trotzdem wieder in Vergessenheit geriet, bis man es vor ein paar Jahren neu entdeckte. Auf jeden Fall wurde

60. Von Frederick Catherwood 1844 veröffentlichte Ansicht des sogenannten Castillo von Tulum, Nord-Yucatán.

Caddy und Walkers Unternehmen weit in den Schatten gestellt von der Expedition zweier Reisender namens Catherwood und Stephens, die mit Unterstützung der US-Regierung zustandegekommen war. John Lloyd Stephens (1805–1852 [Abb. 61]) war ein amerikanischer Rechtsanwalt, der bereits Ägypten und Palästina bereist und 1837 sein erstes Buch *(Incidents of Travel in Arabia Patraea)* publiziert hatte. Frederick Catherwood dagegen war ein englischer Maler und Architekt. Die beiden brachen 1839 in Belize auf und veröffentlichten 1841 und 1843 ihre Reiseberichte: *Incidents of Travel in Central America, Chiapas and Yucatan* sowie *Incidents of Travel in Yucatan*. Beide Reisebeschreibungen – mit Catherwoods prächtigen Zeichnungen (Abb. 60, 62) – wurden seinerzeit ungeheuer viel gelesen und trugen erheblich zur Weckung des Interesses an der Archäologie Mittelamerikas bei.

In der Hauptsache beschränkten sich Stephens und Catherwood auf die Schilderung dessen, was sie gesehen und erlebt hatten, doch waren sie zu der Überzeugung gelangt (und machten daraus kein Hehl): die Ruinen, die sie untersucht hatten, mußten das Werk einheimischer Indianerstämme sein. Stephens schrieb:

»Wenn wir die Erbauer dieser Städte bei irgendeinem alten Volk der Alten Welt suchen, so haben wir keinerlei Gewähr, daß diese nicht das Werk vergangener Völker sind, deren Geschichte für uns verloren ist. Demgegenüber spricht vieles dafür, sie als Schöpfungen derselben Rassen anzusehen, die das Land zur Zeit der spanischen Eroberung bewohnten, oder zumindest einiger nicht allzu ferner Vorfahren von ihnen.«

Wir sprachen bereits von Daniel Wilson (1816–1892), dessen *The Archaeology and Prehistoric Annals of Scotland* (1851) den ersten

61.–62. John Lloyd Stephens (1805–1852 *[Bild unten]*) war einer der Begründer der modernen Archäologie Mesoamerikas. Zusammen mit dem Maler Frederick Catherwood erforschte er die Ruinen der alten Mayastätten, hielt sie im Bild fest, und seine beiden Reiseschilderungen *Incidents of Travel in Central America ...* (1841) sowie *Incidents of Travel in Yucatan* (1843) wurden Bestseller. Catherwoods Lithographie *(rechts)* zeigt eine zerbrochene Stele in den Ruinen der Mayastadt Copán.

nennenswerteren Versuch darstellte, das in Skandinavien entwickelte Dreiperiodensystem auf Großbritannien anzuwenden. Ein Produkt der schottischen Aufklärung, wanderte er nach Kanada aus, wo man ihn zum ersten Prinzipal und Vizekanzler der Universität von Toronto ernannte. Sein Einfluß auf die Entwicklung der archäologischen und völkerkundlichen Forschungen in Kanada, ja in Nordamerika insgesamt, war enorm. 1862 veröffentlichte er: *Prehistoric Man: Researches into the origin of civilization in the Old and New Worlds* (›Der prähistorische Mensch – Untersuchungen über den Ursprung der Kultur in der Alten und Neuen Welt‹). Wilson trat für eine auf den gleichen psychischen Voraussetzungen aller Menschen beruhende parallele Evolution ein – eine Position, die bereits vieles von dem vorwegnahm, was später Lewis H. Morgan vertrat.

Indien und Asien

Schon im 17. Jahrhundert berichteten europäische Reisende in ihren Reisebeschreibungen von altindischen Baudenkmälern, aber die Geburtsstunde der indischen Archäologie schlug erst, als 1784 in Kalkutta die Asiatische Gesellschaft Bengalens gegründet wurde. Ihr Gründer war Sir William Jones (1746–1794), ein Freund Samuel Johnsons, der 1783 als oberster Richter nach Kalkutta gekommen war. Zweck der Vereinigung war »die Untersuchung der Geschichte und Altertümer, der Künste, Wissenschaften und der Literatur Asiens«. 1814 wurde das zugehörige Museum gegründet, doch schon 1788 war der erste Band der ›Archäologischen Forschungen‹ *(Archaeological Researches)* der Gesellschaft veröffentlicht worden.

Im Jahre 1790 kamen unweit von Nellore nördlich von Madras römische Münzen zum Vorschein. In einem an die *Asiatic Society* gerichteten Brief schilderte Alexander Davidson, der damalige Gouverneur von Madras, wie es zu dem Fund gekommen war. Danach habe sich der Pflug eines Bauern an unterirdischem Ziegelmauerwerk festgehakt. Der Bauer habe sofort nachgegraben und die Überreste eines kleinen Hindutempels freigelegt, in dem sich ein kleines Gefäß mit römischen Münzen aus dem 2. Jahrhundert n. Chr. befunden habe.

James Prinsep (1799–1840), Chefprüfer der Münzprägestätte in Kalkutta, interessierte sich lebhaft für indische Altertümer und war mehrere Jahre lang Sekretär der *Asiatic Society*. Er war ein enger Mitarbeiter von General Alexander Cunningham, der 1861 den ›Archäologischen Forschungsdienst Indiens‹ *(Archaeological Survey of India)* gründete.

Im Jahre 1823 entdeckte Babington in einigen Megalithgräbern an der Malabarküste Eisengeräte. 1845 veröffentlichte James Ferguson, ein Indigopflanzer, sein Werk ›Felstempel Indiens‹ *(Rock-Cut Temples of India)*. Diese Publikation war die erste Frucht seiner archäologischen und architekturgeschichtlichen Interessen, die ihn später auch noch seine *History of Architecture* (1865–1867) sowie seine *Rude Stone Monuments in all Countries: their Age and Uses* (1872) herausbringen ließen – die erste umfassende Untersuchung prähistorischer Großsteinbauweise überhaupt.

Im Jahre 1863 berichtete Robert Bruce Foote von der Entdeckung paläolithischer Geräte in Madras. Vorgeschichtsforschung war damit zu einer Wissenschaft geworden, die man weltweit betrieb.

Archäologie im Jahre 1867

1867 ist eine sehr passende Zäsur für das Ende dieses Kapitels, das einigen Entwicklungen nachging, die sich im Bereich der Archäologie seit dem Ende des 18. Jahrhunderts abspielten – seit jenen Jahren, da John Frere seine Acheuléen-Faustkeile aus Hoxne nach London schickte und erklärte, man habe sie einer sehr weit zurückliegenden Phase der Vergangenheit, ja einer Periode »vor der gegenwärtigen Welt« zuzuschreiben, und in denen Napoleons Gelehrtenstab seine Arbeit in Ägypten aufnahm. In den sieben Jahrzehnten zwischen 1797 und 1867 setzte sich eine neue, fluvialistische Geologie durch, die Erkenntnis brach sich Bahn, daß die Menschheit schon viel länger existierte, als man ursprünglich angenommen hatte, und man gewöhnte sich an die Anwendung des in Dänemark ausgearbeiteten Dreiperiodensystems, das durch Sir John Lubbock zu einem Vierperiodensystem modifiziert wurde.

1859, jenes ›Wunderjahr‹ *(annus mirabilis),* wie es oft genannt wurde, brachte nicht nur die Durchsetzung des Wissens um das hohe Alter der Menschheit, sondern auch Charles Darwins Hauptwerk *The Origin of Species by Means of Natural Selection or the Preservation of Favoured Races in the Struggle for Life* (deutsch allerdings erst 1893 unter dem Titel: ›Die Entstehung der Arten durch natürliche Zuchtwahl‹). Es war die Lektüre von Lyells *Principles of Geology*, die Darwin anregte, seine allgemeine Evolutionstheorie zu formulieren, ebenso wie ihn die Lektüre von Malthus' *Essay on Population* auf das Konzept des Lebenskampfes brachte, in dem nur der Tüchtigste sich zu behaupten vermag.

63. Charles Darwin, betroffen von den Folgerungen, die sich aus seiner Evolutionstheorie ergeben (Karikatur in *Punch* 1882). Die Bildunterschrift lautet: ›Der Mensch ist nichts als ein Wurm‹.

Immer wieder vernimmt man die Behauptung, Darwins ›Ursprung der Arten‹ habe sich denkbar tiefgreifend auf die Entwicklung der Archäologie ausgewirkt. Dabei enthielt sich Darwin zunächst jeder Äußerung über die Konsequenzen seiner Theorie auf die damals gängigen Auffassungen über das Alter der Menschheit, und auch auf die anatomischen Übereinstimmungen zwischen Menschen und Affen ging er in seinem genannten Werk nicht ein, sondern er beschränkte sich auf die Feststellung, seine Hypothese sei, wenn man sie sich zu eigen mache, vermutlich geeignet, helles »Licht auf den Ursprung des Menschen und seiner Geschichte« zu werfen. Erst T. H. Huxley (1825–1895), der sich selbst als ›Darwins Bulldogge‹ bezeichnete, wandte den Darwinismus ausdrücklich auch auf den Menschen an. Sein Buch *Man's Place in Nature* (›Die Stellung des Menschen in der Natur‹) erschien 1863. Darwin selbst erläuterte dann in seinen beiden 1871 und 1872 erschienenen Schriften ›Die Abstammung des Menschen‹ *(The Descent of Man)* und ›Gefühläußerungen bei Menschen und Tieren‹ *(Expression of the Emotions in Man and the Animals),* wie er sich die Einbeziehung des Menschen in sein System der Evolution vorstellte. Als sich schließlich der Staub gelegt hatte, den all das aufwirbelte, und der Pulverdampf der erbitterten Schlacht zwischen Darwinisten und Darwin-Gegnern einigermaßen verzogen war (Abb. 63), zeichnete sich immer klarer ab, daß sich die Theorie der biologischen Evolution und die Annahme eines hohen Alters der Menschheit wechselseitig bedingten. Die neue These machte die uralten Abschlag-Steinbeile von der Somme und aus Suffolk nicht nur glaubhaft, sondern geradezu zu einem wesentlichen Entwicklungsbestandteil, und dies galt nun auch für den Glauben an die Echtheit des Neandertalers.

Die 1851 in London stattfindende Weltausstellung umfaßte noch kein archäologisches Material, und man sah auch keinerlei Veranlassung dafür, Antiquitäten auszustellen. Vielmehr wollte man zusammenfassen, was in der ersten Hälfte des 19. Jahrhunderts an

Fortschritten erzielt worden war, und den Blick auf künftige Entwicklungen lenken. Doch die Planer der Pariser Weltausstellung von 1867 wollten den Blick nach vorn durch Rückblicke ergänzen, und folglich zeigte man auch Sammlungen vor- und frühgeschichtlichen Materials. Die Franzosen präsentierten Artefakte aus Aurignac und Les Eyzies, ein Beispiel von Abri-Felskunst, Material aus den Megalithgräbern der Bretagne sowie aus den Seerandsiedlungen vom Lac du Bourget. Gabriel de Mortillet verfaßte einen *Promenade préhistorique à l'Exposition Universelle* (›Prähistorischer Spaziergang auf der Weltausstellung‹) überschriebenen Führer, und am Ende dieses Werkchens zählte er drei Fakten auf, die sich seiner Auffassung nach zwingend aus der Vorgeschichte ergaben (er ließ sie – wie mit ehernen Lettern – in Großbuchstaben setzen):

DAS GESETZ DES FORTSCHRITTES DER MENSCHHEIT

DAS GESETZ DER GLEICHFÖRMIGEN ENTWICKLUNG

DIE TATSACHE DES HOHEN ALTERS DER MENSCHHEIT.

Mariette arrangierte bei der Pariser Weltausstellung die Sammlungen, die den Beitrag Ägyptens darstellten. Kaiserin Eugénie war von den kostbaren altägyptischen Schmuckstücken dermaßen entzückt, daß sie den Kheviden Ismail wissen ließ, sie wäre überaus glücklich, die gesamte Kollektion als Geschenk zu erhalten. Überrascht von diesem Ansinnen, doch eifrig bemüht, Frankreich zu gefallen, und überdies – wie stets – in Geldverlegenheit, machte der Khedive die Aushändigung dieses Geschenkes von Mariettes Zustimmung abhängig. Dem Beauftragten der Kaiserin erklärte er: »In Bulâq sitzt jemand, der über mehr Macht verfügt als ich. An ihn müssen Sie sich persönlich wenden!« Höchst überrascht, tat der Unterhändler der Kaiserin, wie ihm geheißen – und hielt von Mariette eine entschiedene Abfuhr. So kehrte die Sammlung ägyptischer Altertümer unversehrt aus Paris nach Bulâq zurück.
Dies war ein ebenso bedeutender Augenblick in der Geschichte der Archäologie wie die Präsentation archäologischen Materials bei der Pariser Weltausstellung an sich. Vier Jahre später, 1871, schrieb E. B. Tylor in seinem Werk *Primitive Culture:* »Geschichte und Vorgeschichte des Menschen haben den ihnen zukommenden Platz im allgemeinen System der Wissenschaften.« Er war wohl allzu optimistisch, denn noch ein Jahrhundert später sollten die Klagen kein Ende nehmen, daß Archäologie und Vorgeschichtswissenschaft noch weit davon entfernt seien, die ihnen gebührende Würdigung zu erfahren. Doch immerhin konnte man 1867 von der Archäologie bereits sagen: sie hatte sich gemausert und war mündig geworden.

3 Ausgräber und Forscher (1867–1914)

Paläolithikum und paläolithische Kunst

Im Jahre 1864 veröffentlichten Édouard Lartet und Henry Christy ihre Schrift *Les cavernes du Périgord*. Doch konnte keine Rede davon sein, daß die jungpaläolithische Kunst sofort allgemein als echt anerkannt wurde. Erst 1869 sprach sich Worsaae auf dem Kopenhagener Archäologenkongreß öffentlich für die Echtheit der Höhlenmalereien von Chaffaud aus, und von da an war jungpaläolithische Kunst ein Faktum, mit dem man zu rechnen hatte, so sehr es auch die Fachleute in Erstaunen versetzte.
Sechs Jahre danach begann ein Spanier namens Marcellino de Sautuola in der Höhle von Altamira bei Santander zu graben und fand an der Rückwand des von ihm erforschten Bereichs in schwarzer Farbe ausgeführte Malereien, die er für gleichalt erklärte wie die paläolithischen Schichten im vorderen Abschnitt der Höhle. Vier Jahre später spazierte Sautuolas fünfjährige Tochter, die Vaters Ausgrabungen tödlich langweilten, weiter in die Höhle hinein, die sehr tief war und deren innerste Partien ihr Vater noch nie betreten hatte, weil sie ihm ziemlich unzugänglich zu sein schienen. Dort nun erblickte die Kleine beim flackernden Schein ihrer Laterne an der Höhlendecke plötzlich die heute weltberühmten polychromen Darstellungen von Auerochsen, Wisenten und angreifenden Wildebern. So rasch sie nur konnte, stolperte sie hinaus ins Freie, um ihren Vater zu holen. »Los toros!«, rief sie immer wieder, »los toros! Die Stiere – Vater, komm und sieh dir die Stiere an!« Sautuola kroch ins Höhleninnere, erblickte die herrlichen Malereien (Tafeln I, II) und setzte sofort alles in Bewegung, um der Welt die Entdeckung mitzuteilen. Mittlerweile hatte Chiron 1878 auch an den Felswänden bei Chabot in der Ardèche Zeichnungen gefunden, die er für jungpaläolithisch ansah.
Diese Entdeckungen und ihre Zeitansätze riefen bei den Prähistorikern einen gewaltigen Disput hervor. Manche hielten die Felsbilder für Fälschungen oder gestanden ihnen höchstens einen gallo-römischen Ursprung zu. Andere dagegen betrachteten sie als authentisch. Im Jahre 1877 allerdings sprach sich Gabriel de Mortillet für die Echtheit dieser Höhlenkunst aus und prägte den klassischen Satz: *C'est l'enfance de l'art, ce n'est pas l'art de l'enfant* (»Es handelt sich um die Kindheit der Kunst, nicht um Kinderkunst«),

und zehn Jahre später schrieb Édouard Piette in seiner Publikation *Équides de la Période quaternaire d'après les Gravures de ce Temps* diese Malereien dem Magdalénien zu und erklärte sie gleichzeitig für echt. Doch Émile Cartailhac (in: *La France préhistorique*) und Salomon Reinach (in: *Alluvions et Cavernes*, beide Bücher erschienen 1889) waren noch immer voller Zweifel, hatten zahllose Vorbehalte und sprachen der paläolithischen Höhlenkunst jegliche Echtheit ab.

Im Jahre 1895 entdeckten dann E. und G. Bertoumeyrou einige Zeichnungen an den Wänden des Abris von La Mouthe bei Les Eyzies, und ein Jahr später grub Émile Rivière La Mouthe gänzlich aus. Schichten paläolithischen und neolithischen Datums hatten, bevor die Grabungen begannen, den Eingang blockiert, in der Höhle selbst kamen dann Malereien und Felsritzungen zum Vorschein, darunter die berühmte Darstellung einer paläolithischen Hütte. Bereits Rivière begriff, daß La Mouthe gerade deshalb so wichtig war. Die Felsritzungen und Malereien kamen erst an den Tag, nachdem man sich durch die Siedlungsüberreste im Eingang hindurchgearbeitet hatte. Sie mußten also mindestens ebenso alt, wenn nicht älter sein als die paläolithischen Siedlungsspuren im Schutz des Höhleneingangs. Rivière setzte dies 1896 in seiner Veröffentlichung auseinander, die er der Französischen Akademie der Wissenschaften vorlegte. Eine Reihe von Archäologen und Geologen, die daraufhin La Mouthe besuchten, konnten sich dort nicht allein von der Echtheit der dortigen Malereien und Gravierungen überzeugen, sondern wußten nun mit Sicherheit, daß es tatsächlich eine paläolithische Höhlenkunst gab.

Mittlerweile hatte François Daleau seit 1874 etwa 100 km westlich von Les Eyzies in der Gironde den Abri von Pair-non-Pair ausgegraben. 1883 bemerkte er an der Höhlenwand einige eingeritzte Linien, schenkte ihnen aber keine sonderliche Beachtung, bis er von den Entdeckungen in La Mouthe hörte. Nun reinigte er die Wände gründlich und konnte schließlich Gravierungen erkennen, die 12 Tiere darstellten – Ritzzeichnungen, die zuvor unter jungpaläolithischen Wohnschichten begraben gewesen waren.

Abbé Breuil, später der Nestor der europäischen Vorgeschichtsforschung, war damals noch ein junger Mann. Gerade 23 Jahre alt, besichtigte er 1900 La Mouthe, und ihm wurde klar: die Gravierungen von La Mouthe glichen denen von Pair-non-Pair aufs Haar, und der stratigraphische Befund von La Mouthe schloß jede Zuweisung an eine andere Periode als an das Jungpaläolithikum aus. Die Pausen (Abklatsche), die er anfertigte, veröffentlichte er in dem Band der *Revue Scientifique* für 1901.

Das Blatt wendete sich. Im gleichen Jahre (1901) erklärte einer der Männer, die unter Rivière in La Mouthe gearbeitet hatten, er habe in einer Höhle ganz in der Nähe ebensolche Felsgravierungen gesehen, und am 8. September wurden Capitan, Peyrony und Breuil zu der heute weltberühmten Höhle von Les Combarelles geführt, um die betreffenden Felsritzungen selbst in Augenschein zu nehmen. Am 15. September entdeckte Peyrony die Malereien in

der Höhle von Font-de-Gaume, weniger als 1,5 km von Les Combarelles entfernt.

Als 1902 in Montauban der Kongreß des französischen Verbandes zur Förderung der Wissenschaften tagte, diskutierte man zwar die Entdeckungen von Les Combarelles und Font-de-Gaume, doch die meisten Tagungsteilnehmer glaubten an sie ebensowenig wie an Altamira, La Mouthe und Pair-non-Pair. Immerhin wurde eine Besichtigungsfahrt nach Les Eyzies organisiert, und die Gelehrten waren zu guter Letzt von der Echtheit der Felsbilder überzeugt. In seinem Werk ›40 000 Jahre Höhlenkunst‹ (*Quatre cents siècles d'art pariétal*, 1952) veröffentlichte Henri Breuil später eine Aufnahme, die die Gelehrten der *Association Française* zeigt, welche am 12. August 1902 La Mouthe besuchten. Wir erkennen auf ihr Rivière, Peyrony, Cartailhac, Adrien de Mortillet, Daleau und den noch jungen Abbé Breuil (Abb. 64). Es handelt sich um ein »wahrhaft historisches Dokument, hält es doch den Tag fest, an dem die wissenschaftliche Welt offiziell die Wandkunst in den Höhlen des Rentierzeitalters als echt anerkannte«. Cartailhac, Professor in Toulouse und seinerzeit der bedeutendste Vertreter der französischen Vorgeschichtsarchäologie, hatte auch an Altamira nicht glauben wollen und war so sehr davon überzeugt, daß es sich bei den dortigen Felsbildern um nichts anderes als eine neuzeitliche Fälschung handeln könne, daß er seit ihrer Entdeckung noch keinen Fuß gerührt hatte, um sie sich wenigstens anzusehen. Doch nachdem er nun La Mouthe, Pair-non-Pair und Les Combarelles gesehen hatte, erkannte er, daß er sich wohl auf dem falschen Wege befand. Außerdem fiel ihm die stilistische Ähnlichkeit zwischen

64. Gelehrtentreffen im Eingang der Höhle von La Mouthe (Frankreich), 1902. Unter den Abgebildeten erkennt man auch den damals noch jungen Abbé Henrí Breuil (1877–1961).

Font-de-Gaume und Altamira auf. Also reiste er nunmehr nach Altamira und nahm den jungen Breuil mit. Beide waren begeistert. Breuil brachte ganze Stapel von Pausen mit, die er von den polychromen Malereien angefertigt hatte, und Cartailhac verfaßte seinen berühmten Aufsatz, der 1902 in L'Anthropologie erschien und unter dem Kurztitel *Mea culpa d'un sceptique* (›Reuebekenntnis eines Zweiflers‹) in die Archäologiegeschichte einging. In ihm verkündete Cartailhac, er sei nunmehr ›bekehrt‹ und absolut von der Echtheit der Höhlenkunst überzeugt. Von nun an betrachtete man paläolithische Kunst – gleich, ob aus Abris oder aus Höhlen stammend – als die älteste (oder zumindest älteste erhaltene) künstlerische Manifestation des Menschen.

Niaux kam 1906 ans Licht, und ein Jahr darauf schrieb Piette sein *L'Art Pendant L'Age du Renne* (›Die Kunst im Rentierzeitalter‹): Zu denen, die sich für die neuen, bedeutenden Entdeckungen interessierten, gehörte der Fürst von Monaco. Er begründete in Paris das *Institut de Paléontologie Humaine* und förderte – nicht zuletzt durch finanzielle Zuwendungen – eine großartige Reihe von Veröffentlichungen über paläolithische Höhlenkunst. Der erste Band dieser Reihe war *La Caverne de Font-de-Gaume* (1910), ein Gemeinschaftswerk von Breuil, Capitan und Peyrony.

Auch das Interesse an dem, was Höhlen und Abris an ›beweglicher Kunst‹ enthielten, wuchs, je ansprechendere Stücke dieser Art zum Vorschein kamen. So hatte man schon 1892 in Brassempouy in Südwestfrankreich eine zerbrochene Frauenstatuette aus Elfenbein entdeckt, und nach und nach kamen immer mehr ›Venusfigürchen‹ ans Licht, insbesondere die berühmte ›Venus‹ von Willendorf in Österreich. 1913 war die paläolithische Kunst bereits ein so fest umrissener Begriff, daß Salomon Reinach sein ›Repertorium der Quartärkunst‹ *(Répertoire de l'art quaternaire)* veröffentlichen konnte. 1912 entdeckten die Brüder Bégouen im Département Ariège (Pyrenäengebiet) die Höhle Le Tuc d'Audoubert. Zwei Stalagmitenpfeiler mußten hier abgebrochen werden, damit man an die beiden berühmten, aus Ton modellierten Wisente (Bisons) gelangte (Abb. 66).

Gleichzeitig entdeckte man jedoch auch, daß der paläolithische Mensch offensichtlich nicht nur künstlerisch begabt war, sondern auch ausgeprägte Vorstellungen von Tod und Jenseits entwickelt haben mußte. Im Jahre 1868 schachteten Arbeiter bei Les Eyzies das bergige Gelände aus, um die Eisenbahntrasse von Perigueux nach Agen zu legen. Dabei entdeckten sie im Abri von Cro-Magnon (worin sich angeblich heute die Garage des Cro-Magnon-Hotels befindet) nicht nur Feuersteinabschläge, sondern auch Tierknochen und Menschenüberreste. Édouard Lartets Sohn Louis grub den Abri aus und stieß im rückwärtigen Teil der Höhlung auf fünf Menschenskelette, die unter anderem mit durchbohrten Seemuscheln geschmückt waren. Hier hatte man also regelrechte jungpaläolithische Bestattungen vor sich, die es den Funden aus Aurignac hinzuzufügen galt. Bucklands frühe Entdeckung einer jungpaläolithischen Bestattung bei Paviland wurde damals noch als romano-

66. *Gegenüber:* Zwei aus Ton modellierte Wisente (Bisons), die 1912 in der Höhle Tuc d'Audoubert (Ariège) zum Vorschein kamen.

britisch angesehen. Sehr bald schon schlossen sich weitere Entdeckungen jungpaläolithischer Gräber an. Im Jahre 1872 begann Rivière die neun Grimaldi-Höhlen (bzw. Höhlen von Baoussé-Roussé) bei Mentone im französisch-italienischen Grenzgebiet an der Riviera auszugraben. In der vierten, der ›Höhlchengrotte‹ *(Grotte du Cavillon)* fand Rivière ein mit zerstoßenem Hämatit (›Blutstein‹) bedecktes Skelett. Der Schädel war mit mehr als 200 durchbohrten Seemuscheln und 22 ebenfalls perforierten Hirsch-Eckzähnen geschmückt. Weiterhin entdeckte Rivière 1874/75 in der daraufhin ›Kindergrotte‹ *(Grotte des Enfants)* genannten Höhle die Skelette zweier Kinder, vergesellschaftet mit Feuersteingeräten und den Überresten zweier Kleidungsstücke, die vom Nabel bis zu den Hüften reichten und aus mehr als 1000 perforierten Seemuscheln bestanden. Sehr bald also blieb den Zweiflern nichts übrig, als sich damit abzufinden: der jungpaläolithische Mensch war nicht nur ein Künstler, sondern offensichtlich auf seine Weise auch religiös.
Auch die Gliederung der Steinzeit in Unterperioden änderte sich im fraglichen Zeitraum wiederholt. Den Höhepunkt dieser Entwicklung kennzeichnet Breuils 1912 erschienene Schrift: ›Die Teilperioden des Jungpaläolithikums und ihre Bedeutung‹ *(Les Subdivisions du Paléolithique supérieur et leur signification)*. Das Problem des Tertiär-Menschen (d. h.: der Existenz von Menschen in der dem Quartär vorangegangenen erdgeschichtlichen Periode) stellte sich erstmals 1863, als J. Desnoyers bei Saint-Prest in der Nähe von Chartres gravierte fossile Knochen in pliozänem Fundzusammenhang entdeckte. Im Jahre 1867 fand dann der Abbé Bourgeois in den gleichen pliozänen Ablagerungen bei Saint-Prest, desgleichen in miozänen Schichten bei Thenay (Loir-et-Cher), Steine, die er für

65. Die 1892 in der Grotte du Pape (Landes) ans Licht gekommene ›Venus von Brassempouy‹, heute im Musée des Antiquités Nationales in Saint-Germain-en-Laye. Höhe: 3,7 cm.

rohbearbeitete Steingeräte ansah. Durch diese und andere Funde hielt man die Existenz von Menschen im Tertiär für bewiesen, man bezeichnete die vermeintlichen Artefakte als ›Eolithe‹ (wörtlich: ›Morgendämmerungssteine‹), und viele Jahre lang wogte ein erbitterter Gelehrtenstreit hin und her. Nach den Entdeckungen, die während der letzten 20 Jahre in Tansania, Kenia und Äthiopien glückten, steht zwar zweifelsfrei fest, daß es im Tertiär Menschen gab, fraglich bleibt aber nach wie vor, ob es sich bei den als ›Eolithen‹ bezeichneten Objekten tatsächlich um von Menschenhand geschaffene Werkzeuge handelt.

Ein kaum minder heftiger Gelehrtenstreit entbrannte auch um die Funde, die man an das Ende des Paläolithikums bzw. an den Beginn des Neolithikums zu weisen hatte. Das von Sir John Lubbock zum Vierperiodensystem erweiterte Dreiperiodensystem der Dänen beruhte auf der Annahme eines scharfen Bruches, einer sauberen Trennungslinie zwischen Alt- und Jungsteinzeit, und dies war für Europas Systematiker geradezu zum Glaubensartikel geworden. Man ging davon aus, die jungpaläolithischen (spät-altsteinzeitlichen) Rentierjäger seien ihrem sich nach Nordeuropa zurückziehenden Jagdwild nachgefolgt, und die Kulturen neolithischen (jungsteinzeitlichen) Typs mit ihren geschliffenen Beilen, ihrer Nutztierhaltung, ihrer Landwirtschaft und ihrer Töpferei seien von Asien her in ein entvölkertes Europa importiert worden. Zwischen dem Paläolithikum und dem Neolithikum klaffe, so nahm man an, eine als *ancien hiatus* (›alter, früher Hiat‹) bezeichnete Lücke. Als unumstößlichen geologischen Beweis betrachteten französische Prähistoriker die mancherorts anzutreffenden sterilen Schichten zwischen dem Magdalénien und dem Neolithikum. Im letzten Viertel des 19. Jahrhunderts kamen jedoch an mehreren französischen Fundstätten Artefakte zum Vorschein, die nicht mehr dem Magdalénien, aber auch noch nicht dem Neolithikum angehörten. Wie paßten sie (wie z. B. Mas d'Azil und Fère-en-Tardenois) in die von Lartet und de Mortillet aufgestellte Sequenz?

Schließlich schlug man vor, zwischen ›Altsteinzeit‹ (Paläolithikum) und ›Jungsteinzeit‹ (Neolithikum) eine ›Mittlere Steinzeit‹ (Mesolithikum) einzufügen. In einer Adresse an das königliche anthropologische Institut hatte 1866 – ein Jahr nach der Veröffentlichung von Sir John Lubbocks *Prehistoric Times* – Hodder Westropp vorgeschlagen, die Zeitspanne der Vergangenheit, in der der Mensch Steinwerkzeuge benutzte, in ›Paläolithikum‹ (›Altsteinzeit‹), ›Mesolithikum‹ (›Mittlere Steinzeit‹) und ›Känolithikum‹ (›Neu-Steinzeit‹ = ›Jungsteinzeit‹) einzuteilen, ein Gedanke, den er in seinem 1872 veröffentlichten Werk ›Prähistorische Phasen oder einführende Essays in die prähistorische Archäologie‹ ausführlicher erläuterte. Der von ihm als ›Mesolithikum‹ oder ›Jägerstufe‹ bezeichneten Phase wies er ebenso die jungpaläolithischen Funde Lartets und Christys im Dordogne-Gebiet wie das Material aus dänischen Muschelhaufen (Køkkenmøddinger/Kjökkenmöddinger) zu, und er verglich die Wirtschaft der prähistorischen Menschen dieser Stufe mit der Wirtschaftsform amerikanischer Indianerstämme.

TEMPS	AGES	PÉRIODES	ÉPOQUES
Quaternaires actuels. / Historiques. / Protohistoriques.	du Fer.	Mérovingienne.	Wabenienne. (Waben, Pas-de-Calais.)
		Romaine.	Champdolienne. (Champdolent, Seine-et-Oise.)
			Lugdunienne. (Lyon, Rhône.)
		Galatienne.	Beuvraysienne. (Mont-Beuvray, Nièvre.)
			Marnienne. (Département de la Marne.)
			Hallstattienne. (Hallstatt, haute Autriche.)
	du Bronze.	Tsiganienne.	Larnaudienne. (Larnaud, Jura.)
			Morgienne. (Morges, canton de Vaud, Suisse.)
Quaternaires anciens. / Préhistoriques.	de la Pierre.	Néolithique.	Robenhausienne. (Robenhausen, Zurich.)
			Campignyenne. (Campigny, Seine-Inférieure.)
			Tardenoisienne. (Fère-en-Tardenois, Aisne.)
			Tourassienne. (La Tourasse, Haute-Garonne.) Ancien Hiatus.
		Paléolithique.	Magdalénienne. (La Madeleine, Dordogne.)
			Solutréenne. (Solutré, Saône-et-Loire.)
			Moustérienne. (Le Moustier, Dordogne.)
			Acheuléenne. (Saint-Acheul, Somme.)
			Chelléenne. (Chelles, Seine-et-Marne.)
Tertiaires.		Éolithique.	Puycournienne. (Puy-Courny, Cantal.)
			Thenaysienne. (Thenay, Loir-et-Cher.)

67. Die ›Epochen der Vorgeschichte‹ nach Gabriel de Mortillet: *Formation de la Nation Française* (1897).

Hodder Westropps ›Känolithikum‹ war freilich bald vergessen. Nicht einmal er selbst hielt an dieser Bezeichnung fest. Und auch seine Definition des Mesolithikums setzte sich nicht durch. Das *Oxford English Dictionary* schreibt den erstmaligen Gebrauch der Formulierung ›Mesolithikum‹ J. Allen Brown zu, der 1892 im anthropologischen Institut eine Vorlesung hielt, in der er einige Feuersteinartefakte beschrieb und erklärte, es seien »diese Formen, welche einer Übergangszeit anzugehören scheinen, auf die ich die Bezeichnung Mesolithikum anwenden möchte«.

Seltsam – sollten Archäologen im Jahre 1892 Westropps Arbeit tatsächlich schon vergessen haben, obwohl sie doch erst ganze zwei Jahrzehnte zurücklag? Und sollten sie auch nicht gewußt haben, daß Otto Torell, ein Professor der Geologie in Lund, auf dem Internationalen Kongreß für Archäologie und Anthropologie in Stockholm (1874) ebenfalls schon den Ausdruck Mesolithikum verwendet hatte?

Wie dem auch sei – um die Jahrhundertwende war auch der Begriff Mesolithikum fester Bestandteil der archäologischen Terminologie: 1895 hatten Piettes Ausgrabungen in Mas d'Azil jenes berühmte Schichtenprofil ergeben, aus dem klar hervorging, daß von einem *ancien hiatus* in Wirklichkeit gar keine Rede sein konnte. Klarer abgegrenzt wurde das Mesolithikum allerdings erst in den dreißiger Jahren des zwanzigsten Jahrhunderts, wozu Graham Clarks Veröffentlichungen The Mesolithic Age in Britain (1932) sowie The Mesolithic Settlement of Northern Europe (1936) wesentliche Beiträge leisteten.

De Mortillet freilich gliederte zwar weiterhin die einzelnen Abschnitte der Vorgeschichte in Unterperioden, nahm indessen vom Mesolithikum keinerlei Notiz. Ein vorzügliches Beispiel seiner Einteilung ist die Seite 123 wiedergegebene Tabelle, die er 1897 in seinem Werk ›Entstehung der französischen Nation‹ *(Formation de la Nation Française)* publizierte (Abb. 67). In dieser Tabelle finden wir statt des Mesolithikums eine als ›Tourassien‹ bezeichnete Periode, die noch immer den erläuternden Zusatz *ancien hiatus* trägt. De

68. Der schwedische Archäologe Oscar Montelius (1843–1921 *[rechts im Bild]*) besichtigt 1904 die Ausgrabung des Osebergschiffes durch Gabriel Gustafson.

Mortillet und seine Kollegen betrachteten Artefakte und deren Beschreibung im wesentlichen unter geologischen Gesichtspunkten. Sie unterteilten die Perioden der Vorgeschichte in sozusagen durch ›Leitfossilien‹ charakterisierte Phasen.

Im übrigen verfiel man auf die mannigfachsten Klassifikationen des Neolithikums, desgleichen der Bronze- und Eisenzeit. Beispielsweise unterteilte der schwedische Archäologe Oscar Montelius (1843–1921 [Abb. 68]) in seinem Werk ›Die prähistorische Zeit in Schweden‹ (französisch: *Les Temps Préhistoriques en Suede* [1895]) das Neolithikum Nordeuropas in vier Unterperioden, d. h.: er gliederte die Zeitspanne nach der Entstehung der dänischen Muschelhaufen erstens in eine Phase mit spitzen geschliffenen Beilen und ohne Megalithgräber, zweitens in eine Phase dünn gehämmerter Beile und ›Dolmen‹ (einzelner megalithischer Grabkammern in Rund- oder Langhügelgräbern), drittens eine Phase geschliffener Steinbeile mit dickem rückwärtigem Teil sowie mit Ganggräbern, und all dem fügte er eine vierte, durch lange ›Steinkistengräber‹ gekennzeichnete Schlußperiode an. Montelius gab seinen Perioden keine Namen wie Lartet und de Mortillet vor ihm, sondern begnügte sich mit Ziffern, und seine Unterteilung des Neolithikums in die Phasen I, II, III und IV empfahl sich als vergleichsweise objektives Schema, das nicht an besonders charakteristische ›namengebende Fundstätten‹ (sogenannte *type-sites*) in irgendwelchen Ländern gebunden war.

Italienische Archäologen wie Pigorini, Colini und Orsi schlugen im letzten Viertel des 19. Jahrhunderts vor, zwischen Neolithikum und Bronzezeit ein *Aeneolithikum* (›Kupfersteinzeit‹) einzuführen. Auch von Pulszky in Ungarn trat für die Einfügung einer ›Kupferzeit‹ ein. Schon in dem 1863 in Dublin erschienenen Katalog der Antiquitäten im Museum der Königlich Irischen Akademie hatte Sir William Wilde zwischen Kupfer- und Bronzeindustrien unterschieden. Much, ein Deutscher, sowie zahlreiche französische Gelehrte waren derselben Ansicht. Chantre, der in seinen Anfang der siebziger Jahre veröffentlichten Schriften noch für eine Dreiteilung der Bronzezeit eingetreten war, verfaßte 1875–1876 sein *L'Age du Bronze*, worin er die Bronzezeit als in sich geschlossene, einheitliche Phase darstellte, der eine Kupferzeit voranging.

Mithin sah es ganz danach aus, als ob das dänische Dreiperiodensystem auch noch durch Hinzufügung einer weiteren Phase – der Kupfersteinzeit (des *Aeneolithikums*) – modifiziert werden sollte. Daß dies nicht geschah, ist weitgehend auf Montelius' Schriften zurückzuführen. Im Alter von zwanzig Jahren trat Montelius dem Archäologischen Dienst Schwedens bei und wirkte fünfzig Jahre im Schwedischen Nationalmuseum. Daß sich prähistorische Artefakte klar abschildern und klassifizieren ließen, war seine feste Überzeugung – mit vollem Recht könnte man ihn als den Begründer der Taxonomie (des sein Material in einzelne *taxa*, ›Formengruppen‹, gliedernden Zweiges der Systematik) im Bereich der Prähistorie bezeichnen. Mit äußerster Sorgfalt klassifizierte er prähistorische Artefakte nach Formgebung, Gestaltung und Dekoration. Überdies

69. Als Beispiel einer typologischen Sequenz pflegte Oscar Montelius die Entwicklung des Eisenbahn-Personenwaggons anzuführen. *Oben links:* England 1825; *unten links:* Österreich 1840; *rechts:* Schweden und Deutschland um 1850.

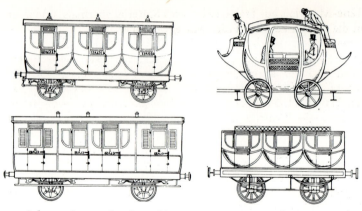

wurde er nicht müde, darauf hinzuweisen, wie wichtig es sei, die Zusammenhänge zwischen all diesen Artefakten zu untersuchen, sobald diese erst einmal angemessen erfaßt und klassifiziert seien, und er begann, anhand formaler Veränderungen sowohl der Objekte selbst als auch ihres Dekors Sequenzen aufzustellen. Zwar hatte schon Worsaae den Begriff der Typologie geprägt und Sequenzen bestimmter Artefakttypen aufzustellen versucht. Doch erst Montelius' Verfeinerung der typologischen Arbeitsmethode ermöglichte die Schaffung einer relativen chronologischen Sequenz für Artefakte skandinavischer Herkunft.

Nach ausgedehnten Reisen und vergleichenden archäologischen Untersuchungen in ganz Europa sowie im östlichen Mittelmeerraum schlug Montelius eine detaillierte Gliederung der Bronzezeit in durch Ziffern gekennzeichnete Perioden vor, von denen ›Bronze I‹ der ›Kupferzeit‹ Pulszkys und Wildes bzw. dem ›Aeneolithikum‹ der italienischen Gelehrten entsprach. Zwischen 1885 und 1904 publizierte er seine Tabellen wiederholt in verschiedenen Aufsätzen und Büchern, und zwar unterschied er in der Bronzezeit *Nordeuropas* fünf Phasen, die er mit römischen Ziffern versah. Bei der Anwendung seines Schemas auf *Italien* ließ er es dagegen bei *vier* Hauptphasen bewenden, unterteilte dafür aber die erste, früheste Hauptphase in I_1, die Kupferzeit, sowie I_2, die eigentliche Frühbronzezeit. Daß er Zahlen verwendete, um die auf Assemblagen bestimmter Artefakte beruhenden Perioden zu kennzeichnen, war ein Versuch, sich vom ›Epochen‹-Begriff freizumachen, der vor allem bei den Gelehrten Frankreichs eine wichtige Rolle spielte. Montelius' Ziel war es, für Neolithikum und Bronzezeit ein objektives Klassifikationsschema zu liefern, das im wesentlichen auf technologischen und typologischen Voraussetzungen beruhte.

Ebenfalls im letzten Viertel des 19. Jahrhunderts wurde es auch üblich, die Eisenzeit aufzugliedern. Schon 1872 hatte B. E. Hildebrand die vorrömische Eisenzeit in eine frühere (oder Hallstatt-) sowie in eine spätere (La Tène-)Phase unterteilt. 1875 übernahm de Mortillet diese Zweiteilung der Früheisenzeit, bezeichnete die La Tène-Phase aber als ›gallische‹ oder ›Marne-Eisenzeit‹. 1885 untergliederte dann Otto Tischler nach detaillierter Untersuchung des La

Tène-Materials aus Frankreich dieses Material abermals, und zwar in die Stufen La Tène Früh, Mittel und Spät.

Einen äußerst beachtenswerten, brillanten Versuch, alles zusammenzufassen, was über Europas Vorgeschichte bekannt war, unternahm nach der Jahrhundertwende Joseph Déchelette, ein französischer Geschäftsmann aus Roanne (Loire) mit seinem großangelegten ›Handbuch der prähistorischen, keltischen und gallo-römischen Archäologie‹ *(Manuel d'Archéologie Préhistorique, Celtique et Gallo-Romaine)*. Der erste, der *Vorgeschichte* gewidmete Band erschien 1908. Band zwei (›Keltentum und Frühgeschichte‹) folgte in mehreren Teillieferungen: 1910 die Bronzezeit, 1913 Hallstatt und 1915 La Tène; doch bereits 1910 und 1913 waren auch Anhänge erschienen. Déchelette fiel zu Beginn des Ersten Weltkriegs (am 4. 10. 1914 an der Aisne). Albert Grenier vollendete sein Werk. Obwohl unschätzbar, bedeutete Déchelettes Arbeit in mancher Hinsicht doch nur eine Weiterführung und Erweiterung jenes Bildes, das sich auch de Mortillet und Montelius von Europas Vorgeschichte machten. Auch Déchelette stand noch immer voll in der Tradition sorgsamsten Zergliederns des Dreiperiodensystems in Epochen und Einzelphasen – als ob es eine Lade mit möglichst vielen Schubfächern zu zimmern oder einen Taubenschlag mit möglichst vielen Fluglöchern zu schaffen gälte, in die sich die Artefakte der Menschen vorgeschichtlicher Zeit einfügen ließen. Doch nach und nach begann man einzusehen, daß diese Aufgliederung des Dreiperiodensystems in immer mehr Unter- und Teilperioden zwar durchaus mancherlei für sich hatte, wenn es um reine Klassifizierungsprobleme ging, doch daß man weit davon entfernt war, auf diese Weise zu erfassen, was sich tatsächlich einst abgespielt hatte. Eines der Hauptprobleme, über die sich die Gelehrten die Köpfe zerbrachen, war das der geographischen Unterschiede. Wie es sich herausstellte, war keine Klassifizierung möglich, die für ganz Europa Geltung besaß. Schon 1858 hatte Worsaae angeregt, bei der Untersuchung der europäischen Bronzezeit von unterschiedlichen geographischen Gruppen auszugehen. 1873/1874 sprach er dann diesen Gedanken noch einmal in aller Klarheit aus. Und Chantre unterschied in *L'Age du Bronze* drei bronzezeitliche ›Provinzen‹ in Europa, die er als ›uralisch‹ (Sibirien, Rußland und Finnland), ›danubisch‹ (Ungarn, Skandinavien und die britischen Inseln) sowie ›mediterran‹ (Gruppen in Griechenland/Italien desgleichen im französisch/schweizerischen Raum) bezeichnete. Weiterhin fand Déchelette es unmöglich, Montelius' Periodenabfolge auf das Neolithikum des westlichen Mittelmeerraumes und Westeuropas anzuwenden. Capitan wiederum unterschied in seiner Untersuchung des Neolithikums in Frankreich fünf Gruppen, die er als ›alteuropäisch‹, ›nordisch‹, ›Campignien‹, ›Megalithikum‹ und ›Seerandsiedlungsphase‹ bezeichnete. 1909 entdeckten Breuil und Obermaier in der Grotte de Valle bei Gibaja (Santander/Nordspanien) eine klassische Azilienschicht mit typischen Tardenoisien-Artefakten. Damit stand fest: Azilien und Tardenoisien waren keineswegs ›Epochen‹ des Mesolithikums, sondern zeitgleiche Artefakt-Assemblagen.

Was hiermit für das Mesolithikum erwiesen war – nämlich die Zeitgleichheit einiger angeblicher ›Epochen‹ –, konnte sehr wohl auch für andere technologische Stufen der Vorgeschichte gelten.
Licht auf das Problem der Klassifikation in Europa warfen die Entdeckungen in Griechenland und im ägäischen Raum. Die Klassifikation der Überreste in Hissarlik (Troja) durch Heinrich Schliemann (s. unten) beruhte auf objektiven Kriterien, nämlich auf der Stratigraphie der Grabungsstätte, und kam ohne jegliche Unterteilung in irgendwelche bronze- oder eisenzeitliche Untergruppen aus. Was die Ägäis anging, so neigte man dazu, Funde der Mykenischen, Vormykenischen oder anderen wie auch immer sonst benannten Perioden zuzuordnen. Als Arthur Evans die bedeutende bronzezeitliche Kultur Kretas aufdeckte, nannte er sie ›Minoisch‹ – nach dem sagenhaften König Minos – und teilte sie in drei Hauptphasen (Früh-, Mittel- und Spätminoisch) auf, von denen jede wiederum in zwei Unterphasen gegliedert war. Und als er 1890 seine Funde aus dem ›spätkeltischen‹ Urnenfeld bei Aylesford in der Grafschaft Kent (England) veröffentlichte, wurde ihm klar, daß die dort Bestatteten innerhalb des La Tène-Formenkreises eine eigene Formengruppe gebildet haben mußten.
Wurde durch all das das Dreiperiodensystem – bisher die Grundlage aller archäologischen Untersuchungen – nicht unterminiert? War es wertlos geworden? Es fehlte nicht an Gelehrten, die es von Anfang an als ein untaugliches Modell angesehen hatten oder ihm allenfalls Bedeutung für die Klassifizierung des in den Museen aufbewahrten Materials zugestanden. Tatsächlich verdanken wir dem 19. Jahrhundert noch viele andere Versuche, Ordnung in die Vergangenheit des Menschen zu bringen – nicht auf der Grundlage der Technologie, sondern der mutmaßlichen Abfolge unterschiedlicher Stufen wirtschaftlicher Entwicklung. Sogar Coleridge erklärte rundheraus, »der erste Schritt auf dem Wege von der Wildheit zur Zivilisation« sei »offensichtlich der Schritt vom Jäger- zum Hirtendasein« gewesen.
Sven Nilsson hatte im Hinblick auf die Vergangenheit des Menschen vier Stufen unterschieden, die in Westeuropa sehr bekannt wurden, als 1838–1843 die deutsche sowie 1867 die englische Fassung seines Werkes ›Die Ureinwohner des skandinavischen Nordens‹ *(Skandinaviska Nordens Urinvånare)* erschienen. Sir Edward Tylor erkannte zwar das dänische Dreiperiodensystem an und stimmte der Auffassung zu, daß am Beginn der prähistorischen Kulturentwicklung die Steinzeit gestanden habe, schlug jedoch seinerseits vor, die Vergangenheit des Menschen in drei Stufen zu unterteilen, die er als ›Wildstufe‹ *(Savagery)*, ›Barbarei‹ *(Barbarism)* und ›Hochkultur‹ *(Civilization)* qualifizierte. In seinem Werk *Anthropology: An Introduction to the study of Man* (1881) definiert Tylor die Stufe der ›Barbarei‹ als mit der Einführung der Landwirtschaft beginnend, ›Hochkultur‹ *(Civilization)* dagegen fängt für ihn mit dem Gebrauch der Schrift an. Lewis H. Morgan (1818–1881), der amerikanische Völkerkundler, erörterte diese Begriffe in seinem Hauptwerk *Ancient Society* (1877; deutsch unter

dem Titel: ›Die Urgesellschaft‹ 1891), das noch in den sechziger Jahren unseres Jahrhunderts Neuauflagen erfuhr. Morgan gestand dem Dreiperiodensystem für gewisse Zwecke (so z. B. für die Klassifizierung von Artefakten) durchaus eine gewisse Bedeutung zu, war jedoch der Ansicht, die Wirtschaftsgeschichte des Menschen gäbe eine bessere Grundlage für eine umfassende Gliederung ab. So brachte er es auf sieben ›ethnische Perioden‹, die jeweils durch allmähliche Erweiterung der dem Menschen zu Gebote stehenden Hilfsmittel und Versorgungsquellen definiert sind:

1.) *Lower Savagery* (›niedere Wildheitsstufe‹) vom ersten Auftauchen des Menschen bis zur Entdeckung des Feuers.
2.) *Middle Savagery* (›mittlere Wildheitsstufe‹) von der Entdeckung des Feuers bis zur Erfindung von Pfeil und Bogen.
3.) *Upper Savagery* (›höhere Wildheitsstufe‹) von der Erfindung von Pfeil und Bogen bis zur Erfindung der Töpferei.
4.) *Lower Barbarism* (›niedere Barbarei-Stufe‹) von der Erfindung der Töpferei bis zur Domestikation von Tieren.
5.) *Middle Barbarism* (›mittlere Barbarei-Stufe‹) von der Tierdomestikation bis zur Eisenverhüttung.
6.) *Upper Barbarism* (›höhere Barbarei-Stufe‹) von der Eisenverhüttung bis zur Erfindung der Lautschrift.
7.) *Civilization* (›Zivilisation‹ bzw. ›Hochkultur‹) von der Erfindung der Lautschrift an.

Morgans Klassifikation beruhte hauptsächlich auf der von ihm postulierten Abfolge der Kulturstufen in der Alten Welt. Für amerikanische Verhältnisse mußte er seine ›ethnischen Perioden‹ leicht abwandeln, weil es dort weder Eisen noch domestizierte Tiere gab. Außerdem machte er einen Unterschied zwischen den antiken Hochkulturen Ägyptens, Südwestasiens, der ›Klassischen‹ Antike und der modernen Zivilisation, der er selbst angehörte.
Wie Daniel Wilson vor ihm, betrachtete Morgan die von ihm aufgestellten Perioden als universell und als Resultat einer in verschiedenen Regionen vor sich gegangenen gleichsam natürlichen Entwicklung. Allerdings war ihm klar, daß es sich um *homotaxiale* (›typgleiche‹), nicht notwendigerweise *kontemporäre* (›zeitgleiche‹) Phänomene handelte. »Worum es geht«, so schrieb er, »ist das materielle Faktum, wogegen die *Zeit* immateriell ist.« Dabei war sein Schema nicht minder streng als das der Unterteilungen innerhalb des Dreiperiodensystems. Es ging dabei zwar nicht um Artefakte und Bodenfunde, fügte sich aber doch durchaus nicht schlecht in den Rahmen der archäologischen Ergebnisse. Seinen wahren Ruhm und seine enorme Popularität verdankt es jedoch Friedrich Engels, der ihm nicht nur Beifall zollte, sondern es sogar übernahm und 1884 in *Der Ursprung der Familie, des Privateigentums und des Staates* äußerte, Morgan sei »der erste, der, mit dem Rüstzeug kompetenten Fachwissens ausgestattet, den Versuch« unternommen habe, »endgültig Ordnung in die Vorgeschichte des Menschen zu bringen«. Das freilich traf gerade nicht zu. Vielmehr

kann man es dem dänischen Dreiperiodenmodell durchaus nicht absprechen, tatsächlich der erste gelungene Versuch zu sein, die Vorgeschichte des Menschen zu ordnen. Was dagegen Morgans Modell für viele so attraktiv machte, war: durch seine Einführung auf wirtschaftlicher Basis beruhender, wenn auch rein hypothetischer Perioden erweckte es zumindest den Anschein, die teils vermeintlichen, teils tatsächlich bestehenden Grenzen überwunden zu haben, die der Vorgeschichtsarchäologie gesetzt waren, die sich auf bloße Deskription der materiellen Hinterlassenschaft des Menschen reduziert sah.

Auf jeden Fall brauchte man – ganz gleich, ob man mit der Dreiteilung in Stein-, Bronze- und Eisenzeit oder mit Morgans ›ethnischen Perioden‹ arbeitete – irgendeine Methode, die die Datierung der technologischen oder wirtschaftlichen Entwicklungsphasen der Menschheit ermöglichte. Worsaae hatte versucht, anhand von Zeitvergleichen mit der Archäologie des östlichen Mittelmeerraumes und Ägyptens ganz allgemeine Daten für das Neolithikum und die Bronzezeit Europas zu ermitteln. Petrie und andere hatten bei ihren Bemühungen, durch Differentialdatierung mit Ägypten eine absolute Chronologie für ägäische und mykenische Fundkontexte zu gewinnen, außerordentlich beachtliche Fortschritte erzielt. Montelius versuchte nun, diese Differentialdatierung quer durch Europa auf Italien, Frankreich, Britannien und Skandinavien auszuweiten. Ein Beispiel seiner Methode findet sich im 1909-Heft der *Archaeologia*, wo er erklärt, die britische Bronzezeit erstrecke sich über die 1700 Jahre von 2500–800 v. Chr., und ihre fünf Unterperioden folgenden Zeitspannen zuweist:

I. Die Kupferzeit von 2500–2000 v. Chr.;
II. 2000–1650 v. Chr.;
III. 1650–1400 v. Chr.;
IV. 1400–1150 v. Chr. sowie schließlich
V. 1150–800 v. Chr.

Es überraschte damals ebenso wie heute, mit welcher Zuversicht Montelius seinerzeit diese Zeitangaben verkündete und wie er sich dabei sogar auf halbe Jahrhunderte (wie 1650 und 1150 v. Chr.) festzulegen wagte. Doch das von ihm angewandte Verfahren der Differentialdatierung blieb üblich, bis nach dem Zweiten Weltkrieg erstmals Radiokarbondaten (^{14}C-Daten) vorlagen, und wird von manchen Forschern noch immer bevorzugt, die an der Zuverlässigkeit des [14]C- und des Thermolumineszenzverfahrens (TL-Verfahrens) zweifeln. Gewiß beruhen die meisten Differentialdaten auf bloßen Vermutungen, doch auf Vermutungen von Kennern, die die besten Voraussetzungen mitbrachten, derartige Vermutungen anzustellen. Dennoch blieb das Verfahren waghalsig und unsicher. Dreißig Jahre nach Montelius gestand Vere Gordon Childe reuevoll (so sehr er in vieler Hinsicht ein glühender Anhänger Montelius' war), in Europas barbarischer Vorgeschichte gäbe es vor 1700 v. Chr. nicht einen einzigen wirklich verläßlichen Zeitansatz. Doch die Frage des absoluten Zeitansatzes war nur eines der

Probleme, über die sich die Archäologen des 19. Jahrhunderts die Köpfe zerbrachen. Das andere Hauptproblem war die Erklärung der vor sich gegangenen kulturellen Veränderungen. Dieses Problem stellte sich seit den ersten schriftlichen Äußerungen Thomsens und Worsaaes. Hatte sich die Abfolge Stein/Bronze/Eisen in Skandinavien als ein gleichsam natürlicher Entwicklungsprozeß vollzogen – oder war sie vielleicht Ergebnis von Einwanderungen oder Handel? Die Archäologiepioniere Dänemarks betrachteten die Sequenz der drei Zeitalter des Steines, der Bronze und des Eisens in Dänemark als durchaus nicht ›naturgegeben‹. Worsaae war nie um Argumente verlegen, die seiner Ansicht nach entschieden dafür sprachen, daß sich die Bronzezeit in Dänemark keineswegs Schritt für Schritt aus der Steinzeit entwickelt habe. »Der Übergang ist dermaßen abrupt«, so schrieb er, »daß die Bronzezeit mit dem Einbruch einer neuen Menschenrasse begonnen haben muß, die einen höheren Zivilisationsgrad besaß als die früheren Landesbewohner.« Auch die Eisenzeit betrachtete Worsaae als Ergebnis einer weiteren Invasion. Dabei hegte er nicht den mindesten Zweifel: die Verbreitung der Träger der Bronze- und Eisentechnologie mußte allmählich aus Südosteuropa nach Skandinavien erfolgt sein, so daß Bezeichnungen wie Bronze- und Steinzeit durchaus nicht als chronologische Angaben zu verstehen waren, da sie nicht überall gleichzeitig galten. Vielmehr erklärte er: »Die allgemeine Verbreitung der Metalle konnte nur schrittweise stattfinden.« Hier also begegnen wir bereits in der ersten Hälfte des 19. Jahrhunderts den Konzeptionen der Diffusion (des Kulturflusses), der Invasion (Wanderbewegung) und der Homotaxie (der Gleichförmigkeit von Kulturphasen, auch solchen unterschiedlicher Zeitstellung) – Begriffen also, die für so viele Erklärungsversuche der Phänomene europäischer Vorgeschichte bis über die Mitte des 20. Jahrhunderts hinaus eine Schlüsselrolle spielten.

Demgegenüber glaubte Sven Nilsson, der zwar durchaus nicht bestritt, daß vielleicht einzelne Einwandererwellen zu Veränderungen der materiellen Kultur Skandinaviens geführt haben könnten, gleichwohl fest daran, daß die archäologische Vorgeschichtsforschung aufs Ganze gesehen eine schrittweise vor sich gehende Evolution der materiellen Kultur sichtbar mache. Die Geologie und die ihr verwandten Wissenschaften bewiesen die lange Entwicklung im anorganischen und organischen Bereich. Analog dazu machte für ihn die Vorgeschichtsarchäologie die lange Entwicklung des Menschen sichtbar. Im Mittelpunkt seiner Konzeption standen unabhängig Erfindung und Fortschritt. In seinem 1867 erschienenen Werk *Skandinaviska Nordens Urinvånare* (›Die Ureinwohner des skandinavischen Nordens‹) erklärte er: »Nationen treten zwar ins Dasein, erleben ihren Niedergang und zerfallen schließlich. Doch Kultur und Humanität nehmen beständig zu, breiten sich mehr und mehr aus und werden eines Tages überall verbreitet sein, wo immer nur Menschen wohnen.« Einer der drei Punkte, die sich nach der von de Mortillet in seinen *Promenades* geäußerten Auffassung so zwingend aus der Vorgeschichte ergaben, war das Gesetz

VI. Grabbeigaben aus dem Schiff von Sutton Hoo, dem Schiffsgrab eines Sachsenkönigs aus dem 7. Jahrhundert n. Chr., das 1939 in der Grafschaft Suffolk (England) entdeckt wurde. *Oben:* Mit Einlegearbeiten aus farbigem Glas geschmückter Golddeckel einer Börse. *Unten:* Zwei schwere Goldspangen, jede durch eine an einem Kettchen hängende Durchstecknadel gesichert.

Umseitig:
VII. Goldmaske einer in einem Marmorsarkophag bei Kertsch auf der Halbinsel Krim (Ukraine) bestatteten Skythenkönigin aus dem 3. Jahrhundert v. Chr.

VIII. Skythischer Hirsch aus Gold. Aus Kul Oba (Krim). 5. Jahrhundert v. Chr.

IX. Musikanten bei einer Prozession. Detail der Maya-Wandmalereien im Raum I zu Bonampak, Mexiko, um 800 n. Chr. Es handelt sich um die besten bekannten Maya-Malereien. Sie verherrlichen eine Schlacht und schildern deren Folgen (nach einer Kopie von Felipe Dávalos G.).

der parallelen Entwicklung *(le loi du développement similaire).* Darwins Lehre von der organischen, biologischen Evolution schlug die Menschen dermaßen in ihren Bann, daß sie davon überzeugt waren, die biologische Evolution erfahre in der kulturellen ihre Fortsetzung. Andererseits aber zeigte eine Betrachtung der Geschichte Europas und des Nahen Ostens, daß eine Invasion und Wanderbewegung der anderen gefolgt war. Der nachrömischen Periode in Europa gab man den Namen ›Völkerwanderungszeit‹ – Bezeichnung eines ›dunklen Zeitalters‹ der Invasion barbarischer Völker. War es angesichts dessen nicht doch am sinnvollsten, auch wenigstens die ausgeprägtesten Veränderungen in den archäologischen Befunden aus vorrömischer Zeit mit ähnlichen Wanderbewegungen und Invasionen in Zusammenhang zu bringen?
Der deutsche Völkerkundler Adolf Bastian (1826–1905) war durch und durch Evolutionist. Ja er weigerte sich sogar strikt, die Möglichkeit irgendeiner Form von Diffusion (Kulturfluß) in Betracht zu ziehen. Nach seiner Auffassung gab es ein allgemeines Gesetz, daß die uniforme psychische Beschaffenheit aller Menschen zwangsläufig dazu führen müsse, daß überall früher oder später die gleichen Ideen sich Bahn brächen. Zwar gab er zu, daß unterschiedliche geographische Umweltbedingungen zu bis zu einem gewissen Grade voneinander abweichenden Reaktionen geführt haben könnten und daß es – wie in späteren Zeiten ja ganz offenkundig – nicht an kulturellen Kontakten fehle. Doch Grundlage seiner Lehre war die psychische Uniformität, die psychische Gleichheit und Einheit aller Menschen und damit die Eigenständigkeit und parallele Evolution der von den Menschen geschaffenen Kulturen.
Und dies war grundlegend für Morgans Idee. »Die Menschheit«, so erklärt er, »begann ihre Laufbahn unten an der Leiter und arbeitete sich von der Wildheit zur Zivilisation hinauf durch langsame Anhäufung experimentell erworbenen Wissens.« Alles, was er betrachtete, zeigte, seiner Auffassung nach, »den einheitlichen Ursprung der Menschheit, die Gleichheit menschlicher Erwartungen im gleichen Entwicklungsstadium sowie die Gleichförmigkeit, mit der der menschliche Geist unter gleichen gesellschaftlichen Bedingungen arbeitet.« Durch Engels fanden diese Ansichten Eingang in den Marxismus und wurden so ein wesentlicher Bestandteil der offiziell von marxistisch geprägten Archäologen vertretenen Ansichten, wie wir ihnen z. B. in der Sowjetunion begegnen.
Montelius dagegen war ein kompromißloser Antievolutionist und plädierte äußerst überzeugend für die Auffassung, Europas gesamte Kultur sei in vorrömischer Zeit aus dem Nahen Osten importiert worden. Beispielsweise äußerte er in *Der Orient und Europa* (1899): »Zu einer Zeit, als Europas Völker sozusagen noch bar jeglicher Zivilisation waren, erfreuten sich die Länder des Orients – und hier ganz besonders die Flußtäler des Euphrat und des Nils – bereits einer blühenden Kultur. Die Zivilisation, die allmählich über unserem Kontinent heraufdämmerte, war lange Zeit nichts als ein vager Abglanz der orientalischen Kultur.«
Salomon Reinach widerrief seine ursprüngliche These, die sich auf

VI

VII

VIII

IX ▷

die Formel bringen ließ: *Ex oriente Lux*, in seiner Schrift *Le mirage Oriental* (1893) und erklärte nunmehr, die europäischen Prähistoriker hätten es sich lange Zeit zu leicht gemacht, indem sie kulturelle Veränderungen einfach auf Wanderbewegungen und Kulturfluß aus dem östlichen Mittelmeerraum und dem Nahen Osten zurückgeführt hätten. Dabei sei der Beitrag der einheimischen Bevölkerung Europas zur kulturellen Entwicklung erheblich zu kurz gekommen – und damit könnte er durchaus recht haben. Kulturen wie die minoische, mykenische, etruskische und keltische waren seiner Ansicht nach eigenständige Gewächse auf Europas Boden.

Zahlreiche Wissenschaftler wie Arthur Evans und John Myres weigerten sich, ein absolutes Auseinanderklaffen der Thesen über die Ursprünge der Kultur anzuerkennen. Myres äußerte: »Den orientalischen Hintergrund der Ursprünge Europas zu würdigen, bedeutet keineswegs, auf ein orientalisches Phantom *[mirage oriental]* hereinzufallen. Das ›unabhängige europäische Element‹ hebt sich durch die ihm eigene Fähigkeit zur Assimilation keineswegs auf.« Viele andere vertraten die gleiche Ansicht. So waren Skandinaviens frühe Archäologiepioniere gleichzeitig sowohl von einer eigenständigen Entwicklung als auch von der Tatsache kultureller Beeinflussung (Diffusion) überzeugt. Der nämlichen Auffassung war Pitt-Rivers, und E. B. Tylor machte verschiedene Wirkkräfte für kulturelle Veränderungen verantwortlich: das gleiche Funktionieren des menschlichen Gehirns, das Menschen immer wieder unabhängig voneinander auf die gleichen (oder zumindest auf ähnliche) Ideen kommen ließ, daneben aber ebenso die gegenseitige Beeinflussung, sei es zwischen Blutsverwandten, sei es durch andere Kontakte der verschiedensten Art. Robert Lowie äußerte in seiner ›Geschichte der völkerkundlichen Theorie‹ (*History of Ethnological Theory* [1937]), gegen Ende des 19. Jahrhunderts hätten im Anthropologischen Institut zu London Evolution und Diffusion »in liebender Vereinigung beieinander gelegen«.

Allerdings galt dies nur für maßvolle und vernunftgeprägte Prähistoriker. Für viele andere dagegen stellten sich damals wie nicht selten sogar noch heute die Dinge als schroffer Gegensatz zwischen unabhängig vor sich gehender Eigenentwicklung und gegenseitiger kultureller Beeinflussung (Diffusion) dar, und gewisse militante Diffusionisten verschärften diesen Gegensatz noch, indem sie besonders extreme Positionen einnahmen.

Die einflußreichste und extremistischste Gruppe militanter Diffusionisten bezeichnete man als ›Schule von Manchester‹. Sie scharte sich um Grafton Elliot Smith (1871–1931), einen gebürtigen Australier, der nach England gekommen war, um Medizin zu studieren. Nach erfolgreicher Ausbildung wurde er erster Inhaber des Lehrstuhles für Anatomie an der neugegründeten staatlichen medizinischen Hochschule in Kairo; in der Folge bekleidete er dann Professuren für Anatomie an der Universität Manchester sowie am *University College* in London. Fasziniert von Ägypten, begann er mit den Mitteln der damaligen Medizin die bei Ausgrabungen altägyptischer Stätten zum Vorschein gekommenen Menschen-

X. Die Ausgrabungen von Lintong (Provinz Shaanxi/China), wo unlängst eine riesige Armee von Terrakottastatuen zum Vorschein kam, die man einst dort vergraben hatte, damit sie dem toten Qin-Kaiser Shihuang Di (259–210 v. Chr.) im Jenseits Schutz gewähren sollten.

überreste zu untersuchen. Er war der erste, dem wir detaillierte Untersuchungen der altägyptischen Technik des Einbalsamierens und Konservierens von Leichen durch Mumifizierung verdanken. Er hielt dieses Verfahren für kompliziert genug, so daß er nicht daran zu glauben vermochte, es könne unabhängig von Altägypten auch anderswo entwickelt worden sein. Wenn ihm also zu Ohren kam, daß anderswo auf Erden ähnliche Praktiken des Einbalsamierens und der Mumifikation geübt wurden, war er überzeugt, der Anstoß dazu müsse von Altägypten ausgegangen sein. So stellte er die Theorie auf – und sie wurden für ihn zum Glaubenssatz –, Zivilisation habe nur einen einzigen Ursprung, und zwar im Niltal. Diese überspitzt diffusionistischen, ägyptozentrischen Ansichten trug er 1911 in seinem Buch ›Die alten Ägypter‹ vor – einem Buch, das sowohl damals als auch noch im Lauf des gesamten folgenden Vierteljahrhunderts bedeutenden Einfluß auf die Vorstellungen hatte, die sich viele von der Vorgeschichte machten.

Ein weiteres Problem, das die Archäologen sehr beschäftigte, war die Frage, wie weit man Volks- und Sprachgruppen historischer Zeit mit Perioden und Bevölkerungsgruppen der Vorgeschichte in Zusammenhang bringen konnte. Dänemarks frühe Archäologiepioniere verschwendeten viel Zeit und Mühe mit langatmigen Erörterungen, ob die Steinzeit das Werk von Lappen, die Bronzezeit eine Schöpfung von Finnen oder Phönikern und schließlich die Eisenzeit das Produkt keltischen oder gotischen Erfindungsgeistes gewesen sei. Unterschiedliche archäologische Gruppen im Mittelmeerraum versah man mit Etiketten wie ›phönikisch‹, ›gräkophönikisch‹, ›trojanisch‹, ›phrygisch‹, ›dorisch‹, ›achäisch‹, ›sikulisch‹, ›ligurisch‹, ›iberisch‹ und dergleichen mehr. Allgemein war man der Ansicht, die La Tène-Epoche (oder Kultur) und wohl auch die Spätphasen der Hallstattzeit seien das Werk von Kelten. Sir John Rhŷs vertrat in seinen verschiedenen Darstellungen der Vorgeschichtsarchäologie Britanniens – so z. B. in seinem Buch: ›Frühes Britannien – keltisches Britannien‹ (*Early Britain – Celtic Britain*, 1882) die Ansicht, Britanniens Neolithikum sei eine Schöpfung von Iberern, die Bronzezeit das Werk von Q-Kelten oder Goidelen (Gälen), die Eisenzeit dagegen das von P-Kelten oder ›Brythonen‹. Auch der Begriff ›Arier‹, mit dem später so viel Mißbrauch getrieben wurde, war im Gespräch.

Daß man vergleichende Sprachstudien als Schlüssel zum Begreifen der Vergangenheit ansah, geht zurück auf die heute berühmte Antrittsvorlesung sowie die zehn ›Diskurse‹, die Sir William Jones 1788 an die Asiatische Gesellschaft in Kalkutta sandte. Jones' bloße Vermutung, Sanskrit, Griechisch, Latein, Keltisch und die germanischen Sprachen seien samt und sonders auf eine gemeinsame Wurzel zurückzuführen, wurde durch die 1833–1835 erschienene *Vergleichende Grammatik* von Franz Bopp bestätigt, die sich auch des erstmals 1823 von Klaproth benutzten Ausdrucks ›indogermanisch‹ bedient. Max Müller schlug vor, ›indogermanisch‹ durch ›arisch‹ zu ersetzen, und schließlich setzte sich zumindest im englischen Sprachraum die Bezeichnung ›indoeuropäisch‹ durch.

Europas Vorgeschichte betrachtete man als Abfolge von Wanderbewegungen finno-ugrischer Völker, denen später Arier gefolgt seien. Wenn sich aber alle Sprachen von Irland bis Zentralasien und Indien auf einen einzigen Ursprung zurückführen ließen – wo und bei welchem Volk lag dieser Ursprung? Was für Menschen waren es, die die allen gemeinsame Muttersprache gesprochen hatten? Mit welcher Art von archäologischem Material hatte man sie in Verbindung zu bringen? Und – schließlich – wo war die Heimat der ›Arier‹ (alias Indo-Europäer)?

Ägypten und Mesopotamien

Als Mariette 1880 starb, wurde Gaston Maspero (1840–1910), ein Franzose italienischer Abstammung, sein Nachfolger. Maspero erwies sich als Persönlichkeit von enormer Tatkraft und außerordentlichen Fähigkeiten. Seine Tätigkeit als Direktor des ägyptischen Antikendienstes begann er mit der Ausgrabung der Pyramide des Unas in Saqqâra, wobei er die berühmten ›Pyramidentexte‹ entdeckte. Das Museum ordnete er völlig neu und fand bei all dem noch Zeit, zahlreiche allgemeinverständliche Werke über Altägypten und seine Monumente zu schreiben. Seine Bücher erreichten große Popularität und trugen viel dazu bei, das Interesse an der Ägyptologie zu wecken, ja sie bewirkten, daß ganze Scharen zwar nicht archäologisch ausgebildeter, aber dennoch an Ägyptens Archäologie interessierter Reisender ins Land strömten.
Eine dieser Ägyptenreisenden war Miss Amelia Edwards (1831–1892), eine produktive Romanautorin, darüber hinaus aber auch Verfasserin populärer Bücher und Aufsätze über Kunst und Geschichte. Ägypten und Syrien besuchte sie in den Jahren 1873–1874, und ihr köstlicher Bericht über diese Reise erschien 1877 unter dem Titel ›Eintausend Meilen nilaufwärts‹ *(A Thousand Miles up the Nile)*. Nunmehr wurde Ägyptologie Miss Edwards' große Leidenschaft. Nach ihrer Überzeugung waren wissenschaftliche Ausgrabungen dringend geboten und zugleich das einzig geeignete Mittel, der um sich greifenden Zerstörung altägyptischer Baudenkmäler und der nicht minder verheerenden Plünderung altägyptischer Gräber Einhalt zu gebieten. Sie verstand es, Gleichgesinnte zu mobilisieren, und begründete 1882 die ›Forschungsstiftung für Ägypten‹ *(Egypt Exploration Fund)*, als deren Sekretärin sie künftig arbeitete – unter Verzicht auf all ihre anderen früheren Aktivitäten. Zudem hielt sie Vorträge über Altägypten, die 1891 in ihrem Buch ›Pharaonen, Fellachen und Forscher‹ *(Pharaohs, Fellahs and Explorers)* zusammengefaßt wurden. Als sie starb, stiftete sie am *University College* in London einen Lehrstuhl für Ägyptologie. Dessen erster Inhaber war – nach ihrem ausdrücklichen Wunsch – Flinders Petrie.
Die Behörden in Kairo hielten sich noch immer an die von Mariette begründete Tradition und bestanden darauf, in Ägypten ausgegrabene Objekte in Ägypten zu behalten.

70. William Matthew Flinders Petrie (1853–1942), der bedeutende Archäologe, dem die Ägyptologie die Einführung exakter wissenschaftlicher Untersuchungs- und Aufzeichnungsmethoden verdankt.

Doch wurden nun auch Nichtfranzosen Grabungsgenehmigungen erteilt. Etwa gleichzeitig mit dem *Egypt Exploration Fund* wurde in Kairo auch die französische *Mission Archéologique* ins Leben gerufen, und später richteten auch die Schweizer, die Deutschen und die Amerikaner ähnliche Institutionen ein. Der erste, der im Auftrag des *Egypt Exploration Fund* Ausgrabungen durchführte, war Henri Naville, ein von Lepsius ausgebildeter Schweizer Archäologe, der bis 1913 für den *Fund* tätig war. Ab 1883 sowie dann und wann auch noch später arbeitete auch Flinders Petrie für die Stiftung, bis er 1894 seinen eigenen *Egyptian Research Account* begründete, der 1906 in *British School of Archaeology in Egypt* (›Britisches Archäologisches Institut in Ägypten‹) umbenannt wurde.

(Sir) William Matthew Flinders Petrie (1853–1942 [Abb. 70]) – sein Großvater, Kapitän Matthew Flinders, war jener Entdeckungsreisende, dem Australien seinen heute üblichen Namen verdankt – war seit frühester Kindheit geradezu archäologiebesessen. In seiner 1931 veröffentlichten Autobiographie *Seventy Years in Archaeology* berichtet er, schon im Alter von nur acht Jahren sei er über die Art und Weise entsetzt gewesen, wie man auf der Insel Wight einer römischen Villa zu Leibe ging: »Ich protestierte«, so berichtet er. »Die Erde hätte müssen Zoll um Zoll abgetragen werden, damit man alles sah, was da lag und wie es dalag.«

Petrie und sein Vater waren von einem 1864 erschienenen Buch begeistert, das den Titel trug: ›Unser Erbteil in der Großen Pyramide‹ *(Our Inheritance in the Great Pyramid)*. Sein Verfasser war Charles Piazzi Smyth, seines Zeichens Königlich Schottischer Hofastronom und Professor der Astronomie in Edinburgh. Piazzi Smyth war einer der ersten Pyramidomanen, die leider auch heute noch immer ihr Wesen treiben. Er hatte den ›Pyramidenzoll‹ erfunden, der nur um ein Tausendstel vom britischen Zoll abwich. Die Große Pyramide bei Gizeh stand seiner Auffassung nach im Mittelpunkt der Welt, und er behauptete von seiner Pyramidenmathematik, mit einer »geeigneten Maßeinheit und der erforderlichen Geduld« sei er imstande, mit Leichtigkeit zu zeigen, »daß die Pyramidenmaße ebenso die Entfernung nach Timbuktu wie das durchschnittliche Gewicht ausgewachsener Goldfisch-Exemplare wiedergeben«.

Zum Glück ließ sich Flinders Petrie nicht allzu lange von derartigen Pyramidenphantastereien einwickeln, und schließlich führte er selbst die erste gründliche Vermessung der Pyramiden durch. Doch seine Laufbahn begann er mit archäologischen Forschungsarbeiten auf britischem Boden. Einige der Resultate, die er dabei erzielte, veröffentlichte er 1880 in seiner Publikation *Stonehenge*.

Als er vom *Egypt Exploration Fund* finanziert wurde, schrieb er an Miss Edwards: »Die Aussicht, in Ägypten Ausgrabungen durchzuführen, begeistert mich ganz außerordentlich, und ich hoffe nur, die Ergebnisse rechtfertigen mein Unterfangen.« Sie rechtfertigten es. 1885 begann er in Tanis zu graben und grub Jahr für Jahr. Jeder Grabungssaison folgten Veröffentlichungen und öffentliche Ausstellungen in London, viele davon in der ›ägyptischen Halle‹ in Piccadilly, wo schon Belzoni seine Funde ausgestellt hatte. Zu Petries wichtigsten und bekanntesten Entdeckungen zählten ebenso die Überreste von Tell el-Amarna wie die mykenische und prämykenische Töpferware in Gurôb (Abû Ghurâb) und Kahun (Lahûn), ja die Entdeckung der prädynastischen Kultur Ägyptens überhaupt.

1891 besuchte Petrie Mykenai (Mykene), um dort die Datierung der Fundstätten von Abû Ghurâb und Lahûn ›gegenzuchecken‹. Zur Seite stand ihm damals sein ehemaliger Schüler Ernest Gardner, der seinerzeit die *British School of Archaeology in Athens* leitete. Dabei fielen ihm ägyptische Einflüsse, ja ganze Objekte ägyptischer Herkunft in Mykenai auf, die durchweg aus der Zeit der XVIII. Dynastie stammten. In Kahun (Lahûn) wiederum stieß er auf protogriechische Töpferware, die er als ägäisch bezeichnete, und die mit Objekten aus Ägyptens XII. Dynastie vergesellschaftet war. Damit hatte er zwei Synchronismen (gleiche Zeitstellungen) nachgewiesen: einmal die Zeitgleichheit protogriechischer Ware mit der XII. Dynastie, andererseits die Gleichzeitigkeit der Objekte aus Mykenai mit der XVIII. Dynastie. Aufgrund dieser Zeitvergleiche erklärte er nunmehr, die ägäische Kultur sei etwa um 2500 v. Chr. ins Dasein getreten, während die spätmykenische Kultur zwischen 1500 und 1000 v. Chr. anzusetzen sei: ein außerordentlich bemer-

71. Mit hörnertragenden Tieren geschmückter Krug aus dem in den neunziger Jahren des 19. Jahrhunderts von Petrie ausgegrabenen Friedhof von Naqâda (Negade). Höhe des Gefäßes: 25,5 cm.

kenswertes Beispiel einer Differentialdatierung – das erste seiner Art im Bereich der vergleichenden Archäologie. Nach Gardners Worten hatte Petrie »in einer Woche mehr geschafft als die Deutschen in zehn Jahren, um diese Angelegenheit auf altägyptischer Grundlage zu klären«, und als Petrie 1931 auf seinen Beitrag zur absoluten Chronologie Griechenlands zurückblickte, konnte er feststellen: »Was sich damals in Umrissen abzeichnete, scheint unverändert gültig zu sein, obwohl inzwischen vierzig Jahre vergangen sind.« Bisweilen übersieht man dabei völlig: Petrie bezeichnete in Kahun (Lahûn) gefundene nichtägyptische Keramik ohne mit der Wimper zu zucken (und völlig korrekt) als ›ägäisch‹ bzw. ›protogriechisch‹, ohne daß aus dem ägäischen Raum selbst damals schon Funde derartiger Töpferware bekannt waren!

Von Altägyptens prädynastischer Kultur erfuhr die Welt erstmals durch Petries Ausgrabungen in Naqâda (Negade) und Ballâs (1894/95) sowie bei Diospolis Parva (Hu) in den Jahren 1898/99. Naqâda (Negade) erwies sich als ein prähistorischer Friedhof von mehr als 2000 Gräbern, dem die Naqâda-(Negade-)Periode der ägyptischen Vorgeschichte ihren Namen verdankt. Zu seiner Schande wies das Britische Museum Petries Angebot einer Sequenz typischer Artefakte aus Naqâda mit der Begründung zurück, das Material sei »eher un- als prähistorisch«. So gingen die Stücke statt dessen an das Ashmolean Museum. In seiner 1901 erschienenen Publikation *Diospolis Parva* ordnete Petrie sein prähistorisches Material nach einem Verfahren, das er selbst als *sequence-dating* bezeichnete (und für das sich im deutschen Sprachraum der Fachbegriff ›Staffeldatierung‹ eingebürgert hat). Dabei ging er von keiner der bekannten Unterteilungen des Dreiperiodensystems aus, vielmehr beruhten seine *sequence dates* (›Staffeldaten‹) allein auf der typologischen Abfolge der von ihm freigelegten prähistorischen Töpferware. Diese Reihe ließ er mit dem ›Staffeldatum‹ (S. D.) 30 beginnen, weil er sich – völlig zu Recht – sagte, daß er wohl noch nicht auf das älteste prähistorische Material gestoßen sei. Mit dem ›Staffeldatum‹ (S. D.) 80 dagegen (es bezeichnet Material unmittelbar vor der I. Dynastie) berührt er die Grenze zur dynastischen, historischen Zeit. »Dieses System«, so schrieb er, »ermöglicht es uns, mit sonst völlig undatiertem Material zu arbeiten . . . Es besteht keinerlei Grund, weshalb man nicht auch mit prähistorischen Zeiträumen, aus denen Gruppen archäologischer Überreste vorliegen, ebenso sicher und klar verfahren soll wie mit historischen Zeitaltern, deren Datierung bekannt ist.« Allerdings erwies sich sein Optimismus als ungerechtfertigt, jedenfalls wurde sein Staffeldaten-System durchaus nicht allgemein akzeptiert. Dennoch war es eine bemerkenswerte Innovation und erfüllte für Petries eigenes Material auch hervorragend seinen Zweck.

1892 veröffentlichte Petrie sein Buch ›Zehn Jahre Ausgrabungen‹ *(Ten Years' Digging)*, und 1904 folgten seine ›Methoden und Ziele der Archäologie‹ *(Methods and Aims in Archaeology)*, worin er nicht nur seine Techniken der Differential- und Staffeldatierung, sondern auch seine Grundsätze und praktischen Erfahrungen im

Bereich der Feldforschung und der Ausgrabung darlegte. Er beklagte, der *Egypt Exploration Fund* habe ihm weder Anleitung noch Rat zuteilwerden lassen. Alle Verfahrensweisen und Techniken habe er selbst finden müssen. Seine eigene Leistung charakterisierte er als »archäologische Neulandgewinnung«.
Nach seiner eigenen Darstellung beruhte seine Methode auf folgenden vier Prinzipien:
1.) Sorgfalt im Umgang mit den Monumenten, die man ausgräbt, verbunden mit Rücksichtnahme auf potentielle künftige Ausgräber;
2.) peinliche Sorgfalt bei der Ausgrabung selbst sowie bei der Bergung und Registrierung jedes einzelnen vorgefundenen Details;
3.) detaillierte und saubere Vermessung und Kartierung sämtlicher Monumente und Grabungen sowie
4.) komplette Veröffentlichung der Resultate zum frühestmöglichen Zeitpunkt.

Überdies begründete er die naturwissenschaftliche Untersuchung der in ur- und frühgeschichtlicher Zeit verwendeten Werkstoffe, indem er forderte, der Archäologe habe »sämtliche Details des Materials, der Farbe, der Herstellungsart und der mechanischen Eigenschaften von Werkzeugen« zu studieren.
Furtwängler hatte die Untersuchung bemalter und dekorierter Töpferware zu einem Verfahren archäologischer Zeitmessung weiterentwickelt. Petrie leistete dasselbe für Tonware ohne Bemalung. Die Idee dazu kam ihm erstmals in den achtziger Jahren, als er in Naukratis grub, doch erst bei der Ausgrabung eines palästinensischen Kulturhügels, des Tell el-Ḥesī unweit der biblischen Stadt Lachisch im Jahre 1890, wurde ihm klar, wie das schwierige Problem zu lösen sei. Beim Tell el-Ḥesī hatte er es mit etwa 18 m dicken Kulturschichten zu tun, die klar in durch bestimmte Keramiktypen charakterisierte Niveaus unterteilt waren. Doch bei genauerer Betrachtung zeigte es sich: Keramiktypen und Kulturschichten deckten sich nicht völlig. Außerdem ließen sich einige Schichten des Tell el-Ḥesī durch das darin enthaltene Material in zeitliche Beziehung zu ägyptischen Dynastien setzen und ermöglichten so die Aufstellung einer absoluten Chronologie für die gesamten 18 m dicken Trümmerschichten dieses Kulturhügels – eine nicht minder bedeutende Leistung als die Differentialdatierung der Keramik von Mykenai. Was Petrie am Tell el-Ḥesī vollbrachte, war eine echte Pioniertat auf dem Gebiet der Untersuchung alter Siedlungsstätten mit stratifizierten Niveaus – in gewissem Sinne weit wichtiger noch als Schliemanns und Dörpfelds spektakuläre Erfolge in Troja.
Petrie war eine der überragenden Gestalten der Archäologiegeschichte. Seine Techniken und seine Entdeckungen rechtfertigen es tatsächlich, das letzte Viertel das 19. Jahrhunderts als ›heroisches Zeitalter‹ der ägyptischen Archäologie zu bezeichnen.
Für die Archäologie Mesopotamiens brachte der Ausbruch des

72. Dioritstatue des Königs Gudea aus Lagasch (Tello), heute im Louvre. Höhe: 105 cm.

73. Eines der Keilschrifttafelfragmente aus dem Palast Assurbanipals in Ninive, die – wie George Smith erkannte – Teile der chaldäischen Sintfluterzählung enthalten.

Krimkrieges (1853–56) eine Phase jahrelangen Stillstandes, doch in den siebziger Jahren des 19. Jahrhunderts erwachte im Westen das Interesse an der Vergangenheit des Zweistromlandes erneut. George Smith, ein untergeordneter Angestellter in der assyrischen Abteilung des Britischen Museums, veröffentlichte 1871 ›Die Geschichte Assurbanipals übersetzt aus Keilschrifttexten‹ *(The History of Ashur-bani-pal translated from the Cuneiform Inscriptions)*. Ein Jahr später stieß er beim Übersetzen von Tontafeln aus den Archiven von Ninive auf ein Textfragment, das die Angabe enthielt: »Das Schiff ruhte auf den Bergen von Nizur«, woran sich ein Bericht über die Entsendung einer Taube schloß, die keinen Ruheplatz fand und zurückkehrte. »Sofort bemerkte ich«, äußerte Smith, »daß ich zumindest ein Bruchstück der chaldäischen Sintfluterzählung entdeckt hatte.« Bei dem einen Fragment (Abb. 73) blieb es nicht, sondern Smith war schließlich imstande, eine nahezu komplette Fassung der babylonischen Sintflutgeschichte zu übersetzen, die er 1872 der ›Gesellschaft für Bibelarchäologie‹ *(Society for Biblical Archaeology)* vortrug. Das Aufsehen, das seine Entdeckung erregte, war ungeheuer. Noch fehlte ein Stück der Sintfluttafel, und der *Daily Telegraph* setzte £ 1000 (eintausend Pfund Sterling) aus, um Smith die Ausrüstung einer Expedition zu ermöglichen, die unter seiner Leitung just nach diesem verlorenen Stück suchen sollte. Smith hatte als Ausgräber keinerlei Erfahrung, und er war noch nie zuvor in Mesopotamien gewesen; doch begann er 1873 zu graben, und mit verblüffendem Anfängerglück stieß er tatsächlich schon am fünften Grabungstage auf das fehlende Fragment. Einmal an Ort und Stelle, setzte er die Grabungen für das Britische Museum fort, doch starb er 1877 auf der Rückkehr von seiner dritten Grabungssaison in Aleppo. Seine Bücher ›Entdeckungen in Assyrien‹ *(Assyrian Discoveries)* und ›Der chaldäische Schöpfungsbericht‹ *(The Chaldean Account of Genesis)* fanden

74. Hormuzd Rassam (1826–1910), hier bereits hochbetagt, zeigt voller Stolz Fotos der bronzenen Torreliefs aus Balawat, deren Echtheit einst von den Experten des Britischen Museums in Zweifel gezogen wurde.

rasenden Absatz: als Bestsellerautor trat Smith ganz in Layards Fußstapfen.

Nach Smith war Hormuzd Rassam (Abb. 74), der nach vieljähriger Pause wieder auf der Bildfläche erschien, Leiter der Ausgrabungen des Britischen Museums im Zweistromland. Seine letzten Grabungskampagnen erstreckten sich über die Jahre 1878–1882, und er streifte weit im Lande umher, drang in Erdhügel ein – überall für seine Londoner Geldgeber auf der Suche nach Schätzen und Inschriften. 1878 entdeckte er in Tell Balawat die berühmten Bronzetore König Salmanassars II. 1880 begannen seine sich schließlich 18 Monate hinziehenden Ausgrabungen in Abu Habbah (Südmesopotamien) – einer Fundstätte, die er als das alte Sippar zu identifizieren vermochte und wo es einen dem Sonnengott Schamasch geweihten Tempel gab. Hier stieß Rassam auf zahlreiche Schrifttafeln und Zylinder. Einer Inschrift zufolge hatte einst hier Nabonid, der von uns bereits ganz zu Beginn erwähnte letzte König von Babylon, selbst in den Fundamenten dieses Tempels nachgegraben, um festzustellen, wer dessen erster Bauherr gewesen sei. Dabei habe er 18 Ellen unter dem Pflaster einen Grundstein entdeckt, den Naramsin, der Sohn Sargons von Akkad, gelegt und den »seit 3200 Jahren kein König mehr erblickt« habe. Dieses unschätzbare chronologi-

sche Dokument ist vielleicht auch der erste, älteste Bericht über archäologische Aktivitäten des Jetztzeitmenschen überhaupt (vgl. oben Seite 10).

Allmählich wurde es den Gelehrten klar: vor (bzw. ›hinter‹) den Kulturen der Babylonier und Assyrer mußte es im Zweistromland eine sehr viel ältere Kultur gegeben haben – eine Kultur, die wir heute als sumerisch bezeichnen und von der bereits Loftus, Taylor und Rawlinson Überbleibsel entdeckt hatten. Im Jahre 1869 hatte Oppert auch aus sprachwissenschaftlichen Gründen das Vorhandensein einer präbabylonischen, nichtsemitischen Bevölkerung in Mesopotamien postuliert.

Zur Realität wurden die Sumerer dank der Ausgrabungen, die Ernest de Sarzec, der französische Konsul in Basra, in Tello durchführte. 1874 setzten Araber de Sarzec davon in Kenntnis, daß in Tello steinerne Statuetten zum Vorschein gekommen waren. Daraufhin begann de Sarzec 1877 zu graben und setzte seine Grabungen mit Unterbrechungen bis 1900 fort. Er hielt die Ruinenstätte für das sumerische Lagasch und entdeckte zahlreiche archaische

75.–76. Robert Koldeweys Ausgrabung Babylons (1899–1914) war die erste vollständige Ausgrabung einer mesopotamischen Ruinenstätte. Das am besten erhaltene Bauwerk, das Koldewey freilegte, war das mit Ziegelreliefdarstellungen von Stieren und Drachen geschmückte, im 6. Jahrhundert v. Chr. von Nebukadnezar II. (605–562 v. Chr.) errichtete Ischtartor (Gesamtansicht gegenüber Nahaufnahme links) Das Bauwerk wurde abgetragen, nach Berlin verbracht und dort wiedererrichtet. Es befindet sich heute im Raum 9 des Vorderasiatischen Museums (Pergamon-Museums) in Berlin (Ost).

Skulpturen aus dem späten 3. Jahrtausend v. Chr., darunter die berühmten Porträtstatuen des Gudea (Abb. 72), des 7. Fürsten von Lagasch. Der Louvre-Katalog aus dem Jahre 1901 bezeichnet Lagasch als »das Pompeji frühbabylonischer Altertümer«, und Oppert erklärte: »Seit der Entdeckung Ninives... wurde nichts entdeckt, was den jüngsten Ausgrabungen in Chaldäa vergleichbar wäre.« De Sarzecs Arbeit verdanken wir unsere erste Bekanntschaft mit der Kunst, Geschichte und Sprache der alten Sumerer. Allerdings irrte er sich, indem er Tello für Lagasch hielt. Wie sich herausstellte, war Lagasch nicht mit Tello, sondern mit der benachbarten Ruinenstätte Tell el-Hiba identisch. Tello dagegen war das alte Girsu, das freilich zum Staatsgebiet von Lagasch gehörte.

Das Jahr 1884 brachte die erste amerikanische Expedition nach Mesopotamien. Sie diente mehr der Erkundung. Noch drei Jahre später begannen Peters und Hilprecht in Nippur zu graben. Die erste Grabungssaison endete freilich mit einer Katastrophe: Beduinen plünderten das Expeditionslager. Doch 1890 wurden die Grabungen wiederaufgenommen und bis zur Jahrhundertwende fortgesetzt. Dabei kamen mehr als 50000 Schrifttafeln zum Vorschein, meist mit Texten in sumerischer Sprache, die einen Zeitraum von mehr als 1000 Jahren abdeckten.

Zehn Jahre nachdem de Sarzec in Tello zu graben begonnen hatte, erkundete eine Expedition der Deutschen Orientgesellschaft zahlreiche bedeutende sumerische Ruinenstätten, grub sie jedoch nicht völlig aus. Dies war der Beginn einer intensiven deutschen Forschungstätigkeit in Mesopotamien. Von 1899 bis zum Ausbruch des Ersten Weltkrieges (1914) legten die deutschen Gelehrten unter Leitung von Robert Koldewey und Walter Andrae zwei Ruinenstätten mit aller Gründlichkeit frei: Babylon und Assur. Einen Überblick über die Arbeiten Koldeweys in Babylon (Abb. 75, 76) gibt Koldeweys Buch *Das wiedererstandene Babylon* (1914). Koldewey wandte erstmals in Mesopotamien Ausgrabungsmethoden an, die die deutschen Forscher an klassisch-antiken Ausgrabungsstätten entwickelt hatten. Außerdem kommt ihm das Verdienst zu, die erste nach wissenschaftlichen Grundsätzen durchgeführte Totalausgrabung einer der großen Ruinenstätten des Zweistromlandes unternommen zu haben. Walter Andrae grub von 1903 bis 1914 in Assur. Hier legte er nicht nur mit großem Können und vorbildlicher Sorgfalt die erste Hauptstadt des Assyrerreiches frei, sondern wandte vor allem erstmals in Mesopotamien die Methode des Sondierens mit Suchgräben an. Unter anderem führten die deutschen Gelehrten einen Schnitt quer durch den Ischtartempel und die Überreste anderer Tempelbauten darunter bis hinab zu einem Tempel sumerischen Ursprungs. Was in Assur geleistet wurde, bezeichnete Seton Lloyd als »glänzende Ausgrabungstat und Vorbild aller stratigraphischen Ausgrabungen späterer Jahre«. Was die Archäologen in Griechenland oder Ägypten an Bauwerken aufdeckten, bestand aus massiven Steinen. In Mesopotamien dagegen verwendete man vorwiegend luftgetrocknete Lehmziegel als Baumaterial, und frühere Ausgräber waren außerstande, deren Überreste zu orten. Koldewey und Andrae waren die ersten, denen der sichere Nachweis in Trümmer gesunkener Luftziegelmauern glückte.

Klassische Archäologie

Zumindest in der ersten Hälfte des Zeitraumes, um den es hier geht, waren es Deutsche und Österreicher, die die Entwicklung der Archäologie in Griechenland und Italien bestimmten, und zwar Amateurarchäologen ebenso wie ›Professionelle‹. 1873 und 1875 führte Alexander Conze (Abb. 77) auf Samothrake Ausgrabungen durch. Ihm standen nicht nur zwei Architekten und ein Photograph zur Verfügung, sondern ein ganzes Kriegsschiff, das die österreichische Regierung eigens für ihn abkommandiert hatte. Conze veröffentlichte einen detaillierten, vollständigen Bericht über seine Grabungen, der als der erste ›moderne‹ Grabungsbericht überhaupt gefeiert wurde. Beigegeben waren ihm meisterhaft gezeichnete

Pläne und Photographien – erstmals haben wir es hier mit einer archäologischen Publikation zu tun, die von den Möglichkeiten der Photographie Gebrauch macht.
1874 wurde im Zentrum von Athen die Abteilung Athen des Deutschen Archäologischen Instituts gegründet, und zusammen mit dem Architekten Friedrich Adler begann Ernst Curtius Olympia auszugraben; ein gewaltiges Vorhaben, das die sechs Winter von 1875–1880/81 in Anspruch nahm. Der Staat zahlte einen Zuschuß von 600000 Mark, ja für die Kosten der letzten Wintergrabung kam sogar Kaiser Wilhelm I. persönlich auf. Die griechische Regierung gestattete lediglich die Ausfuhr von Duplikaten der ausgegrabenen Artefakte. Das deutsche Reich mußte daher auf jeden Anspruch an den Funden verzichten. Um die Funde unterzubringen, wurde in Olympia selbst ein kleines Museum errichtet. Ähnlich wie Mariettes Vorgehen in Ägypten rief auch diese Ausgrabung so etwas wie ein ›archäologisches Bewußtsein‹ wach. In allen Einzelheiten wurde Olympias Stratigraphie untersucht und festgehalten. Vor allem Dörpfeld war hier die treibende Kraft bei der Entwicklung immer neuer Methoden der Ausgrabung und Fundkonservierung.
Die Arbeiten von Conze und Curtius leiteten eine Spanne von mehr als drei Jahrzehnten ein, in der – anknüpfend an die auf Samothrake und in Olympia begründeten Traditionen – nicht nur Deutsche und Österreicher, sondern schließlich auch Franzosen, Briten, Amerikaner und Griechen selbst bedeutende Ausgrabungen an klassischen Stätten durchführten.
Die meisten bringen jedoch mit der Entwicklung der klassischen Archäologie in der zweiten Hälfte des 19. Jahrhunderts nicht den Namen eines ›professionellen‹ Archäologen in Verbindung, sondern den eines Außenseiters, der den größten Teil seiner jüngeren und mittleren Lebensjahre damit verbrachte, als Geschäftsmann ein Vermögen zu machen: Heinrich Schliemann (1822–1890 [Abb. 78]). Immerhin verdanken wir dieser recht außergewöhnlichen Persönlichkeit unser erstes hieb- und stichfestes Wissen über die Vorgeschichte Griechenlands und des ägäischen Raumes. Schliemann war – nach einem Wort von Walter Leaf – »der Begründer der Vorgeschichtsarchäologie Griechenlands«. Gewiß – auch zwischen 1826 und dem Beginn der Ausgrabung Trojas war schon vereinzelt prähistorisches Material zum Vorschein gekommen, doch handelte es sich bei diesen Einzelfunden um eine *quantité négligeable*, sie fielen mengenmäßig kaum ins Gewicht und fanden weder bei Fachleuten noch beim breiten Publikum sonderliche Beachtung.
Schliemann war der Sohn eines deutschen Pastors, der ihm einst ein Exemplar von Jerrers *Illustrirter Weltgeschichte* zu Weihnachten schenkte. Dieses Buch enthielt ein Bild der brennenden Stadt Troja, und Schliemann, von Homers Versen zutiefst erschüttert, vergaß dieses Bild nie, mochten auch noch so viele Jahre einer außerordentlich erfolgreichen Laufbahn als Geschäftsmann in Holland, Rußland und Amerika vergehen. Schliemann glaubte fest an den Wahr-

77. Alexander Conze bei der Arbeit in Samothrake (siebziger Jahre des 19. Jahrhunderts).

78. Heinrich Schliemann (1822–1890) war ein außerordentlich erfolgreicher Geschäftsmann, in dem allerdings der Ehrgeiz brannte, Troja auszugraben und zu beweisen, daß Homer die Wahrheit gesagt habe. Im Alter von 46 Jahren zog er sich aus dem Geschäftsleben zurück (die Aufnahme zeigt ihn kurz davor), und in vier Grabungskampagnen widerlegte und beschämte er seine Kritiker, denn er deckte tatsächlich Troja auf.

heitsgehalt der Erzählungen Homers, und als er im Alter von 46 Jahren ein reicher Mann war, zog er sich aus dem Geschäftsleben zurück, um sich ganz seiner archäologischen Liebhaberei, insbesondere der Auffindung Trojas, zu widmen. Er unternahm ausgedehnte Reisen, grub 1869 auf Ithaka und veröffentlichte sein zweites Buch: *Ithaka, der Peloponnes und Troja**. Schon hierin äußert er die These, die Gräber Agamemnons und Klytaimnestras seien nicht in den sogenannten ›Schatzhäusern‹ außerhalb der Zitadelle von Mykenai zu suchen, und Troja sei keineswegs ein Mythos, sondern existiere in Hissarlik. Dort sei die Stätte des historischen Ilion. Zwei Jahre später begann er in Hissarlik zu graben und arbeitete hier vier Grabungsperioden lang (1871–1873; 1879; 1882–1883 sowie schließlich von 1889 bis zu seinem Tode 1890). Während der ersten Grabungskampagne arbeitete er – abgesehen von einheimischen Hilfskräften – nur mit seiner Frau Sophia, einer schönen, jungen Griechin, zusammen. Bei den beiden letzten Kampagnen stand ihm Dörpfeld als erfahrener Helfer zur Seite, der auch nach Schliemanns Tode Trojas Ausgrabung bis 1894 fortsetzte.

---

* Sein Buch-Erstling war eine in französischer Sprache abgefaßte Beschreibung Chinas und Japans (*Le Chine et le Japon* [1867]); Anmerkung des Übersetzers.

79. Schliemanns Ausgrabungen in Troja. Aus: Heinrich Schliemann: *Ilios* (1880).

Zwischen der ersten und zweiten Kampagne in Hissarlik grub Schliemann in Mykenai (Mykene) und auf Ithaka. 1880 legte er das ›Schatzhaus des Minyas‹ in Orchomenos frei, und die Jahre 1884/85 sahen ihn in Tiryns. Seine Grabungsergebnisse veröffentlichte er unverzüglich und umfassend: *Trojanische Alterthümer* 1874, *Mykenae* 1876, *Ilios* 1880, *Troja* 1884 und *Orchomenos* 1887. Diese Veröffentlichungen erschienen zuerst auf deutsch, wurden aber schon sehr bald ins Französische und Englische übertragen. Kein Geringerer als der damalige englische Premierminister W. E. Gladstone versah die 1877 erschienene englische Ausgabe von *Mykenae* mit einem Vorwort, und auch bei jener denkwürdigen Sitzung der *Society of Antiquaries of London* im März 1877 war Gladstone anwesend, auf der Schliemann einen Vortrag über Mykenai hielt. Am Rande sei vermerkt: erst am Morgen des Tages, an dem dieser Vortrag stattfand, war Schliemann nach, wie es hieß, »acht Tagen und Nächten unaufhörlichen Reisens« in London eingetroffen.
Selbst bei denen, die an ihm und seinen Entdeckungen zweifelten, vermochte Schliemann immerhin außerordentliches Interesse wachzurufen. Tatsächlich waren seine Ausgrabungen die ersten großen archäologischen Vorhaben in der Geschichte der Archäologie, die von nahezu allen Gebildeten überall auf der Welt mit gespannter Anteilnahme verfolgt wurden.
Schliemann bewies: Hissarlik war eine stark befestigte Siedlung hohen Alters. Dörpfeld unterschied sieben Bauperioden, von denen Schliemann die zweite als das homerische Troja, ›die Feste des

Priamos‹, betrachtete. Kurz vor dem Ende der Grabungskampagne von 1882/83 entdeckte Schliemann im Troja der Bauperiode II einen herrlichen Goldschatz, den er für den ›Schatz des Priamos‹ (Abb. 80, 81) erklärte. Obwohl er sich bei der Identifikation des homerischen Troja irrte (drei Jahre nach seinem Tode identifizierte Dörpfeld die Bauperiode VI als die Stadt der homerischen Epen), hatte er dennoch sein Ziel erreicht: er hatte bewiesen, daß Homer im Prinzip doch recht hatte. Aber in Wirklichkeit leistete er noch sehr viel mehr: er deckte in Hissarlik Jahrhunderte vorhomerischer, prähistorischer Besiedlung und eine nichtgriechische, ›barbarische‹ Kultur auf.

In Mykenai (Abb. 82, 83) hoffte er die Gräber von Agamemnon und Klytaimnestra zu finden (und glaubte sie schließlich in der Tat gefunden zu haben). Er grub im Steinkreis innerhalb des Löwentores und fand die Gräber, nach denen er suchte – die heute so berühmten Schachtgräber. Sie enthielten Reichtümer, die nur als staunenerregend bezeichnet werden können. Gefäße aus Gold und Silber, Schwerter mit Einlegearbeiten aus Gold, Silber, Kupfer und Bronze, Fingerringe und Armreifen, feiner Goldschmuck für die Totengewänder sowie goldene Gesichtsmasken (Abb. III) kamen

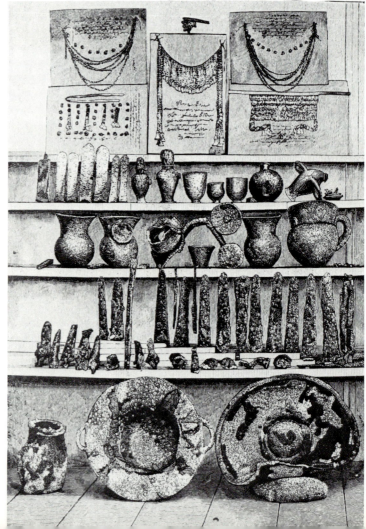

80.–81. Schliemanns reiche Ausbeute in Troja setzte die Welt in Erstaunen. Im Glauben, den ›Schatz des Priamos‹ gefunden zu haben, ließ er seine Frau Sophia mit den ausgegrabenen Schmuckstücken als ›Helena‹ posieren *(oben)*. Der offizielle Grabungsbericht enthielt freilich eine weniger phantasievolle Darstellung des Schatzfundes *(rechts)*.

zum Vorschein. Schliemann war der festen Überzeugung, hier auf das Mykenische Zeitalter der Helden Homers gestoßen zu sein. Die Gelehrten waren darüber verschiedener Ansicht. Einige glaubten ihm – wie der britische Premierminister Gladstone –, andere erklärten seine Funde für byzantinisch oder für das Werk von Kelten, Goten, Awaren oder – ebenso einfach wie vage – ›Orientalen‹. Curtius, der begreiflicherweise die unglaublichen Erfolge seines nichtprofessionellen Landsmannes mit einem gewissen Neid verfolgte, befand, eine der mykenischen Goldmasken sei in Wahrheit eine byzantinische Christusdarstellung! Andere wiederum hielten Schliemanns Funde zwar für echt und griechisch, aber nicht für homerisch, sondern für vorhomerisch – und sie sollten recht behalten: wie in Hissarlik, hatte Schliemann auch in Mykenai eine vorgeschichtliche Kultur freigelegt!

Nichtendenwollende Auseinandersetzung rief die Art und Weise hervor, wie Schliemann bei seinen Grabungen vorging. So mancher Fachmann hielt von seinen Fähigkeiten als Ausgräber überhaupt nichts und sah Schliemanns Ruf einzig durch den Reichtum und Glanz seiner Funde begründet. Andere dagegen betrachteten ihn als den ersten modernen Archäologen. Stanley Casson bezeichnete ihn sogar – und damit übertreibt er allerdings nicht wenig – als den Begründer der modernen, wissenschaftlichen Ausgrabungsweise und feierte Schliemanns Vorgehen als »Innovation (Neuerung) ersten Ranges auf dem Gebiet der Untersuchung der Vergangenheit ... mit archäologischen Methoden« (*The Discovery of Man* [1939], 221). Für Sir John Myres waren Schliemanns Grabungen in Troja die erste Ausgrabung eines Tell, »die erste Sezierung einer Siedlung auf trockenem Land ohne Orientierungshilfe durch die Überreste großer Bauwerke, wie sie z. B. in Babylon und Ninive die Aufgabe [der Ausgräber] so sehr erleichterten«. Schliemann demonstrierte die Anwendung stratigraphischer Grabungstechnik auf einen Trümmerhügel, der aus Lagen übereinandergeschichteter Kulturüberreste bestand. Seit 1882 stand ihm Dörpfeld sehr tatkräftig zur Seite, der für jenes systematische und effiziente Vorgehen Gewähr bot, das die deutschen Vertreter der Klassischen Archäologie bereits in Olympia praktiziert hatten.

Schliemanns Entdeckung zweier bislang unbekannter prähistorischer Kulturen warf sofort die Frage nach deren ›Wann?‹, ›Woher?‹ und ihren gegenseitigen Beziehungen auf. Noch während Schliemann in Troja und Mykenai grub, kamen auf Zypern und in der griechischen Inselwelt Spuren einer prämykenischen Kultur zum Vorschein. 1894/95 führte die *British School at Athens* unter Sir Cecil Smith vom Britischen Museum in Phylakopi (an der Ostküste von Melos) Ausgrabungen durch. Dies war die erste stratifizierte Fundstätte nach Hissarlik, die im östlichen Mittelmeerraum ausgegraben wurde, und sie erbrachte eine relative Sequenz für die prämykenische – oder wie man sie damals schon zu nennen begann – kykladische bzw. ägäische Kultur. Die erste Besiedlungsstufe in Phylakopi bestand aus einer unbefestigten Siedlung dörflichen Charakters, die sich archäologisch mit Funden aus Kistengräbern

82.–83. Neuzeitliche Luftaufnahme der Zitadelle von Mykenai *(rechts)* sowie eine Ansicht des Gräberkreises (*unten* [auch auf dem Luftbild *rechts* unmittelbar hinter der Stadtmauer sichtbar]) aus Schliemanns *Mykenae* (1878), für dessen englische Ausgabe Gladstone das Vorwort verfaßte.

auf anderen Kykladeninseln in Verbindung bringen ließ. Eine zweite Besiedlungsstufe bestand bereits aus einer befestigten Anlage, deren Bewohner Kupfer und Bronze kannten, Obsidian und örtlich gewonnenen Marmor an das griechische Festland lieferten und eine Töpferware besaßen, die der von Troja II sowie der der ältesten Schachtgräber von Mykenai glich. Stufe III war dann eine Siedlung eines auch auf dem griechischen Festland anzutreffenden Typs mit einem kleinen mykenischen Palast.

Seit Mitte der sechziger Jahre fanden auch auf Zypern sporadische Ausgrabungen statt. Ausgräber waren Männer wie der italoamerikanische Brigadegeneral Luigi Palma di Cesnola sowie sein Bruder Alessandro und der deutsche Reisende Max Ohnefalsch-Richter. Bei all diesen Unternehmungen handelte es sich um Schatzgräbereien ohne sonderlichen wissenschaftlichen Wert, allerdings schlossen Kenner wie Salomon Reinach und Dümmler in den achtziger Jahren gleichwohl aus den dabei erzielten Ergebnissen, daß es auf Zypern eine mit Troja II vergleichbare frühbronzezeitliche Kultur gegeben haben müsse, die indessen einen etwas anderen Entwicklungslauf genommen habe, dazu eine koloniale Abart der Mykenischen Kultur, die aber ein ›intrusives Element‹ (eine Art ›Eindringling‹) in der spätbronzezeitlichen Entwicklungsphase der einheimischen Kultur Zyperns bilde. 1894 grub Sir John Myres auf Zypern und veröffentlichte 1899 zusammen mit Max Ohnefalsch-Richter *The Cyprus Museum Catalogue*. Ausgrabungen des Britischen Museums auf Zypern, die 1900 unter dem Titel *Excavations on Cyprus* (›Ausgrabungen auf Zypern‹) von Murray, Smith und Walters veröffentlicht wurden, brachten Gräber mit verhältnismäßig reichen Goldarbeiten zum Vorschein – zwar nicht so reich wie die Schachtgräber von Mykenai, doch im Vergleich zu diesen wiederum reicher an Einfuhrgütern aus Ägypten und Syrien.

Die Funde von Phylakopi wurden erst 1904 publiziert, als bereits Arthur Evans' Entdeckungen auf Kreta neues Licht auf den prämykenischen Hintergrund Griechenlands und der Ägäis geworfen hatten, was zu einer stärkeren Betonung der kretischen gegenüber der kykladischen Komponente führte. Um ein Haar hätte sogar Schliemann Knossos ausgegraben und wäre so beinahe zum Entdecker der hohen Kultur Altkretas geworden. Tatsächlich zog es ihn auch nach Kreta, fand er doch in den Sagen und Mythen, die ihn nach Troja geführt hatten, immer wieder Anspielungen auf Kreta, die Heimat des Minotauros, auf König Minos und das Labyrinth. Und schon 1883 hatte ein deutscher Gelehrter namens Milchhöfer in seinem Buche *Anfänge der Kunst in Griechenland* darauf hingewiesen: auf Kreta fände man bestimmte Formen geschnittener Steinsiegel mit Symbolen, die an eine primitive Schrift erinnerten. Dies veranlaßte ihn, seiner Überzeugung Ausdruck zu geben, Kreta werde sich eines Tages als eine der ältesten Heimstätten griechischer Kunst und Kultur erweisen.

Im selben Jahr, in dem Milchhöfers Buch erschien, hatte Schliemann die Genehmigung erhalten, Kephala auszugraben, wo das antike Knossos lag. Zuerst fand er keine Zeit, von dieser Genehmigung Gebrauch zu machen, später zeigte er sich – ein im Alter knickrig gewordener reicher Mann – nicht willens, die beachtlichen Summen zu zahlen, die der Besitzer des Geländes verlangte, auf dem die Grabungen stattfinden sollten. So stand Schliemann noch mitten in den Verhandlungen, als er 1890 starb.

Mittlerweile hatte Arthur Evans (1851–1941 [Abb. 84]), der zum Kurator des Ashmolean Museums ernannt worden war, 1894 den Platz erworben und im selben Jahr in seiner Schrift *Cretan Pictographs* (›Kretische Bildschriftzeichen‹) Milchhöfers Gedankengänge weiterverfolgt. 1898 erlangte Kreta seine Unabhängigkeit von der Türkei, und ein Jahr darauf begann Evans zusammen mit D. G. Hogarth in Kephala zu graben.

Ihre Arbeit war sofort von Erfolg gekrönt: in nur neun Grabungswochen wurden mehr als 8000 m² eines ausgedehnten Baukomplexes freigelegt, den Evans für den ›Palast des Minos‹ erklärte. Evans setzte seine Grabungen in Knossos noch länger als 25 Jahre fort, doch in großen Zügen zeichnete sich schon sehr früh ab: er hatte eine vollständig unbekannte Kultur entdeckt, die der mykenischen zeitlich voranging und die er mit dem Etikett ›minoisch‹ versah. Hinter (bzw. zeitlich vor) dieser bronzezeitlichen Kultur Kretas fand er eine noch frühere neolithische Periode, deren Überreste in Knossos einen 6,5 m hohen Tell (Trümmerhügel, Kulturhügel)

84. Sir Arthur Evans (1851–1941), der Knossos ausgrub und die minoische Kultur entdeckte (Porträt von Sir William Richmond, heute im Ashmolean Museum, Oxford).

bildeten. Evans erste Publikation erschien 1901, doch der endgültige Bericht, der vier Bände umfaßte, erst zwischen 1921 und 1935 unter dem Titel: *The Palace of Minos at Knossos* [Abb. 86]). Evans unterteilte die von ihm entdeckte Minoische Kultur in drei Phasen (Früh-, Mittel- und Spätminoisch), deren jede wiederum in drei Unterperioden gegliedert war. Dementsprechend gliederte er auch das Material aus Phylakopi in ein frühes, mittleres und spätes Kykladikum. Den Anfang des Frühminoikums verlegte er in die Zeit um 3400 v. Chr., das Ende der Spätminoischen Zeit dagegen setzte er um 1100 v. Chr. an. Die Mächtigkeit der Schichten brachte ihn auf die Vermutung, das Neolithikum Kretas müsse zwischen 12000 und 10000 v. Chr. begonnen haben. Heute dagegen neigt man eher dazu, es frühestens um 6000 v. Chr. anzusetzen.
Evans' Hauptinteresse hatte ursprünglich der kretischen Schrift gegolten, und im Jahre 1909 veröffentlichte er den ersten Band seiner *Scripta Minoa* (›Minoische Schriftzeugnisse‹), mit Hieroglyphentexten wie den auf dem berühmten Diskus von Phaistos sowie Dokumenten in zwei Linearschriften, A und B, die aus der kretischen Bilderschrift hervorgegangen waren. Linear B wurde inzwischen entziffert (s. unten Seite 238). Doch die Bilderschrift selbst sowie Linear A trotzten bisher jedem Entzifferungsversuch.

Schliemanns Entdeckungen in Troja und Mykenai stießen vielfach auf Skeptizismus. An Evans Funden dagegen zweifelte kaum jemand. Schließlich war Evans wissenschaftlicher Insider, der sich auf langjährige Erfahrungen als Forscher und Ausgräber berufen konnte. Seine Arbeiten verfolgte man bald auf der ganzen Welt mit ebensolcher Anteilnahme wie zuvor nur die Entdeckungen im Zweistromlande und Schliemanns sensationelle Funde. Nur die Entdeckung des Tutanchamungrabes in den zwanziger Jahren unseres Jahrhunderts und der Fund der Königsgräber von Ur sollten ähnliches Aufsehen hervorrufen. Das Fresko mit dem Rhythonträger (auf Evans' Porträt, Abb. 84, im Hintergrund sichtbar), all die Mädchen und Knaben mit ihren Stierspielen, die Doppelaxtsymbole an den Palastwänden und die Schlangengöttin aus Fayence (Abb. 85) – in all diesen liebenswerten Dokumenten feierte die untergangene Minoische Kultur eine denkbar glanzvolle Auferstehung.

85.–86. Zahlreiche Einzelobjekte und Bauwerke minoischen Ursprungs kamen in Knossos zutage. Die um 1600 v. Chr. entstandene Fayencestatuette einer ›Schlangengöttin‹ (oder ›Schlangenpriesterin‹, *gegenüber*) fand man in einer mit Steinen ausgekleideten Grube im Minospalast. Die Aufnahme des Palastes selbst *(oben)* erschien erstmals in Sir Arthur Evans' *The Palace of Minos at Knossos* (1921–1935).

Iran und Anatolien

Im Jahre 1891 besuchte Jacques de Morgan die Ruinen von Susa in der iranischen Provinz Chusistan. De Morgan verstand es, die französische Regierung für die Ausgrabung dieser Ruinen zu interessieren. So erwarben die Franzosen 1897 vom Schah die Exklusivrechte, in Persien Grabungen durchzuführen, und noch im selben Jahre machte sich die *Délégation Française en Perse* unter de Morgans Leitung auf den Weg, um persische Altertümer der Erde zu entreißen. Es fehlt nicht an Stimmen, die diese *Délégation* als »vermutlich die wichtigste archäologische Expedition« bezeichneten, »die je Europa verließ«. Sie arbeitete bis zum Ausbruch des Ersten Weltkrieges.

Als die Ausgrabung Susas (Abb. 87) in vollem Gange war, gruben der Amerikaner R. Pumpelly und der Deutsche Hubert Schmidt im Jahre 1902 zwei Kulturhügel aus, die sie als ›Kurgan Nord‹ und ›Kurgan Süd‹ bezeichneten; beide waren zwischen 9 und 12 m hoch. Die Ausgräber unterschieden vier Kulturniveaus, die in dem von Pumpelly, Schmidt und anderen herausgegebenen Grabungsbericht: ›Forschungen in Turkestan; Expedition 1904: Prähistorische Kulturen von Anau, Ursprünge, Entwicklung und Umwelteinflüsse‹ ausdrücklich nicht einzelnen Epochen oder Perioden, sondern unterschiedlichen Kulturen zugeordnet werden. In der Entwicklungsgeschichte archäologischer Forschungstechniken kommt den Ausgrabungen in Anau ein besonders wichtiger Platz zu. Die eigentliche Ausgrabung, desgleichen die Konservierung und Registrierung der Funde lagen in der Hand von Hubert Schmidt vom Berliner Völkerkundemuseum, der seine Ausbildung von Dörpfeld in Troja erhalten hatte. Schmidt hob in Anau weite Gruben aus, die er Tag für Tag um 60 cm vertiefte. Dabei wurde die Position jedes einzelnen gefundenen Objektes mit äußerster Sorgfalt festgehalten. Die Ausgrabungsberichte enthalten Aussagen wie diese: »Ein großer Teil des Erdreichs wurde durchgesiebt, um Kleinobjekte zu erfassen«, oder: »Wie sehr es darauf ankommt, selbst anscheinend unbedeutende Objekte als Dokumente zu betrachten, die eine Geschichte zu erzählen wissen, und ihre vertikale wie auch horizontale Position in der Säule der Kulturschichten zu bestimmen, zeigte sich in jeder Phase der Analyse unserer Ergebnisse«. Die menschlichen Gebeinüberreste aus Anau untersuchten Sergi und Mollison, der Tierknochen nahm sich Duerst aus Zürich an, die Überreste kultivierter Getreidearten analysierte Schellenberg, während F. A. Gooch chemische Analysen der Metallobjekte durchführte. Es war eine absolut moderne Ausgrabung. Schellenberg konnte anhand von verkieselten Skeletten der Spelzen beider Getreidearten Weizen und zweizeilige Gerste unterscheiden. Duerst, der sich darüber beklagte, daß die erhaltenen Überreste tierischen Ursprungs eine halbe Tonne wogen und drei Jahre lang seine gesamte Zeit in Anspruch nahmen, erklärte sich schließlich imstande, bei einer Rinderart *(Bos nomadicus)* sowie bei Schweinen und Schafen den Übergang von der wildlebenden zur domestizierten Form zu belegen.

87. *Gegenüber:* Susa aus der Luft.

Weiterhin brachte diese Periode die archäologische Entdeckung der Hethiter. Archäologisch traten die Hethiter erstmals 1736 in Erscheinung, als Jean Otter das berühmte neohethitische Relief in Ivriz (Südkappadokien) entdeckte. 1812 fand dann Johann Ludwig Burckhardt den nicht minder berühmten ›Stein von Hamath‹. Noch andere, ähnliche Entdeckungen glückten in der ersten Hälfte des 19. Jahrhunderts, außerdem fand man Siegel bzw. Siegelabdrücke, doch erst in den sechziger und siebziger Jahren des 19. Jahrhunderts bekam man wirklich Interesse am Hethiterproblem. Im Jahre 1861 wurde der Kunsthistoriker Georges Perrot nach Ankara gesandt, um die dortigen Monumente aus der Zeit des römischen Kaisers Augustus zu untersuchen, aber er zog von Ankara aus weiter ostwärts in die Berge Kappadokiens, wo er bei einem türkischen Dorf namens Boghazköy die Überreste einer riesigen befestigten Stadt und Skulpturen entdeckte, die der bisher aus Ägypten, Mesopotamien oder den Ländern des Klassischen Altertums bekannten Kunst ganz und gar nicht ähnlich waren. Perrot hatte eine weitere, zuvor unbekannte Kunst gefunden.

1870 entdeckte man den (inzwischen in Vergessenheit geratenen) Inschriftenstein von Hamath erneut und fand noch weitere Inschriften. In seinem 1872 erschienenen Buch *Unexplored Syria* (›Unerforschtes Syrien‹) veröffentlichte Richard Burton eine Transkription der Inschrift des Hamath-Steines, und Dr. W. Wright, ein irischer Missionar, der in Damaskus wirkte, hatte die Steine an das Museum in Konstantinopel gesandt. Gleichzeitig waren Gipsabgüsse von ihnen an das Britische Museum gegangen, das damals auch eine Anzahl von Inschriften aus Dscherablus, dem alten Karkemisch, erhielt.

Burton wies nach: bei der Schrift auf den Inschriftensteinen aus Hamath handelte es sich um ein bisher völlig unbekanntes Schriftsystem. Perrot hatte die Ansicht vertreten, die Skulpturen von Boghazköy stammten von einem unbekannten Volk. Wright war der Meinung, die neuentdeckte Schrift und die neuentdeckte Kunst seien beide das Werk des in der Bibel als Hethiter bezeichneten Volkes, und 1886 veröffentlichte er sein Werk ›Das Reich der Hethiter‹ *(The Empire of the Hittites)*, das alle damals verfügbaren Informationen zusammentrug und gleichzeitig einen Keilschrift-Entzifferungsversuch von A. H. Sayce, einem Assyriologieprofessor aus Oxford, enthielt. Vier Jahre später trug Sayce mit seinem eigenen Werk ›Die Hethiter‹ *(The Hittites)* wesentlich zur glanzvollen Wiederauferstehung des vergessenen Reiches der Hethiter bei.

In den Jahren 1906–1908 gruben deutsche und türkische Gelehrte unter Leitung von Professor Hugo Winckler die von Perrot entdeckte, befestigte Stadt bei Boghazköy (Abb. 88) aus und konnten nachweisen: es war das alte Hattusa, die Hauptstadt des Hethiterreiches. So enge Grenzen diesem Grabungsvorhaben gesetzt waren, was die zu Gebote stehende Zeit wie auch die Zielsetzung anging – sie brachten doch Tausende von Schrifttafeln ans Licht: Dokumente aus dem ›Außenministerium‹ des Hethiterreiches, die die Periode von etwa 1350–1300 v. Chr. abdecken und zahlreiche Völker des

88. *Gegenüber:* Gang unter den Wällen von Boghazköy, der – wie man im ersten Jahrzehnt unseres Jahrhunderts erkannte – alten Hauptstadt des untergegangenen Hethiterreiches.

Altertums wie z. B. Ägypter, Babylonier, Kyprioten (Zyprer) und Achchijawa erwähnen (ein Volk, das als an der Südküste Kleinasiens lebend bezeichnet und heute von vielen Gelehrten mit Homers ›hauptumlockten Achäern‹ in Zusammenhang gebracht wird). Im Band 35 der *Mitteilungen der Deutschen Orient-Gesellschaft* (1907) legte der tschechische Gelehrte Friedrich (Bedřich) Hrozný dar, wie die hethitischen Schriftzeugnisse zu übersetzen seien; und zehn Jahre später breitete er die Ergebnisse seines Forschens ausführlich in seinem Werk *Die Sprache der Hethiter* aus.

Karkemisch, ein südlicher Außenposten hethitischer Kultur in Nordsyrien, wurde noch vor dem Ersten Weltkrieg von einer Expedition des Britischen Museums ausgegraben, die unter der Leitung von Hogarth, Campbell-Thompson, T. E. Lawrence und Leonard Woolley stand.

Barbarisches Europa

Die Periode, mit der wir es hier zu tun haben – man könnte sie ›die Zeit von Napoleon III. bis zu General Pitt-Rivers‹ nennen –, war eine Zeit bedeutender Aktivitäten im Bereich der Erforschung des nachpaläolithischen (nach-altsteinzeitlichen) Europa. Napoleon III. zeigte lebhaftes Interesse an der archäologischen Erforschung Frankreichs, ja er wollte so genau wie möglich wissen, welche Rolle die vorrömischen Gallier für Frankreichs Entwicklung gespielt hatten, und nach Möglichkeit sollte das Bild günstig sein.

Keine der zahlreichen außergewöhnlichen Persönlichkeiten, die damals in Europa als Archäologen tätig waren, verdient so sehr die Bezeichnung ›farbig‹ und beeinflußte gleichzeitig die britische, ja

89.–90. General Pitt-Rivers' Ausgrabungen am Wor Barrow, Dorset (1893–1894 [*unten*]), deren Ergebnis unter anderem die zwar schematische, doch sehr akkurate Zeichnung auf der folgenden Seite war. Sie ist dem 4. Band von Pitt Rivers' *Excavations in Cranborne Chase* (1898) entnommen.

die gesamte europäische Archäologie so nachhaltig wie General Pitt-Rivers (Abb. 91). In der archäologischen Literatur gewöhnlich nur als ›General Pitt-Rivers‹ angeführt, hieß dieser gelehrte Kriegsmann von Geburt an eigentlich Lane Fox. Seinen Namen änderte er 1880, als er den riesigen Rivers-Grundbesitz erbte, der rund 120 Quadratkilometer umfaßte und zu dem auch ein großer Teil des als

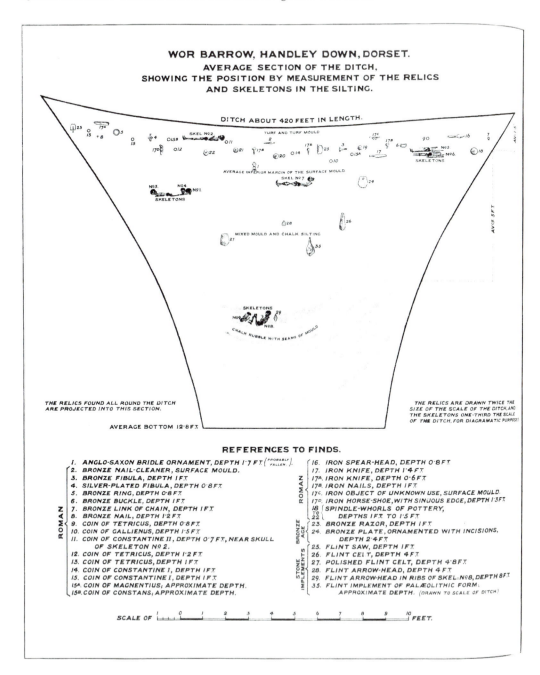

165

Cranborne Chase bezeichneten Geländes in Südengland gehörte. Als Offizier mußte sich Lane Fox schon von Berufs wegen mit dem Gebrauch und der Geschichte des Gewehrs vertraut machen. Er befaßte sich intensiver mit der Entwicklung der Feuerwaffen, und ehe er sich dessen versah, war er im Begriff, Waffen verschiedenen Typs zu sammeln und nach Entwicklungsstufen zu ordnen. Dabei kam ihm der Gedanke, es müsse möglich sein, die materielle Hinterlassenschaft jeder beliebigen Kultur anhand ihrer Entwicklungsmerkmale zu einer typologischen Reihe (Sequenz) anzuordnen. Damit befand er sich voll in den Fußstapfen der früheren dänischen und schwedischen Archäologiepioniere und bewegte sich parallel zu John Evans in England sowie zu Montelius in Schweden.
Um seine These von der typologischen Entwicklung sämtlicher Artefakte zu untermauern, begann er zu sammeln, was ihm nur in die Hände fiel. Bald reichte sein eigenes Haus nicht mehr aus. 1951 lieh er seine Kollektionen dem Museum in Bethnal Green. Sie wanderten später nach South Kensington und gelangten schließlich nach Oxford, wo man sie in einem eigens dafür errichteten Anbau des Universitätsmuseums unterbrachte. Die Objekte, die dieses neugeschaffene Pitt-Rivers-Museum enthielt, waren nach taxonomischen und typologischen Grundsätzen angeordnet. Sowohl durch die Anordnung seiner Sammelobjekte als auch in ständigen mündlichen wie schriftlichen Plädoyers demonstrierte Pitt-Rivers den Wert völkerkundlicher Betrachtungsweise für die Vorgeschichtsforschung. Wie Flinders Petrie hob auch er mit allem Nachdruck hervor, daß sich Archäologie nicht auf die Untersuchung von Kunstgegenständen beschränke, sondern daß alles für den Archäologen von Bedeutung sei, wessen er nur immer habhaft werden könne. Seine Sammlung, dies unterstrich er, habe »nicht den Zweck, irgend jemanden durch erlesene Schönheit oder den Wert der ausgestellten Objekte zu überraschen, sondern sie diene einzig der Belehrung. Zu diesem Behufe« habe er lieber »ganz gewöhnliche, aber typische Musterbeispiele anstelle von Raritäten gesammelt und zu Sequenzen angeordnet«.
Schon bevor er die Cranborne-Güter geerbt hatte, hatte Pitt-Rivers in England und Wales, ja sogar in Haithabu (bei Schleswig) Grabungen durchgeführt. Zwischen 1880 und 1900 legte er, ohne sich um Geldmittel, Zeit- und andere Probleme der archäologischen Forschungsarbeit den Kopf zerbrechen zu müssen, Lagerplätze, Dörfer, Friedhöfe, Hügelgräber und alte Gräben frei, darunter Wor Barrow, Bokerly Dyke, Woodyates und Rotherly. Er regte Totalausgrabungen von fünf Stätten an, führte sie auch selbst durch, und immer wieder hob er die Bedeutung der Stratigraphie sowie die Notwendigkeit hervor, peinlich genau die Position jedes einzelnen gefundenen Stückes festzuhalten. Er achtete auf sauberes Kartieren und sorgfältig ausgeführte Profile, auf die Anfertigung detaillierter Zeichnungen, auf denkbar präzise Beschreibung sämtlicher Ausgrabungsphasen sowie auf die Anfertigung von Modellen der wichtigsten Fundplätze. Die Ergebnisse seiner Grabungen wurden un-

91. General Augustus Henry Lane-Fox Pitt-Rivers (1827–1900). Vor allem ihm ist es zu verdanken, daß archäologische Ausgrabungen – vordem eher eine abwechslungsreiche Freizeitbeschäftigung für die gehobenen Stände – zur ernstzunehmenden, systematisch-methodischen Forschungsarbeit wurden.

verzüglich in vier zwischen 1887 und 1898 privat gedruckten Bänden unter dem Titel ›Ausgrabungen in Cranborne Chase‹ *(Excavations in Cranborne Chase)* veröffentlicht. Was immer Pitt-Rivers tat: er legte strengste Maßstäbe an. Im Laufe von nur 15 Jahren machte er aus der Ausgräberei, die vordem kaum mehr als eine Freizeitbeschäftigung gewesen war, eine Wissenschaft, die vollen Einsatz und äußerste Konzentration erforderte. Allen anderen Ausgräbern seiner Zeit war er weit voraus – ja R. G. Collingwood äußerte, in mancher Hinsicht sei er sogar der modernen Grabungstechnik vorausgewesen. So mancher Praktiker mit Grabungserfahrung beneidet ihn selbst heute um die ihm zu Gebote stehenden Hilfsmittel wie um die Art, wie er seine Grabungen mit der Effizienz, Methodik und Disziplin militärischer Operationen durchführte. Er übte einen beträchtlichen Einfluß auf einen anderen Archäologen aus, der den gleichen Tugenden ebenfalls außerordentlich hohe Bedeutung beimaß: Sir Mortimer Wheeler.

Es fehlt uns an Raum, detailliert auf all die archäologischen Entdeckungen einzugehen, die in der Zeit vor dem Ersten Weltkrieg gemacht wurden. Auf keinen Fall darf jedoch der Fund der Wikingerschiffe von Gokstad und Oseberg (Abb. 92) übergangen werden.

92. Die Ausgrabung des Osebergschiffes (einer wikingerzeitlichen Schiffsbestattung) in Norwegen im Jahre 1904 (vgl. Abb. 68).

Im Jahre 1880 begann der Sohn eines Bauern, zu dessen Grund und Boden bei Gokstad am Westufer des Oslofjordes ein Hügelgrab gehörte, den Grabhügel auszugraben. Er suchte nach Schätzen, fand aber statt dessen ein 24 m langes Wikingerschiff aus der zweiten Hälfte des 9. Jahrhunderts n. Chr. Die Menschenüberreste in dem Raum, wo der Tote lag, stammten vielleicht von der Leiche des Königs Olaf Geirstadralf aus der Dynastie der Ynglinge. Ein halbes Jahr später feierte Professor Gustav Gustafson im Osloer Nationalmuseum seinen Geburtstag. Mitten in die Geburtstagsfeier platzte ein Bauer mit der Nachricht, er habe auf seinem Land ein ganz ähnliches Schiff gefunden wie das in Gokstad. Sein Gut lag in Oseberg, 16 km nördlich von Gokstad und knapp 50 km südlich von Oslo. Gustafson grub das Schiff aus – ein Segelschiff von 21 m Länge. Heute befinden sich beide Schiffe (zusammen mit anderen historischen Seefahrzeugen) in einem eigens für sie geschaffenen Museum in Bygdöy (einem westlichen Vorort von Oslo).

Amerika

Havens ›Archäologie der Vereinigten Staaten‹ *(Archaeology of the United States)* sowie die bebilderten Reiseberichte von Stephens und Catherwood markierten einen wichtigen Wendepunkt in der amerikanischen Archäologie des 19. Jahrhunderts. Ihnen folgten weitere Reisende wie Désiré Charnay, dessen ›Die Alten Städte der Neuen Welt‹ *(The Ancient Cities of the New World)* 1887 erschien, der sonderbare, exzentrische Augustus Le Plongeon, der nach einigen Ausgrabungen 1900 sein bizarres Opus ›Königin Mu und die ägyptische Sphinx‹ *(Queen Moo and the Egyptian Sphinx)* veröffentlichte, und schließlich der Engländer Alfred P. Morslay, der den zwischen 1889 und 1902 erschienenen vier Bänden, in denen er die Ergebnisse seiner Forschungen niederlegte, den Titel *Biologia Centrali Americana* gab.

Die erste in wirklich großem Stil durchgeführten Ausgrabungen in Mittelamerika, zugleich die ersten Grabungen in diesem Bereich, die die Bezeichnung ›wichtig‹ verdienen, wurden vom Peabody Museum (Harvard) im Mayazentrum Copán (Honduras) durchgeführt. Sie standen unter Leitung von M. H. Saville, John Owens (der während der Grabungen starb) und G. H. Gordon. Veröffentlicht wurden sie wenigstens zum Teil in Gordons ›Prähistorische Ruinen von Copán, Honduras‹ (1896). Den Beginn der Beachtung der Stratigraphie in Mittelamerika markiert der von Manuel Gamio und Boas anhand von Töpferware und Tonfigürchen durchgeführte Nachweis einer drei Perioden umfassenden Kulturabfolge.

Peru hatte das Glück, Arbeitsfeld des deutschen Forschers Max Uhle (1856–1944) zu sein. Ursprünglich Philologe, sattelte Uhle zur Archäologie und Völkerkunde um, und als er zum Gelehrtenstab des Dresdner Museums gehörte, begegnete er Alphons Stübel, der zusammen mit Wilhelm Reiss an der peruanischen Küste einen Friedhof ausgegraben hatte. 1892 veröffentlichten Uhle und Stübel zusammen *Die Ruinenstätte von Tiahuanaco*. Grundlage bildeten die von Stübel an Ort und Stelle angefertigten Notizen und Photographien. Anschließend wandte sich Uhle selbst der Feldforschung in Südamerika zu und arbeitete bald hier, bald da – zuerst in Peru und Bolivien, später in Chile und Ekuador. Seine bedeutendste Grabung in Peru war Pachacamac südlich von Lima. Was Stratigraphie bedeutete, darüber war er sich völlig klar, zumal er stark von Petries Arbeiten in Ägypten beeindruckt war. Willey und Sabloff bezeichnen auf Seite 78 ihrer ›Geschichte der amerikanischen Archäologie‹ *(A History of American Archaeology)* Uhles 1903 veröffentlichte Monographie *Pachacamac* als »eines der Monumente amerikanischer Archäologie«. Uhle sah klar: die amerikanische Archäologie benötigte einen Zeitmesser. Und so schrieb er: »Das allererste Erfordernis bei der Erforschung Amerikas ist die Einführung des Begriffs der Zeit, damit man begreift, daß die einzelnen Typen Veränderungen unterworfen sind.«

In dieser Phase der amerikanischen Archäologie haben wir nicht nur Reisen, Feldforschungen und die Anfänge archäologischer Grabungen zu verzeichnen, sondern auch die Entdeckung hieroglyphischer Inschriften und einheimischer Literatur. Der aus Nordfrankreich stammende Abbé Brasseur de Bourbourg (1814–1874) besaß seit seinem 17. Lebensjahr »ein lebhaftes Interesse an allen geographischen Fakten, die mit Amerika zu tun hatten« und war aufs höchste erregt, als er in der *Gazette de France* las, ein brasilianischer Farmer habe eine Steinplatte sowie makedonische Waffen und Rüstungsteile gefunden, alles mit griechischen Inschriften. Brasseur de Bourbourg weihte sein ganzes Leben dem Studium der Geschichte, Sprache und Kultur der Indianer Mexikos und übersetzte einheimische Handschriften. Seine Arbeit über Diego de Landas ›Bericht über die Verhältnisse Yucatans‹ *(Relación de las Cosas de Yucatán)* sowie über einheimische Mayadokumente förderte so manches

Aufschlußreiche zutage, das den Archäologen ermöglichte, ihre eigenen Funde besser zu verstehen und zu deuten. Ernst W. Förstemann, den man als ›Vater der Maya-Hieroglyphenforschung‹ bezeichnet hat, entzifferte Teile des als Dresdner Codex (Abb. 93) bekanntgewordenen Maya-Buches. Dabei konzentrierte er sich auf Zahlen- und Kalenderangaben, was es Archäologen künftig ermöglichte, Maya-Monumente anhand ihrer Inschriften zu datieren. Förstemanns *Commentar zur Mayahandschrift der Königlichen Öffentlichen Bibliotheken zu Dresden* erschien 1901, Eduard Selers Forschungen über Maya-Codices und Maya-Ikonographie fanden ihren Niederschlag in Selers fünfbändigem Werk *Gesammelte Abhandlungen zur amerikanischen Sprach- und Alterthumskunde* (1902–1923). Charles P. Bowditch vom Peabody Museum entwickelte sich zu einem der führenden Experten auf dem Gebiete der Maya-Astronomie. 1910 erschien in Cambridge (Massachusetts) sein Werk: *The Numeration, Calendar Systems and Astronomical Knowledge of the Maya* (›Das Zahlensystem, Kalendersysteme und das astronomische Wissen der Maya‹). Bowditch lancierte eine vom Peabody Museum durchgeführte, ausgedehnte Kampagne von Feldforschungen und Ausgrabungen, die von ergänzenden Forschungen in Bibliotheken und Museen flankiert wurde.

Die neugewonnenen Erkenntnisse im Bereich der mesoamerikanischen Archäologie faßten 1913 H. J. Spinden in seiner ›Untersuchung der Maya-Kunst‹ und 1914 Thomas A. Joyce in seiner ›Mexikanischen Archäologie‹ zusammen. Beide stellen Chronologien auf, die auf Grabungsergebnissen, datierten Monumenten, der Entwicklung von Kunststilen und auf Beziehungen zu einheimischen Überlieferungen beruhen. Damit begann ein neues Zeitalter der Archäologie Mesoamerikas.

Was Nordamerika anging, so konnte Cyrus Thomas in Schriften wie ›Wer waren die Hügelerbauer?‹ *(Who were the Mound Builders?* 1884) und ›Bericht über die Hügelforschungen des Büros für Amerikanische Völkerkunde‹ *(Report on the Mound Exploration of the Bureau of American Ethnology)* bestätigen, was Haven und andere schon früher geäußert hatten: daß nämlich zwischen der gegenwärtigen Indianerbevölkerung und den Hügelerbauern vergangener Zeiten durchaus Kontinuität bestünde. F. W. Putnam, einer der Direktoren des Peabody Museums, brachte seinen Studenten die modernen Techniken der Feldforschung und Ausgrabung bei. Ein gutes Beispiel dessen, was er lehrte, ist sein Aufsatz: ›Über Methoden archäologischer Forschung in Amerika‹ *(On Methods of Archaeological Research in America)* im Band V, Nr. 49 des *John Hopkins University Calendar* (1886).

Zwar können wir auf das letzte Jahrzehnt des 19. und das erste des 20. Jahrhunderts als auf eine Zeit voller Hoffnungen für die amerikanische Archäologie zurückblicken. Doch zeigt diese Zeitspanne andererseits auch auf höchst dramatische Weise, wie sehr man bei allzu phantasievoller Deutung archäologischen Materials in die Irre gehen kann.

93. Detail einer Seite des sogenannten Dresdner Codex, einer auf Rindenpapier geschriebenen Maya-Handschrift, die kurz nach der Jahrhundertwende von dem sächsischen Staatsbibliothekar Ernst Förstemann teilentziffert wurde.

Das 19. Jahrhundert und – leider! – das 20. Jahrhundert noch mehr ließen einen Amerika-Mythos entstehen, der dazu führte, daß man den Indianern der Zeit vor Kolumbus die absonderlichsten Dinge andichtete, die man gleichwohl als ›Forschungsergebnisse‹ ausgab. Edward King, Viscount Kingsborough (1795–1837), ein exzentrischer irischer Edelmann, war als Student in Oxford von einem mexikanischen Codex in der Bodleiana fasziniert und verliebte sich Hals über Kopf in die Zeugnisse mexikanischer Vergangenheit. In den Jahren 1831–1848 veröffentlichte er auf eigene Kosten sein neun Kaiserfoliobände umfassendes Monumentalwerk ›Mexikanische Altertümer‹ *(Antiquities of Mexico)*. Doch diese Publikation verschlang sein gesamtes Vermögen. Tief verschuldet, wurde er dreimal verhaftet und starb schließlich im Gefängnis. Manche schreiben seinen Tod Typhus oder einer ähnlichen fieberhaften Erkrankung zu, andere meinen, er sei einfach an gebrochenem Herzen gestorben. Bei der Arbeit an diesem kolossalen Werk gelangte Kingsborough zu der fortan von ihm leidenschaftlich verfochtenen Überzeugung, Mexikos Indianer seien Abkömmlinge der sogenannten ›verlorenen Stämme Israels‹. Es ist sehr bedauerlich, daß er den Pfad seriöser archäologischer Forschung verließ, und so manches, was er schrieb, sollte auf gar keinen Fall vergessen werden. H. H. Bancroft äußerte über ihn:

»*Sein Werk beweist so viel ernsthaften Forscherwillen, wie ihn die, die johlend über ihn herfielen, nie aufbrachten. Und wenn wir vielleicht auch über seine Leichtgläubigkeit lächeln und es bedauern, daß so großer Forschungseifer dermaßen in die Irre geführt werden konnte, sollten wir doch mit äußerstem Respekt von ihm sprechen und über ihn denken, der seine gesamte Lebenszeit darangab und sein Vermögen, wenn nicht sogar seinen Verstand in dem aller Ehren werten Bemühen verlor, Licht in eine der dunkelsten Phasen der Menschheitsgeschichte zu bringen.*«

Waldeck (siehe oben Seite 110) gelangte gleichfalls zu der Schlußfolgerung, die Kulturen der Neuen Welt seien älter als die des Nahen Ostens, mit denen sie durch Atlantis verbunden gewesen seien. Auch der Abbé Brasseur de Bourbourg scheint nach jahrelanger intensiver Kleinarbeit an Maya-Dokumenten von allen guten Geistern verlassen worden zu sein. Er entschied, die Texte, denen er so lange Zeit mühsamen Forschens gewidmet hatte, seien Allegorien ohne jede historische Grundlage und ebenso wie die Aufzeichnungen der Altägypter auf Atlantis zurückzuführen, wovon jegliche Kultur ausgegangen sei. Augustus Le Plongeon brachte die Maya nicht nur mit Atlantis und Altägypten in Zusammenhang, sondern ebenfalls mit den ›verlorenen Stämmen Israels‹ sowie darüber hinaus dem indischen Rigveda und dem chinesischen Schu-King. Außerdem bestünden, so Le Plongeon, Beziehungen zum Frühchristentum. Beispielsweise erklärte er, Jesu aramäische Worte am Kreuz: »Eli, eli, lema sabachtani«, die man als »Mein Gott, mein Gott, warum hast du mich verlassen?« zu übersetzen pflegt, seien in Wirklichkeit die Maya-Wörter *Helo, helo lamah zabac ta ni* gewesen und bedeuteten: »Nun, nun, sinken, schwarze Tusche über meine Nase«. Er bestand auf der Behauptung, am Nil habe es Maya-Kolonien gegeben. Die aus Chichén Itzá vertriebene ›Königin Mu‹, die auf ihrer Reise nach Ägypten durch Atlantis gekommen sei, habe sie besucht.

Die Schriften von Kingsborough, Waldeck, Brasseur de Bourbourg und Le Plongeon fanden nur wenig Beachtung. Ungeheure Popularität erlangte der Atlantismythos jedoch durch das 1882 erschienene Buch *Atlantis: The Antediluvian World* des amerikanischen Politikers und Publizisten Ignatius Donnelly. Atlantis' Bewohner, so verkündete dieser, seien als Träger einer untergegangenen Hochkultur nach Nord- und Mittelamerika gelangt. Nordamerikas rätselhafte Erdhügel seien ihr Werk. Doch von wilden Eingeborenen bedrängt, seien sie weiter südwärts, nach Mexiko, gezogen. Donnellys Atlantisbuch (es wurde 1911 auch ins Deutsche übersetzt) richtete sicher weit mehr Schaden an als Elliot Smith's ›Die Alten Ägypter‹ (s. oben Seite 138). Der britische Premierminister Gladstone, der auch von Schliemann so begeistert war, war völlig davon überzeugt, daß Donnelly recht habe. Er ersuchte das Parlament, Mittel für die Suche nach Atlantis bereitzustellen, doch glücklicherweise wurde dieser Antrag zu Fall gebracht.

Archäologie im Jahre 1914

Um die Mitte des 19. Jahrhunderts hatten sich Archäologen wie Geologen von der einengenden Vorstellung freigemacht, der Ursprung des Menschen sei in das Jahr 4004 v. Chr. zu weisen. Gleichwohl hatten sie gegen Ende des 19. sowie in den ersten Jahren des 20. Jahrhunderts noch ihre liebe Mühe, relative oder gar absolute Zeitansätze für die von ihnen anhand der Fülle des nunmehr vorliegenden Materials ausgesonderten Epochen oder Kulturen zu finden. James Geikie sprach in seinen Schriften ›Die Große Eiszeit und ihre Beziehung zum Alter des Menschen‹ *(The Great Ice Age and its relation to the Antiquity of Man* [1874]) sowie ›Prähistorisches Europa‹ *(Prehistoric Europe* [1881]) von vier großen und einer fünften kleineren Kaltzeit im Pleistozän und behauptete, der Mensch sei erstmals im zweiten Interglazial (der zweiten Zwischeneiszeit) aufgetaucht. Zwischen 1910 und 1919 entwickelten Penck und Bruckner ihr System. Es umfaßte vier pleistozäne Glazialzeiten, die nach Flüssen im Donauraum, an deren Ufern man die entscheidenden Erhebungen vornahm, als Günz-, Mindel-, Riß- und Würmeiszeit bezeichnet wurden. Der Mensch, so Bruckner und Penck, habe erstmals während der Mindel-Riß-Warmzeit in Europa die Bildfläche betreten. In der Nacheiszeit traten Veränderungen der Uferterrassen und Klimaänderungen an die Stelle des Wechsels von Kalt- und Warmzeiten. Anhand makroskopischer Untersuchung von Pflanzenüberresten unterschieden Blytt und Sernander fünf Nacheiszeit-Phasen, nämlich: Präboreal, Boreal, Atlantikum, Subboreal und Subatlantikum. Die von Lennart v. Post entwickelten Methoden der Pollenanalyse bestätigten die Richtigkeit dieser Phaseneinteilung.

Auf zwei verschiedene Arten versuchte man, diese eiszeitlichen und nacheiszeitlichen Sequenzen in absolute Daten umzusetzen: erstens durch einfaches Abschätzen aufgrund der Schichtenmächtigkeit, zweitens auf der Grundlage geochronologischer Techniken. Arthur Evans war der Ansicht, der Anfang des Neolithikums auf Kreta sei zwischen 12 000 und 10 000 anzusetzen. Und in Anau stellte Pumpelly seine Berechnungen aufgrund eines 1906/1907 unternommenen Besuches in Ägypten an, wo die archäologischen Schichten nach seiner Schätzung pro Jahrhundert um knapp 0,50 m Siedlungs-Schuttmasse angewachsen waren. Anhand derartigen Zahlenmaterials wies er die Anfänge von Anau I ins 10. Jahrtausend v. Chr., einen ähnlich viel zu hoch gegriffenen Zeitansatz schlug de Morgan für Susa I vor. Schmidt übrigens stimmte nicht mit Pumpelly überein und datierte Anau I in das 3. Jahrtausend v. Chr., und insofern stellt der Grabungsbericht über Anau eine archäologische Kuriosität dar, als er sowohl Pumpellys als auch Schmidts Zeitansatz enthält, obwohl beide weit auseinanderklaffen. Auch Dauer und Zeitstellung der pleistozänen Eiszeiten versuchte man anhand des Schichtendurchmessers zu schätzen. Penck kam dabei auf eine Dauer von 600 000 Jahren.

Die zweite, geochronologische Methode umfaßte Baumringdatierung und Zählung der Bändertone (oder Warven). Schon der amerikanische Geistliche Manasseh Cutler hatte sich des Baumringverfahrens bedient, um einen Zeitansatz für Nordamerikas Erdhügelbauer zu gewinnen (vgl. oben Seite 46), und Thomas Jefferson hatte den Wert der Baumringdatierung besonders hervorgehoben (Seite 47). 1811 datierte Dr. Witt Clinton Erdhügel bei Canadaigua im Staate New York. Auf diesen Pioniertaten fußend, baute 1901 E. G. Douglass die Baumringdatierung zur wissenschaftlichen Methode aus. Mit ihrer Hilfe konnte man die frühen

94. Charles Dawson *(links)* und Sir Arthur Smith Woodward *(rechts)* auf der Suche nach dem ›Piltdown-Menschen‹. Eine um das ›Entdeckungsjahr‹ (1912) verbreitete Postkarte.

›Korbmacherkulturen‹ *(Basket Maker cultures)* im nordamerikanischen Südwesten an den Anfang der christlichen Zeitrechnung weisen – fünfzehn Jahrhunderte, bevor Kolumbus Amerika entdeckte!

Schon 1878 erörterte der schwedische Baron Gerhard de Geer die Auszählung der von den zurückweichenden Eiszeitgletschern hinterlassenen Bändertone (Warven) als theoretische Möglichkeit der Altersbestimmung. 1905 begann de Geer mit einschlägigen Feldforschungen, und 1910 veröffentlichte er seine berühmte Abhandlung *A Geochronology of the last 12 000 years*. Für de Geer war das Jahr 6839 v. Chr. der Null- und Wendepunkt, die Zeitmarke, die das Ende der Spät- vom Beginn der Nacheiszeit trennte. Inzwischen gab es um dieses und andere Daten mancherlei Hin und Her, doch immerhin ermöglichten sie beispielsweise die sofortige Feststellung, daß die Blütezeit der jungpaläolithischen (spät-altsteinzeitlichen) Höhlenkunst Südwestfrankreichs und Nordspaniens mehr als 13 000 Jahre zurückgelegen haben muß.

Gleichzeitig begann man damit, archäologisches Material chemisch zu analysieren. Schon im 19. Jahrhundert hatten der englische Geologe J. Middleton (in: *Proceedings of the Geographic Society of London* 4 [1844] 431–433) und der französische Mineraloge A. Carnot (in: *Annales de Mines, Mémoirs*, 9. Serie Nr. 3 [1893] 155–195) beobachtet, daß der Fluoranteil fossiler Knochen und Zähne mit zunehmendem Alter zunimmt: in ihnen sammelt sich vom Grundwasser angeschwemmtes Fluor. Welche Möglichkeiten diese Beobachtung in sich barg, war den Archäologen nicht sofort klar.

Deshalb wurde sie vergessen, bis die angeführten Abhandlungen viele Jahre später K. P. Oakley in die Hände fielen. Man wandte die Methode der Fluordatierung bei Knochen an, die 1888 bei Galley Hill in den Kiesen von Swanscombe (Grafschaft Kent/England) zum Vorschein gekommen waren, desgleichen bei dem 1912 unweit von Lewes in Sussex gefundenen ›Piltdown-Menschen‹. Bei dem Skelett von Galley Hill handelte es sich um die Gebeine eines modernen Menschen mit – wie behauptet wird – primitiven Zügen. 1888 wurde es, so sagte man, 2,5 m tief in den Kiesen gefunden, wo es mit altpaläolithischen (früh-altsteinzeitlichen) Faustkeilen und Überresten ausgestorbener Tierarten vergesellschaftet gewesen sein soll. Bei Anwendung des Fluortests in den vierziger Jahren unseres Jahrhunderts erwies es sich jedoch als intrusive Bestattung (d. h.: sie stammte aus einem Grab, bei dessen Aushebung man tief in ältere Schichten eingedrungen war) und als sehr viel jüngeren Datums als die sie umgebenden Schichten aus dem Mittleren Pleistozän. Die ›Entdeckung‹ eines Menschenschädels und eines affenähnlichen Unterkiefers durch Charles Dawson (Abb. 94) bei Piltdown wurde als Fund des ›ältesten Engländers‹ in die Welt posaunt, und man gab dem ›Piltdown-Menschen‹ die gelehrte Bezeichnung *Eoanthropus Dawsoni* (›Dawsons Morgendämmerungs-Mensch‹!). Lange geisterte er durch die humanpaläontologi-

95. Die beiden ersten Luftbilder archäologischer Objekte, die je angefertigt wurden, waren Aufnahmen von Stonehenge. Sie erschienen im Jahrgang 1907 der *Archaeologia*. Die Schrägaufsicht aus der Luft macht die am Boden nicht erkennbare ›Avenue‹ sichtbar.

sche (paläanthropologische) Fachliteratur, bis ihn die Fluormethode in den fünfziger Jahren unseres Jahrhunderts als Fälschung entlarvte!

Luftbilder waren ein Ergebnis des Ersten Weltkriegs und erwiesen sich schon bald als unentbehrliches Hilfsmittel für den Archäologen. Doch auch hier lagen die Anfänge bereits weit zurück. Schon 1858 photographierte der unter dem Pseudonym ›Nadar‹ arbeitende Pariser Lichtbildner Gaspard Félix Tournachon Paris aus einem Ballon. In den sechziger Jahren des 19. Jahrhunderts folgten Kind und Black mit Luftaufnahmen von Boston, und Negrelli nahm London aus der Luft auf. Die ersten archäologischen Luftbilder ›schoß‹ 1906 der Pionierleutnant P. H. Sharpe in einem militärischen Ballon. Sie zeigen Stonehenge in Schräg- und Direktaufsicht (Abb. 95). Deutlich erkennt man die am Boden nicht mehr sichtbare Avenue als dunkle Markierung. Die betreffenden Aufnahmen wurden seinerzeit im *Archaeologia*-Heft für 1907 (dort Tafeln 69 und 70) veröffentlicht. In den Jahren unmittelbar vor dem Ersten Weltkrieg benutzte H. S. Wellcome dann große Kastendrachen mit automatischen Spezialkameras, um seine Ausgrabungen im Sudan aus der Luft zu photographieren.

Bei Kriegsausbruch zeichnete sich deutlich ab: So, wie sie sich entwickelt hatte, war die Archäologie im Begriff, sich immer stärker naturwissenschaftlichen Methoden zuzuwenden. Sie war längst nicht mehr bloßes Studium isolierter Artefakte im Feld oder im Museum. Dabei wurde der Archäologe freilich mehr und mehr von Naturwissenschaftlern abhängig, die die Flora (Pflanzenwelt), Fauna (Tierwelt), ja die gesamte Umwelt seiner Fund- und Grabungsstätten untersuchten und unabhängig von archäologischen Verfahren eigene Techniken zur Altersbestimmung archäologischen Materials entwickelten. Die folgenden Kapitel werden diese Trends sehr deutlich sichtbar machen.

4 Die Archäologie wird erwachsen (1914–1939)

Dreiperiodensystem und Diffusionismus

Schon vor dem Krieg der Jahre 1914–1918 stieß das Konzept prähistorischer ›Epochen‹ auf heftigen Widerspruch. Nach den Entdeckungen, die 1909 in der Grotte de Valle gemacht wurden, stand fest: Azilien und Tardenoisien waren zeitgleich – es handelte sich um verschiedene Kulturen, nicht Kulturepochen. Breuils bedeutende Abhandlung ›Die Unterteilungen des Jungpaläothikums und ihre Bedeutung‹ (*Les Subdivisions du Paléolithique supérieur et leur signification,* 1912) ließ bereits den Zerfall des alten Epochensystems vorausahnen.

Vier Faktoren trugen in der ersten Hälfte des 20. Jahrhunderts dazu bei, daß man schließlich begriff: die alte Epochen-Idee war unwiderruflich tot. Und zwar ließ sich, wie bereits erwähnt, erstens zeigen, daß vermeintliche Perioden bzw. ›Epochen‹ zeitgleich waren. Zweitens erfaßte die Vorgeschichtsforschung über Frankreich hinaus, wo Gabriel de Mortillet das Epochensystem zum Glaubenssatz erhoben hatte, auch andere Regionen Europas, Afrikas, ja des gesamten Erdballs, und man merkte alsbald, daß die französische Zwangsjacke durchaus nicht überall paßte.

Drittens übernahmen die Prähistoriker, die sich mit der Vorgeschichte Mittel- und Nordeuropas befaßten, die neue Art archäologischen Denkens und archäologischer Nomenklatur, die sich im ägäischen Raum sowie im Nahen Osten entwickelt hatte. Wie wir sahen, nahm Schliemann, als er die Überreste von Tiryns und Mykenai untersuchte, keinerlei Zuweisung an irgendwelche Epochen der Stein- oder Bronzezeit vor. Er sprach einfach von der Hinterlassenschaft einer ›Mykenischen Kultur‹, und dementsprechend bezeichnete Arthur Evans das, was er in Knossos entdeckt hatte, als ›minoisch‹. Gleichermaßen wandte man Bezeichnungen wie ›ägäisch‹, ›kykladisch‹ und ›helladisch‹ auf Kulturen und Bevölkerungen, nicht auf Perioden an. Nichts unterschied diese Kulturen (oder, wie man auch sagte, ›Zivilisationen‹) des östlichen Mittelmeerraumes von den ›Epochen‹ der Archäologen West- und Nordeuropas außer ihrem Inventar und dem Grad der Komplexität ihrer Hinterlassenschaft. Kurz – es begann den Archäologen zu dämmern, daß ihre sogenannten ›Epochen‹, die sich inzwischen schon oft genug als zeitgleich erwiesen hatten, in Wirklichkeit Typen von

177

›Kulturen‹ darstellten. Sollte also die Vorgeschichtswissenschaft nicht Schliemanns und Evans' Beispiel folgen und lieber von einer Moustérien-›Zivilisation‹ als von einer Moustérien-Periode, eher von einer Hallstatt-›Zivilisation‹ statt einer Hallstatt-Zeit (usw.) sprechen? Manche Archäologen taten sich mit der Bezeichnung ›Zivilisation‹ für die Hinterlassenschaft wilder und barbarischer Bevölkerungen schwer und zogen es vor, diesen Ausdruck mit all seinen Beiklängen für Hochkulturen mit Kenntnis der Schrift zu reservieren. Auch Pumpelly sah sich vor den geschilderten Schwierigkeiten, aber er wurde mit ihnen fertig. Das Inventar seiner Schichten in Anau gliederte er nicht in ›Perioden‹, sondern in ›Kulturen‹. In seinem 1908 erschienenen Werk ›Forschungen in Turkestan – Expedition von 1904‹ *(Explorations in Turkestan: Expedition of 1904)* schrieb er: »Um Mißverständnisse zu vermeiden, sei hinzugefügt, daß das Wort *Kultur* als Synonym für *Zivilisation* verwendet wird und die Bezeichnung ... *Kulturschichten* ... für die Trümmer steht, die sich langsam aufhäuften, als die Stätte bewohnt war.«

Der vierte Faktor war, daß die Archäologen Anfang des 20. Jahrhunderts Denkanstöße aus den Bereichen der Völkergeographie und Völkerkunde erhielten. Völkerkundler und Völkergeographen, deren Studienobjekt ›rezente (neuzeitliche) Primitive‹ (d. h.: noch existente Naturvölker) waren, unterschieden zwischen deren materieller, moralischer und geistiger Kultur und nahmen entsprechende Gruppierungen vor. So sonderte Friedrich Ratzel in seiner *Völkerkunde* (1885–1888) sowie in seiner *Anthropogeographie* (1882–1891) ›Kulturkomplexe‹ aus; sein Schüler Leo Frobenius führte Ratzels Gedanken durch die von ihm so genannte ›geographisch-statistische Methode‹ weiter und gelangte in den letzten Jahren des 19. Jahrhunderts durch die Beschäftigung mit Westafrika und Melanesien zu seinem Kulturkreis-Konzept. Zu Beginn des 20. Jahrhunderts stellte man schließlich in Deutschland außerordentlich komplizierte kulturmorphologische Betrachtungen über Kulturkreise, Kulturzonen und Kulturschichten an. Den Begriff der Kulturzone verdanken wir dem Deutschamerikaner Franz Boas und dem Amerikaner Clark Wissler.

Doch obwohl sich in den zwanziger Jahren unseres Jahrhunderts überall massiver Widerspruch gegen das Schubladenprinzip des alten Epochendenkens regte, tischten Bücher wie M. C. Burkitts ›Vorgeschichte‹ *(Prehistory,* 1921), G. C. MacCurdys ›Ursprünge des Menschen – ein Handbuch der Vorgeschichte‹ *(Human Origins: A Manual of Prehistory,* 1924) sowie H. Osborns ›Menschen der Altsteinzeit‹ *(Men of the Old Stone Age,* 1918) dieses ihren Lesern dennoch immer wieder auf.

Und noch immer sonderte die ›Schule von Manchester‹ ein Buch nach dem anderen ab. Die erste Auflage von Elliot Smith's ›Die Alten Ägypter‹ *(The Ancient Egyptians)* war 1911 erschienen. Als 12 Jahre später die zweite Auflage herauskam, schrieb Elliot Smith im Vorwort dazu: »Als ich diese Zeilen schrieb, die nicht mehr als ein kurzer Zwischenbericht sein sollten, konnte ich kaum ahnen, daß es

diesem Büchlein bestimmt war, eine ganz neue Betrachtungsweise zu erschließen – oder besser: eine alte und nur stiefmütterlich behandelte Methode kulturgeschichtlicher Betrachtung zu verbessern und auszubauen.«
Und mit dem Eifer eines Zeloten, blind gegenüber Tatsachen sowie jener Art von Beifall, die ihn eigentlich eher hätte zur Vorsicht mahnen müssen, hörte Elliot Smith nicht auf zu predigen, alle höheren Kulturen Europas, Asiens, Afrikas und Amerikas hätten ihren Ursprung letztlich in Altägypten. Dessen archaische Kultur (Smith bezeichnete sie als ›heliolithisch‹) sei durch Ägyptens Handel weitergetragen worden – die Kinder der Sonne auf der Suche nach den Gebern des Lebens. Seine Thesen verkündete er in vielen Büchern. Begeistertster Anhänger und Mitstreiter war W. J. Perry, zuerst Lektor für vergleichende Religionswissenschaft an der Universität von Manchester, als Elliot Smith dort Professor für Anatomie war, später Lektor für Kulturanthropologie in London, nachdem Elliot Smith seinen Lehrstuhl in Manchester gegen eine entsprechende Professur am Londoner University College eingetauscht hatte. Perry war noch dogmatischer und ging auch noch erheblich weiter als Elliot Smith. In einer Anzahl von Büchern baute er die Lehre des ägyptozentrischen Diffusionismus weiter aus und trug erheblich zu ihrer Verbreitung bei. Perry wurde einst gefragt, was sich denn im Rest der Welt ereignet habe, als in Ägypten – und angeblich in Ägypten allein – die Grundlage aller Zivilisation gelegt worden sei. Er antwortete darauf schlicht: »Nichts«. Ja – auf Smiths Erstveröffentlichung ›Die Alten Ägypter‹ im Jahre 1911 rückblickend fuhr er fort: »Die Anhäufung neuer Beweise im Lauf der inzwischen vergangenen zwanzig Jahre oder so verrät die Tendenz, all das als im Prinzip richtig zu bestätigen, was seinerzeit lediglich eine Verallgemeinerung war, die Staunen erregte.«
Staunenerregend in der Tat. War doch die Smith/Perrysche These nichts anderes als ein klassisches Beispiel erdichteter Vergangenheit – ein Beispiel dafür, wie man archäologischem Beweismaterial ein Denkmuster aufpreßte, das sich nur mit Hilfe falscher Parallelen, falscher Chronologie, ja sogar bewußter Fälschungen aufrecht erhalten ließ. In seiner ›Geschichte der völkerkundlichen Theorie‹ (*History of Ethnological Theory*) spricht R. H. Lowie 1936 von Elliot Smiths »abgrundtiefer Unkenntnis der elementarsten Ethnographie«. Damals wies eines Tages auch Dr. A. M. Tozzer vom Peabody Museum (Harvard) seinen Kollegen Dr. Roland B. Dixon darauf hin, daß es bald kaum noch einen Menschen auf Erden geben werde, dem die ›Schule von Manchester‹ mit ihrer Bücherflut nicht eingeredet habe, die Heimat der Indianer läge am Nil; er munterte Dixon dann auf, eine Widerlegung zu schreiben. Das Resultat war Dixons ›Das Werden der Kultur‹ (*The Building of Culture*, 1928), ein Meisterwerk, das treffsicher eines der Phantasiegebilde Smiths und Perrys nach dem anderen niederriß. Bei Smiths und Perrys Gläubigen indessen hatte er kaum nennenswerten Erfolg. Warum erfanden und glaubten Universitätsgelehrte, denen man doch einen

relativ hohen Intelligenzgrad zubilligen sollte, derartig ungereimten Unsinn? Sie betrogen die Welt – betrogen sie auch sich selbst? Die Antwort kann nur lauten: in der Tat! Erklärte doch Elliot Smith in seiner Vorlesung zum Gedächtnis Huxleys *(Huxley Memorial Lecture)* selbst: »Die fixe Idee eines Gelehrten kann so weit gehen, daß sie von einem Wahn kaum noch unterscheidbar ist.« Genau das war mit ihm selbst geschehen: der ägyptische Ursprung jeglicher Menschheitskultur war zu seiner fixen Idee geworden, die sich zu einem großen Wahn ausgewachsen hatte.
Zwei Jahre nach dem Tode Elliot Smiths veröffentlichte Lord Raglan ›Wie kam die Zivilisation?‹ (*How Came Civilisation*, 1939). Hier wurde nun Altägypten durch Sumer ersetzt und ebenfalls eine überspannt-diffusionistische Theorie verkündet, die aber ganz um Sumer kreiste. Alle Kultur ging hiernach von Mesopotamien aus. Raglan schrieb:
»*Von keiner Erfindung, keiner Entdeckung, keinem Brauch, keiner religiösen Überzeugung, ja nicht einmal von irgendwelchen Erzählungen läßt sich mit Sicherheit sagen, daß sie in zwei separaten Kulturen entstanden . . . Der Naturzustand des Menschen ist die Primitivstufe des Wilden . . . Wilde erfinden oder entdecken nie etwas . . . Viele der wichtigsten Entdeckungen und Erfindungen, auf denen unsere Zivilisation beruht, lassen sich mit beträchtlicher Wahrscheinlichkeit zu einem Gebiet zurückverfolgen, dessen Brennpunkt nahe am Scheitelpunkt des Persischen Golfes liegt.*«

Wer mit archäologischen Problemen, Methoden und Zielsetzungen weniger vertraut war, für den besaßen die Theorien der ›Schule von Manchester‹ und Lord Raglans den großen Vorteil, umfassend, vollständig, dazu vereinfachend und daher eingängig zu sein. Diese Thesen über den Ursprung menschlicher Kultur waren nicht wirklich gefährlich, um so gefährlicher sollten sich jedoch andere Fehlinterpretationen prähistorischer Sachverhalte auswirken, die gleichfalls mit dem Anspruch auftraten, allumfassend zu sein.
Eine dieser Doktrinen predigte Gustaf Kossinna in Deutschland. Zwischen 1853 und 1855 hatte in Frankreich der Graf Joseph Arthur de Gobineau seinen vierbändigen *Essai sur l'inégalité des races humaines* verfaßt, der auch in Deutschland unter dem Titel *Versuch über die Ungleichheit der Menschenrassen* erschien. Hierin erklärte er, das Heil der Welt läge, wo es immer gelegen habe, nämlich bei den von ihm als ›Arier‹ bezeichneten blonden Germanen. Im Jahre 1899 veröffentlichte der in England geborene Wahldeutsche Houston Steward Chamberlain seine *Grundlagen des 19. Jahrhunderts*, eine konfuse Mischung von Anthropologie, Linguistik und Archäologie, die den Mythos der großgermanischen Rasse propagierte. Kein Wunder, daß die Nationalsozialisten nach ihrer Machtergreifung nur zu bereitwillig an diesem Mythos weiterwoben. Um so erstaunlicher ist und bleibt es jedoch, daß es auch Archäologen gab, die ihre Wissenschaft zu politischen Zwecken mißbrauchen ließen.
Gustaf Kossinna (1858–1931) begann als Philologe und wandte sich

dann der Vorgeschichte zu. 1902 erhielt er den Lehrstuhl für deutsche Vorgeschichte an der Berliner Universität – ein Amt, das er bis zu seinem Tode bekleidete. Ihn wurmte es, daß die deutschen Gelehrten der deutschen Vorgeschichte bisher weniger Beachtung geschenkt hatten als der Archäologie Ägyptens, Griechenlands, Roms und des Alten Orients. Und so machte er sich auf, um mit den Mitteln seiner Wissenschaft zu beweisen, wie groß und bedeutend die Germanen gewesen seien. Zu diesem Zwecke übertrieb er die Chronologie Nordeuropas maßlos, so daß Deutschland als Ausgangspunkt aller Kultur in Frage kam, die sich nach seiner Auffassung von hier zu den unterlegenen Nachbarn in West-, Süd- und Osteuropa verbreitet habe. Dies alles scheint uns heute seltsam und realitätsfremd, war jedoch seinerzeit absolut Realität. Kossinna glaubte an das, was er verkündete, und deutsche Rassisten nahmen nur allzu bereitwillig auf, was er an Verdrehungen archäologischer Tatsachen auftischte. Hatten sie hier doch den scheinbaren Beweis durch die scheinbar unbestechliche Archäologie – den ›Beweis‹ vom angeblich so hohen Alter und der angeblichen kulturellen Überlegenheit der Germanen. Für sie war all dies kein Mythos, sondern ›wissenschaftliche Tatsache‹.
Diese auf den letzten Seiten aufgeführten Beispiele veranschaulichen deutlich die Gefahren dessen, was man heute so verharmlosend als ›alternative Archäologie‹ zu bezeichnen pflegt. Wir werden sehen, daß diese Gefahren durchaus noch nicht gebannt sind, sondern – wenn auch heute in anderer Form – noch immer weiterbestehen.

Ägypten sowie der Nahe und Mittlere Osten

Im ersten Viertel des 20. Jahrhunderts setzte Flinders Petrie seine Arbeit in Ägypten fort, bis er nach vierzigjähriger Ausgrabertätigkeit am Nil im Jahre 1926 Palästina zu seinem Betätigungsfeld machte, wo er 1942 starb. Die Unterbrechung der Ausgrabungen durch den Ersten Weltkrieg ermöglichte es ihm, mit der Zusammenfassung seiner Resultate fortzufahren, die er 1909 mit ›Künste und Handwerk Altägyptens‹ (*Arts and Crafts of Ancient Egypt*) begonnen hatte. Nun erschien 1915 ›Skarabäen und Zylinder‹ (*Scarabs and Cylinders*), gefolgt von ›Werkzeuge und Waffen‹ (*Tools and Weapons*) im Jahre 1916, dem ›Korpus prähistorischer Tonware‹ (*Corpus of Prehistoric Pottery*, 1918) sowie dem Werk ›Das prähistorische Ägypten, dargestellt an mehr als 1000 Objekten aus dem Universitätskolleg London‹ (*Prehistoric Egypt illustrated by over 1000 objects in University College London*, 1920).
Die großen, aufsehenerregenden Entdeckungen allerdings, die Ägypten im zwanzigsten Jahrhundert für seine Ausgräber bereithielt, gehen nicht auf Petries Konto. So hatte in Tell el-Amarna schon 1887 eine Bauersfrau, die nach *sebach*, dem als Dünger verwendeten Staub zerfallener Luftziegel, grub, die heute so berühmten Amarna-Briefe entdeckt: Tontäfelchen mit Keilschrifttex-

96. Der altägyptische ›Ketzerkönig‹ Echnaton und seine Gemahlin Nofretete. Kalksteinrelief aus Amarna, etwa Mitte des 14. Jh.s v. Chr.

97. *Gegenüber:* Als der reichste Fund, der bisher je einem Archäologen glückte, erwies sich das Grab des ›Kinderkönigs‹ Tutanchamun. Am 17. Februar 1923, drei Monate nach der offiziellen Öffnung der Vorkammer, drangen Lord Carnarvon und Howard Carter durch die versiegelten Türen ins Innere der eigentlichen Grabkammer, um die Schätze freizulegen, die sie barg.

ten in Babylonisch, der Diplomatensprache der später so bezeichneten ›Amarnazeit‹. Zuerst blieben diese Täfelchen unbeachtet, später erklärte man sie für Fälschungen, doch schließlich erkannte man ihre Bedeutung, obwohl inzwischen die Hälfte von ihnen verlorengegangen war. Schließlich wurden die Täfelchen in vollem Umfange publiziert, und viele Gelehrte (darunter 1891–1892 auch Petrie) führten an der Fundstätte Ausgrabungen durch. Ab 1907 war auch die Deutsche Orient-Gesellschaft dort tätig, und als die deutsche Grabungserlaubnis abgelaufen war, trat 1931 *die Egypt Exploration Society* ihre Nachfolge an. Die Grabungsarbeiten dauerten viele Jahre und standen nacheinander unter der Leitung zahlreicher Persönlichkeiten, deren Name später in der Geschichte der Archäologie des Nahen Ostens einen guten Klang haben sollten: T. E. Peet, C. L. Woolley, F. G. Newton, Llewelyn Griffith, Henri Frankfort und J. D. S. Pendlebury. Die Ergebnisse der jüngsten Ausgrabungen (von Pendlebury in seiner Publikation *Tell el-Amarna* zusammengefaßt) vermitteln ein anschauliches und detailliertes Bild des Lebens, das sich in dieser so bemerkenswerten, wenn auch ebenso kurzlebigen Stadt des 14. Jahrhunderts v. Chr. abgespielt haben muß – einer Stadt aus der Zeit Echnatons.

Echnaton, Achenaten, $^3\underline{h}$-n-'Itn, Achanjati oder Amenophis IV. (Abb. 96) war Ägyptens ›Ketzerpharao‹. An der Seite seiner Gemahlin Nofretete herrschte er 17 Jahre (um 1369 bis 1352)* gegen Ende der 18. Dynastie. Er verlegte Ägyptens Hauptstadt von Theben nach Tell el-Amarna, und hier nahmen ägyptische Literatur und Kunst im sogenannten ›Amarnastil‹ eine außerordentlich be-

---

* Gerade Echnatons Zeitansätze schwanken erheblich von 1378–1362 (Cyril Aldred) über 1365/64–1349/47 (von Beckerath, W. Helck, E. Otto u. W. Wolf) bis neuerdings 1352–1336 (Rolf Krauß). *Anmerkung des Übersetzers.*

98. *Gegenüber:* Zu den zweifellos aufsehenerregendsten archäologischen Vorhaben des zwanzigsten Jahrhunderts gehört die Ausgrabung von Ur durch Sir Leonard Woolley in den Jahren 1922–1934. Woolley legte damit nicht nur die angebliche Geburtsstadt des biblischen ›Erzvaters‹ Abraham frei, in deren Geschichte man durch seine Grabungen Einblick gewann, sondern stieß in den untersten Schichten auch auf Königsgräber, die einiges vom Schönsten aus Gold und anderen Materialien bargen, das je im Altertum hergestellt wurde und bei archäologischen Grabungen zum Vorschein kam. Die Aufnahme zeigt das Grabungsteam im Jahre 1926 in Ur. Der Geistliche links von Mrs. Woolley ist der Epigraphiker (Inschriftenspezialist) Eric Burrows, rechts von Mrs. Woolley erkennt man Woolley selbst, den Vorarbeiter Hamudi sowie M. E. L. Mallowan (der später in Nimrud Grabungen durchführen sollte).

merkenswerte Entwicklung. Echnaton versuchte die zahlreichen und sehr miteinander verflochtenen Kulte Ägyptens, insbesondere den des thebanischen Amun-Rê, durch Monotheismus zu ersetzen: durch die Verehrung der Sonne, die sich in der sichtbaren Sonnenscheibe (*Aton*) offenbarte. Sein Nachfolger, ein Sohn Amenophis' III., war Tut-anch-Aton*, der neun Jahre lang regierte. Er begann den Amunkult wiederherzustellen und änderte sogar seinen Namen in Tutanchamun. Dennoch versuchten seine orthodoxen Nachfolger, seinen Namen und sein Andenken auszulöschen, und kaum etwas wäre von ihm bekannt, wären nicht zufällig sein Grab und dessen Inhalt erhalten geblieben und im Jahre 1922 wiedergefunden worden. Dadurch freilich wurde in der heutigen Weltöffentlichkeit bekannter als alle anderen Herrscher Altägyptens.

Seinen Entdeckungen in Troja und Mykenai verdankte es Schliemann, daß sein Name in aller Munde war. Daß er seine Grabungen auf eigene Kosten durchführen konnte und überdies noch so überreiche Schätze fand, erregte in aller Welt Neid. Professor A. H. Sayce aus Oxford schrieb erbost:

»Warum folgten nicht einige der Reichen, an denen es in England weiß Gott nicht fehlt, Schliemanns Beispiel? Warum können nicht sie etwas von den Unsummen, die sie jetzt so mit vollen Händen für die Pferdezucht oder den Unterhalt einer Hundemeute hinauswerfen, für die Wissenschaft zurücklegen? Es muß doch in England einen oder zwei Menschen geben, die vielleicht willens sind, zur Wiederentdeckung der frühen Geschichte unserer Kultur beizutragen!«

Ein solcher Mann war Lord Carnarvon (1866–1923), der, nach einem Autounfall chronisch krank, seiner Gesundheit wegen nach Ägypten reiste, weil man ihm dies geraten hatte. Wie viele andere war auch er von Ägypten und der Ägyptologie hell begeistert. Der Ägyptologe Percy Newberry, einer seiner engsten Freunde, berichtet, Carnarvon habe ihm einst anvertraut, er wünsche »lieber ein ungeplündertes Grab zu entdecken als das Derby zu gewinnen«. Man schrieb 1907, als er erstmals nach Ägypten kam, und in jedem der folgenden 16 Jahre bis zu seinem Tode hielt er sich fortan eine Zeitlang dort auf.

In Ägypten tat er sich mit Howard Carter (1873–1939) zusammen, der schon mit Newberry, Petrie und Naville zusammengearbeitet hatte und 1899 von Maspero zum Inspektor der Bodendenkmäler Oberägyptens ernannt worden war. Seit 1902 hatte Carter zusammen mit Theodore Davies (1837–1915), einem reichen New Yorker Geschäftsmann, im Tal der Könige gearbeitet, wo beide das Grab Thutmosis' IV. entdeckt hatten. Dann war Davies 1912 zu der Überzeugung gelangt, das Tal der Könige gäbe nichts mehr her. Maspero war damit einverstanden, daß Davies' Konzession an Lord Carnarvon überging. Von den Jahren des Ersten Weltkrieges abgesehen, arbeiteten dieser und Carter nun bis 1921 in diesem Tal, doch

---

* Nach Rolf Krauß war Tutanchamun *Echnatons* Sohn von dessen Tochtergattin Maketaton *(Anmerkung des Übersetzers).*

im Jahre darauf ließ Carnarvon Carter wissen, er könne es sich nicht mehr leisten, noch mehr Geld für eine Sache auszugeben, die erfolglos schien. Allerdings ließ er sich noch zur Durchführung einer letzten Grabungssaison überreden, und am 4. November entdeckten Carters Arbeitsleute »die erste Stufe einer in den Felsboden gehauenen Treppe«. Insgesamt sechzehn Stufen führten hinab durch eine Tür zu einer zweiten, die das Siegel Tutanchamuns trug. Offiziell am 29. November 1922 geöffnet und im Lauf der nächsten zehn Jahre von Carter vollständig ausgegraben, erbrachte dieses Grab an die 5000 Kunstwerke von zum Teil auch enormem Materialwert und rief weltweites Aufsehen hervor. Nun war Tutanchamuns Name in aller Munde und die Entdeckung seines Grabes der reichste Fund, der jemals Archäologen geglückt war. (Abb. 97, Tafel V.) Eine vollständige, abgeschlossene wissenschaftliche Publikation über das Tutanchamun-Grab liegt bis zur Stunde noch nicht vor, doch es gibt ein dreibändiges Werk von Carter und Arthur Mace *The Tomb of Tutankhamen* (1923–1933; deutsche Ausgabe unter dem Titel *Das Grab des Tut-ench-Amun*, 1924–1934, Neuauflage 1974).
Petries Pionierarbeit in Naqâda (Negade) sowie seine Forschungen über die prähistorischen Ursprünge der altägyptischen Kultur wurden in den zwanziger und dreißiger Jahren von anderen Gelehrten fortgeführt. In Oberägypten gruben Junker, Menghin und Scharff

99. Luftaufnahme der Ziqqurrat von Ur nach ihrer Ausgrabung.

die neolithische Siedlung Merimde-Beni Salâme aus. Die neolithischen Kulturen der Faijûm-Senke untersuchten 1924–1928 Gertrude Caton-Thompson und Miss E. W. Gardner. 1922–1925 führte die *British School of Archaeology* in und bei Badari in Ober- bzw. Mittelägypten Ausgrabungen durch. Guy Brunton legte Friedhöfe bei Badari frei, Gertrude Caton-Thompson eine Siedlung bei Hammamija (Hemamieh) ein wenig südlich von Badari. Beide veröffentlichten ihre Ergebnisse gemeinsam unter dem Titel: ›Die Badari-Kultur und prädynastische Überreste bei Badari‹ (*The Badarian Civilization and Predynastic Remains near Badari*, 1928) und wiesen nach: die Badari-Kultur ging der von Petrie entdeckten prädynastischen Naqâda-Kultur Oberägyptens unmittelbar voraus. 1928 und 1929 grub Brunton in Deir Tasa (Dêr Tasa) bei Mostagedda (Mustagidda) abermals einen Friedhof und eine dörfliche Siedlung aus. Und in seiner Veröffentlichung: ›Mostagedda und die Tasa-Kultur‹ (*Mostagedda and the Tasian Culture* [1937]) erklärte er diese Kultur (das ›Tasien‹) zur Vorgängerin der Badari-Kultur. Flinders Petrie hatte vorausschauend seine Staffeldaten mit der Ziffer 30 beginnen lassen. Nun konnte man Tasa- und Badari-Kultur davor einfügen, so daß sich eine fortlaufende Sequenz vom

Tasien bis zur Ersten Dynastie ergab, die das Staffeldatum 79 trug. Unmittelbar nach dem Ersten Weltkrieg begann auch in Mesopotamien die Grabungstätigkeit erneut, ja R. Campbell-Thompson begann sogar schon vor dem Waffenstillstand von 1918 in Eridu zu graben. Später fand R. H. Hall in al-'Ubaid (el-'Obeid), einer neuentdeckten Fundstätte etwa 6,4 km westlich von Ur, eine kleine Tempelplattform: den Prototyp späterer sumerischer Ziqqurrats. 1922 setzte eine gemeinsame Expedition des Britischen Museum und des Universitätsmuseums von Pennsylvanien unter der Leitung von Leonard Woolley sowohl in Ur als auch in al-'Ubaid (el-'Obeid) die Arbeiten Thompsons und Halls fort. 1926 kam dabei der große prähistorische Friedhof von Ur mit seinen Königsgräbern zum Vorschein. Die schimmernden Schätze, reich an Gold und Lapislazuli, dazu die aufsehenerregenden Belege uralter Grabriten – sie riefen eine Sensation hervor, die sich nur mit der Erregung über Schliemanns Entdeckungen oder den Fund des Tutanchamun-Grabes vergleichen ließ. Durch diese Grabungen in Ur wurden nun auch die Sumerer zum festen Bestandteil abendländischer Allgemeinbildung. Was die vorläufigen Grabungsberichte *(preliminary reports)* in The Antiquaries Journal zwischen 1923 und 1934 an Informatio-

100. Der ›Sintflutschacht‹ von Ur. Man nannte ihn so, weil Woolley in der untersten Schicht, die von einer Überschwemmung herrührende Sedimente enthielt, Ablagerungen der biblischen Sintflut gefunden zu haben glaubte.

nen für die Fachwelt enthielten, wurde von Woolley, der sich ausgezeichnet darauf verstand, Archäologie allgemeinverständlich darzustellen, in Büchern wie *Excavations at Ur* (1929 [*Ur in Chaldäa*, 1956]), *The Sumerians* (1928, 2. Aufl. 1929 [*Vor 5000 Jahren*, 1929]) sowie ›Abraham – Neue Entdeckungen und die Ursprünge der Hebräer‹ (*Abraham: Recent Discoveries and Hebrew Origins*, 1930) auch der Allgemeinheit nahegebracht.

Parallel zu den britisch-amerikanischen Ausgrabungen in Ur liefen die von den Universitäten Oxford und Chicago durchgeführten Grabungen in Kisch und Dschemdet Nasr (Djemdet Nasr), die später von dem Franzosen Watelin fortgesetzt wurden, sowie die deutschen Ausgrabungen in Warka (Uruk). Im Jahre 1931 legte sich die 18. Orientalistenkonferenz in Leiden auf drei prädynastische Perioden Mesopotamiens fest: al-ʿUbaid (el-ʿObeid bzw. el-ʿObēd), Uruk und Dschemdet Nasr (Djemdet Nasr). In Nordmesopotamien grub man den Tell Halaf, den Ruinenhügel von Arpačije und Tepe Gawra (Tepe Gaura) aus. Ab 1933 verbot ein im Irak neuerlassenes Gesetz die Ausfuhr archäologischer Funde durch ausländische Ausgräber. So verlegten die Franzosen ihre Tätigkeit nach Syrien, wo Parrot 1934 in Mari zu graben begann, während sich die Briten mit Chagar Bazar und Tell Brak in Syrien sowie mit Tell Atschana (Tell Açana bzw. Tell Aṭšāna [Alalach]) in der Ebene von Antiocheia am Orontes befaßten.

Iran, Anatolien und Palästina

Eine gewisse Zeit lang blieben die Arbeiten von Jacques de Morgan in Susa sowie Pumpelly in Anau die einzigen Informationsquellen zur Vorgeschichte des Iran und Transkaspiens. Doch in der Zeitspanne, um die es in vorliegendem Kapitel geht, erfuhr unser Wissen über die Vorgeschichte des Mittleren Ostens eine enorme Bereicherung durch Ausgrabungen an Stätten wie Tepe Hissar, Schah Tepe, Turang Tepe, Tepe Gijan (Tepe Giyan) und Tepe Sialk. Vor allem Sialk erwies sich als wichtig, kam doch hier eine hervorragende stratigraphische Sequenz zum Vorschein. Unweit von Keschan gelegen, wurde Sialk 1933, 1934 und 1937 von Roman Ghirshman ausgegraben und in dessen zweibändigem Werk ›Ausgrabungen von Sialk‹ (*Fouilles de Sialk*, 1938–1941) vollständig publiziert. Von den vier aufeinanderfolgenden Perioden, die Ghirshman nachwies, ist Sialk I am interessantesten. Charakterisiert durch Stampflehmbauten mit in Hockerstellung bestatteten Leichnamen unter den Häusern, erbrachte sie Artefakte wie Schleudersteine, Steinkeulen, steinerne Beile und Querbeile sowie Steck- und Nähnadeln aus gehämmertem Kupfer. Die Bauern von Sialk I züchteten Schafe und Rinder und bauten wohl auch Getreide an. Gleichzeitig aber betätigten sie sich noch immer als Sammler und Jäger und verkörperten daher möglicherweise eine Zwischenstufe zwischen dem Wildbeutertum mesolithischen Typs und den bereits Nahrungsmittel produzierenden chalkolithischen Kulturen des Na-

101. Wilhelm Dörpfeld, Schliemanns Nachfolger in Troja, mit dem Ehepaar Semple. Links im Bild Professor W. T. Semple, der zwischen 1932 und 1938 in Troja neue Forschungsarbeiten durchführte, rechts im Bild Mrs. Semple.

hen und Mittleren Ostens. Ghirshman errechnete das Datum von Sialk I anhand der aufgehäuften Trümmerschichten. Für jede einzelne Besiedlungsschicht räumte er eine Toleranz von 75 Jahren ein und gelangte so zu einem Zeitansatz von 4300 v. Chr. ± 200 Jahre für den Beginn der Besiedlung des Ortes.

Einen enormen Beitrag zur Erhellung der Vergangenheit Indiens, des Iran und Zentralasiens leistete seinerzeit Sir Aurel Stein (1862–1943), ein gebürtiger Ungar, der die britische Staatsangehörigkeit erworben hatte. Er arbeitete zunächst im indischen Erziehungswesen, später aber für den indischen Antikendienst. Ein unermüdlicher Reisender, unternahm er 1900–1901, 1906–1908, 1913–1916 und 1930 insgesamt vier Expeditionen nach Zentralasien. Um die Breite und Spannweite seiner Interessen zu demonstrieren, genügt bereits ein einziger Blick auf die Titel seiner Hauptveröffentlichungen: ›Das antike Chotan‹ (*Ancient Khotan,* 2 Bände, 1907), *Serindia* (5 Bände, 1921), ›Die tausend Buddhas‹ (*The Thousand Buddhas,* 3 Bände, 1922), ›Das innerste Asien‹ (*Innermost Asia,* 4 Bände, 1928/29), ›Archäologische Erkundungen in Nordwestindien und Südostiran‹ (*Archaeological Reconnaissances in N. W. India and S. E. Iran,* 1937), sowie ›Alte Routen in Westiran‹ (*Old Routes of Western Iran,* 1940).

Zahlreiche Gelehrte knüpften an die bahnbrechenden Arbeiten Hroznys an, der mit der Übersetzung hethitischer Schriftzeugnisse begonnen hatte, und bald schon gehörte der Inhalt der Schrifttafel-Briefe aus Boghazköy zum gesicherten Bestand dessen, was man über die älteste Vergangenheit des Nahen Ostens wußte. Auch andere Plätze in Anatolien wurden nun freigelegt. 1907 begann eine Expedition des Archäologischen Instituts der Universität Liverpool in Anatolien zu graben. Sie stand unter Leitung von John Garstang, für den damit vier Jahrzehnte archäologischer Feldarbeit im Nahen Osten begannen. Was die neuen Ausgrabungen und die Entzifferung der Schrifttafeln aus Boghazköy an Informationen über die Hethiter erbrachten, faßten damals drei Werke zusammen: A. E. Cowley: ›Die Hethiter‹ (*The Hittites*, 1920), G. Contenau: ›Grundzüge der hethitischen Literaturkunde‹ (*Éléments de Bibliographie Hittite*, 1922) sowie John Garstang: ›Die Hethiter‹ (*The Hittites*, 1929).

Vierzig Jahre nachdem Dörpfeld die von Schliemann begonnenen Grabungen in Troja zu Ende geführt hatte, begann dort die Universität von Cincinnati (Ohio/USA) unter der Gesamtleitung von Professor W. T. Semple mit einer neuen Forschungskampagne. Ausgrabungsleiter war Carl W. Blegen, der zwischen 1932 und 1938 sieben Saisongrabungen durchführte. Die Resultate wurden durch Blegen und seine Mitarbeiter in vollem Umfang in der vierbändigen Veröffentlichung ›Troja: Ausgrabungen der Universität Cincinnati in den Jahren 1932–1938‹ (*Troy: Excavations Conducted by the University of Cincinnati 1932–38*, 1950–1958) veröffentlicht. 1963 brachte Blegen dann noch einen von ihm allein verfaßten kürzeren Abriß heraus. Ziel des Vorhabens war es, neue Zonen zu untersuchen, die bei den früheren Grabungen festgestellte Stratigraphie zu überprüfen, desgleichen die von den bisherigen Ausgräbern aufgestellte Chronologie und insbesondere Dörpfelds Gleichsetzung von Troja VI (das Dörpfeld in die Spanne zwischen 1500 und 1000 v. Chr. verwiesen hatte) mit dem Troja der homerischen Epen. Dörpfelds Zeitansätze und seine Identifikation von Troja VI waren umstritten, seit der schwedische Gelehrte Nils Åberg (1888–1940) sie in seinem fünfbändigen Werk *Bronzezeitliche und früheisenzeitliche Chronologie* (1930–1935) in Frage gestellt hatte.

Die Grabungen der Universität von Cincinnati ergaben: Troja I war eine kleine Stadt. Blegen wies sie in die Zeit zwischen 3000 und 2500 v. Chr. Troja II, dem nach Blegens Ansicht eine bedeutende Rolle in der Entwicklung der europäischen Metallurgie zukam, setzte er zwischen 2500 und 2200 v. Chr. an. Troja VI wurde von einem Erdbeben zerstört. Man zog nun Troja VII a als Stadt Homers in Betracht und datierte es anhand von Importware aus Mykenai in das späte 13. und frühe 12. Jahrhundert vor unserer Zeitrechnung. Später änderte Blegen diese Auffassung, und in der Kurzfassung seines Grabungsberichtes, die 1963 erschien, gab er für Troja VII a die Zeitgrenzen 1300 und 1260 an.

Die Befunde aus Troja wurden durch Ausgrabungen in Kum Tepe, Yortan sowie in Therme (Thermi) auf der Insel Lesbos ergänzt, wo Winifred Lamb, wie sie in ihrem Bericht ›Ausgrabungen in Therme auf Lesbos‹ (*Excavations at Thermi in Lesbos*, 1928) schildert, eine Folge von fünf übereinanderliegenden ›Städten‹ (Bauperioden, Siedlungsschichten) fand, von denen die ersten vier mit Troja I zeitgleich waren.

Ausgrabungen in Zentral- und Ostanatolien begannen vorhethitische Kulturen ans Licht zu bringen, die mit denen von Troja und Therme vergleichbar waren. 1926 veröffentlichte de Genouillac unter dem Titel ›Kappadokische Keramik‹ *(Céramique Cappadocienne)* die bemalte prähistorische Tonware aus dem Pariser Louvre. Man benötigte eine größere Ausgrabung, um zu ermitteln, in welcher Beziehung diese bemalte Töpferware zu den Hethitern stand, und um eine komplette Sequenz der zentralanatolischen Vorgeschichte zu erhalten. Dieses Ziel hatte sich das Orientinstitut der Universität Chicago gesetzt, als es in den zwanziger Jahren eine Untersuchung der hethitischen Kultur und ihrer Vorläufer in Angriff nahm. In einer einzigen Saison entdeckte 1926 Hans Henning von der Osten mehr als 300 bisher unbekannte archäologische Stätten in Anatolien. Am aussichtsreichsten schien die Untersuchung von *Alischar Hüyük,* einem mehr als 30 m hohen Ruinenhügel, den von der Osten und E. F. Schmidt zwischen 1927 und 1932 ausgruben.

Dieses archäologische Unternehmen, eine mit enormer Gründlichkeit durchgeführte Totalausgrabung, war eine der archäologischen Großtaten unseres Jahrhunderts. Dies wird einem bewußt, wenn man sich in die Veröffentlichung von E. P. Schmidt: ›Anatolien von Zeitalter zu Zeitalter – Entdeckungen am Hügel von Alischar 1927–1929‹ *(Anatolia through the Ages: Discoveries at the Alishar Mound 1927–1929)* sowie von Von der Osten und E. P. Schmidt: ›Die Ausgrabungen von Alischar Hüyük 1927–1932‹ *(The Alishar Hüyük Excavations 1927–1932,* 1930–1937) vertieft.

Weitere detaillierte Informationen über die erstmals in Alischar nachgewiesene anatolische Kulturabfolge erbrachten die Ausgrabungen, die Dr. Hamit Zuheyr Kosay, damals Generaldirektor der türkischen Museen und Altertümer, in Ahlatlibel und Alaca Hüyük durchführte. Auf eine Vorab-Erkundung der Ruinen und sonstigen Überreste in der kilikischen Küstenebene durch Einar Gjerstad folgte 1936–1937 die Neilson-Expedition unter Leitung Garstangs, der eine ganze Reihe von Saisongrabungen im Trümmerhügel von Mersin durchführte. Hier untersuchte M. C. Burkitt die frühneolithische Industrie, sprach sie als die älteste nachpaläolithische Kultur im Nahen Osten an und wies sie in die Zeit um 5500 v. Chr.

In Palästina führte ab 1925 das Orientinstitut der Universität Chicago Ausgrabungen großen Stiles in Megiddo durch, wo 1903–1905 schon die Deutschen unter Schumacher gegraben hatten. Fast nur durch Zufall wurde 1929 Ras Schamra (das antike Ugarit) entdeckt, das in den zehn Folgejahren bis zum Zweiten Weltkrieg von Claude Schaeffer ausgegraben werden sollte. Schaeffer brachte hier eine lange Abfolge von Kulturen ans Licht. Sie reichte von einem mit Mersin vergleichbaren Neolithikum bis hin zu jener Stadt des 2. Jahrtausends v. Chr., die aus den Amarna-Briefen, aus hethitischen Dokumenten sowie aus altägyptischen Inschriften als Ugarit bekannt war. Um die Mitte des 14. Jahrhunderts hatte ein Erdbeben Ugarit zerstört. Es war wieder aufgebaut worden, wurde aber schließlich Ende des 13. bzw. zu Beginn des 12. Jahrhunderts von Eindringlingen aus dem Norden und den sogenannten ›Seevöl-

kern‹ verwüstet. Man könnte Ugarit als internationalen Hafen bezeichnen. Vom 15. bis zum 12. Jahrhundert v. Chr. stand es abwechselnd unter ägyptischem, hethitischem und mykenischem Einfluß.

In einer Bibliothek in Ras Schamra fand man Hunderte von Tontäfelchen aus dem 15. sowie frühen 14. Jahrhundert v. Chr. Sie trugen Texte in einem Keilschrift-Alphabet, deren Sprache als ein nahe mit dem Hebräischen der Bibel sowie mit dem Phönikischen verwandtes Semitisch erkannt wurde. Diese Entdeckung der Ras Schamra-Täfelchen mit der ältesten ausführlich dokumentierten Alphabetschrift ist einer der bedeutendsten Funde, der Archäologen je gelang. Sämtliche Alphabetschriften einschließlich der Griechischen bedienen sich des damals von den Phönikern erfundenen Systems. In Jericho hatte erstmals 1907–1909 die Deutsche Orient-Gesellschaft gegraben. 1930–1936 setzte Garstang hier die archäologischen Forschungsarbeiten fort. Er legte eine Abfolge von Kulturen frei, die von einem akeramischen Neolithikum (einer Jungsteinzeit-Kultur ohne Töpferei), das er in die Zeit um 4500 bis etwa 4000 v. Chr. wies, durch mehrere Bau- und Besiedlungsschichten hindurch bis zur Zerstörung unter Josua reichte, an der Garstang nicht zweifelte und die er um 1400 v. Chr. ansetzte.

Klassisches und barbarisches Europa

Den glanzvollen Entdeckungen Sir Arthur Evans' in Knossos folgten Ausgrabungen an zahlreichen anderen Punkten Kretas und im ägäischen Raum. Unter der Leitung von Halbherr gruben die Italiener den Palast von Phaistos sowie das große Kammergrab von Hagia Triada aus, das mehr als 250 Skelette enthielt. Die Briten gruben in Gurnia (Gournia) und die Franzosen in Mallia. Auch kretische Archäologen führten unabhängig von ihren ausländischen Kollegen Ausgrabungen durch. So grub Hatzidakis einen minoischen Palast in Tylissos aus, Xanthoudides die Grabgewölbe der Messara-Ebene. Hervorragende Zusammenfassungen dieser Entwicklungen im Bereich der kretischen Archäologie gaben seinerzeit D. Fimmen (*Die Kretisch-Mykenische Kultur*, 1921), J. D. S. Pendlebury (›Archäologie Kretas‹ [*The Archaeology of Crete*, 1939]), G. Glotz (›Ägäische Kultur‹ [*Civilisation égéenne*, 1923]) und R. C. Hutchinson (*Prehistoric Crete*, 1962).

Im Jahre 1914 brachte Ernst Buschor (1886–1961) die deutschen Ausgrabungen in Griechenland zu einem vorläufigen Abschluß. Sie wurden 1925 wiederaufgenommen und bis 1940 fortgesetzt. In Deutschland erschien 1925 erstmals J. D. Beazleys großartiges Werk über die rotfigurige attische Vasenmalerei, das auf einer Untersuchung von nicht weniger als 10 000 Beispielen beruhte. Die englische Ausgabe kam 1942 heraus, nachdem Beazley 5000 weitere Stücke untersucht hatte. 1927 nahm Theodor Wiegand (1864–1936) die Arbeit in Pergamon wieder auf, erst 1938 begann jedoch K. Lehmann wieder auf Samothrake zu graben.

102. *Gegenüber:* Stele mit einer Darstellung des Gottes Baal (um 1400 v. Chr.) aus Ras Schamra, dem alten Ugarit, das 1929–1939 von Claude F. Schaeffer ausgegraben wurde. Höhe: 1,44 m.

Was das nichtklassische Europa angeht, so hatte Henri Breuil schon 1902 seine Ansichten über die Entwicklung der spät-altsteinzeitlichen Höhlenkunst dargelegt. Seine endgültige Stellungnahme dazu erschien 1934 unter dem Titel: ›Die Evolution der Felswandkunst in den mit Bildern geschmückten Höhlen und Abris Frankreichs‹ *(L'Evolution de l'Art Pariétal dans les Cavernes et Abris Ornées de France)*. Was er dort äußerte, wiederholte er mit nur geringen Änderungen in seinem Werk ›40000 Jahre Höhlenwandkunst‹ (*Quatre cents siècles d'art pariétal*, 1952). Inzwischen entdeckte man noch immer weitere Höhlenkunst-Stätten. Die Höhle von Pech Merle beispielsweise wurde erst 1922 gefunden.

Ein Wendepunkt für die europäische Vorgeschichtsforschung war die Veröffentlichung der Studie ›Die Morgendämmerung europäischer Zivilisation‹ (*The Dawn of European Civilization*, 1925) durch einen jungen Australier namens Vere Gordon Childe (1892–1957), der damals als Bibliotheksassistent am *Royal Anthropological Institute* in London tätig war. Bisher war zumindest in englischer Sprache kein solches Buch erschienen. Allerdings stellte Carl Schuchhardts *Alteuropa in seiner Kultur- und Stilentwicklung* (1919) bereits eine bemerkenswerte Synthese dar, zu der Childe sich in manch einer Hinsicht parallel bewegte und der er wohl mehr verdankt, als man im allgemeinen einräumt. Seinem ersten Hauptwerk folgte 1929 ›Die Donau in der Vorgeschichte‹ *(The Danube in Prehistory)*. Childe war inzwischen bereits zum ersten Inhaber des Abercromby-Lehrstuhls für Archäologie in Edinburgh avanciert. Diese Professur hatte er ab 1927 inne, bis man ihn 1946 als Direktor an das Archäologische Institut der Universität London berief – ein Amt, das er bekleidete, bis er 1957 starb. In den dreißig Jahren seiner Tätigkeit als akademischer Lehrer und Vorgeschichtsforscher profilierte sich Childe als einer der hervorragendsten Gelehrten seiner Zeit. An Ausgrabungen freilich war er weder besonders interessiert, noch hatte er in diesem Bereich sonderliche Erfahrung. Dafür besaß er ein enormes, geradezu enzyklopädisch zu nennendes Wissen über das, was andere ausgegraben hatten und was die Museen Europas sowie des Nahen Ostens bargen.

Kein Land Europas konnte nach Childes Veröffentlichungen mehr altertumskundliche Kirchturmpolitik treiben. Childes ganz Europa umspannende Betrachtungsweise der vor-römerzeitlichen Welt setzte für Studenten und forschende Wissenschaftler Maßstäbe, die nicht nur bis zum Zweiten Weltkrieg, sondern auch noch zwei Jahrzehnte danach Geltung behalten sollten. Nicht nur, daß er die Fakten der prähistorischen Archäologie in den Griff zu bekommen und eingängig darzustellen wußte – er bediente sich auch zweier sehr charakteristischer Arten der Interpretation.

Erstens vermied er den herkömmlichen Epochenbegriff mit seinem Schubladenprinzip und ersetzte ihn durch seinen Begriff der Kultur, was er ganz besonders in seinem Vorwort zu The Danube in Prehistory deutlich macht. Zweitens sah er in der Vorgeschichte Europas zwei Faktoren am Werk. Faktor Eins war der Zustrom von Völkern und Ideen aus dem Nahen Osten sowie dem östlichen

Mittelmeerraum (nach einem kurzen Flirt mit dem überspitzten, um Altägypten kreisenden Diffusionismus Elliot Smiths hatte Childe den ›Kindern der Sonne‹ den Laufpaß gegeben), Faktor Zwei aber war die Formung und Weiterentwicklung dieser Einflüsse in Europa selbst. Für Childe war das barbarische Europa ein Raum, in den Südwestasien zwar hineinstrahlte, der aber aus den Impulsen, die er von dort empfing, etwas Neues, Eigenes, Europäisches entstehen ließ. In den Jahren, als Childe als akademischer Lehrer und als Buchautor zusammenfaßte, was an archäologischen Befunden vorlag, glückte den Archäologen im Feld eine Entdeckung nach der anderen, und Childe bezog sie samt und sonders in seine Arbeiten ein. Man bezeichnet ihn oft als marxistischen Vorgeschichts-Theoretiker. Er wies dies aber energisch zurück (vgl. *Antiquity*, 1979, 93–95). Er gehörte nicht zu der von Daniel Wilson und Lewis Morgan begründeten Schule einseitiger Kulturevolutionisten, obwohl er in ›Schottland vor den Schotten‹ (*Scotland before the Scots*, 1946) mit dem auch bei den Theoretikern marxistischer Prägung beliebten Begriff der psychischen Uniformität aller Menschen und dessen Anwendung auf die Vergangenheit operierte. Er blieb ein entschiedener Diffusionist, obwohl sein gemäßigter Diffusionismus nichts mit den Verstiegenheiten der ›Schule von Manchester‹ zu tun hatte. Was ihn sehr beschäftigte, war die Balance zwischen dem Kulturfluß einerseits und andererseits dessen eigenständigen, unabhängigen Produkten. Wie weit war das, was die Barbaren im neolithischen und bronzezeitlichen Europa vollbrachten, bloßes Ergebnis ihrer Beeinflussung aus Südosteuropa und dem Nahen Osten? Oder wie weit war es eigenständige, auf eigener Erfindungskraft beruhende Interpretation dessen, was man von außen an sie herangetragen hatte? Childe fand auf diese Fragen nie eine befriedigende Antwort. Kein Wunder. Handelt es sich doch um Fragen, die im Rahmen einer historischen oder prähistorischen Betrachtung allein auch gar nicht beantwortbar sind.

Drei weitere bedeutende englische Gelehrte leisteten zwischen 1914 und 1939 wesentliche Beiträge zur Weiterentwicklung der Archäologie. Sie seien hier in alphabetischer Reihenfolge aufgeführt. Es handelt sich um O. G. S. Crawford, Cyril Fox und Mortimer Wheeler. Zwei von ihnen schrieben ihre Memoiren, und Crawfords ›Gesagt, getan‹ (*Said and Done*, 1955) sowie Wheelers *Still Digging* (›Noch immer grabend‹, gleichfalls 1955) sind bedeutende Dokumente, tragen sie doch wesentlich dazu bei, nicht nur ihre Autoren, sondern auch die Entwicklung der Archäologie inner- und außerhalb Englands während der zwanziger und dreißiger Jahre unseres Jahrhunderts besser zu verstehen. Fox schrieb keine Autobiographie, doch der Aufsatz, den er der zweiten Auflage seines Werkes ›Die Archäologie im Gebiet von Cambridge‹ *(The Archaeology in the Cambridge Region)* voranschickt, vermittelt uns tiefe Einblicke in das Wesen seiner Persönlichkeit und die Entfaltung seiner Ideen.

Fügen wir diesen drei Persönlichkeiten Childe hinzu, der zwar in Australien geboren war, doch in Großbritannien lebte und wirkte, denken wir weiterhin an Evans, der noch immer auf Kreta grub, und nehmen wir schließlich die Entdeckungen Howard Carters und Lord Carnarvons in Ägypten, Woolleys in Mesopotamien, Marshalls in Indien sowie Garstangs in Anatolien wie in Palästina dazu, so ist es wohl nicht übertrieben, von einer großen Zeit englischer Gelehrter zu sprechen, ebenso wie vielleicht die zweite Hälfte des 19. Jahrhunderts als die hohe Zeit skandinavischer und französischer Forscher gelten kann.

O. G. S. Crawford (1886–1957) hatte unter Herbertson an der *Oxford School of Geography* studiert, und nach einer kurzen Laufbahn als Navigator des britischen Fliegerkorps und langen Jahren als Kriegsgefangener in Deutschland ernannte man ihn zum ersten Archäologiereferenten des staatlichen Vermessungsdienstes. Er bemerkte, daß die Karten des Vermessungsdienstes aktuelle, verläßliche und präzise archäologische Informationen enthielten, die geeignet waren, sie zur wichtigen Orientierungshilfe für die Fachwelt zu machen. So begann er, einzelne Perioden der Vergangenheit kartographisch zu erfassen (seine Karte des römerzeitlichen Britannien, *Map of Roman Britain*, ist wohl die berühmteste dieser Karten). Seine fliegerische Erfahrung überzeugte ihn vom Wert der Bodenbeobachtung aus der Luft (auch der Bodenphotographie aus der Luft) für die Archäologie. Er stand damit keineswegs allein. Während des Ersten Weltkrieges hatten sowohl andere englische als auch deutsche und französische Gelehrte, die in den Aufklärungsstäben der Armeen ihrer Länder tätig waren, den Nutzen von Luftbildern für archäologische Zwecke erkannt. Der deutsche Gelehrte Theodor Wiegand verfolgte anhand von Luftaufnahmen den Ostteil des Trajanischen Limes in der heutigen Dobrudscha und wurde später zu den in Südpalästina und auf Sinai operierenden deutschen Truppeneinheiten abkommandiert, um archäologische Stätten zu photographieren und zu beschreiben. Léon Rey arbeitete 1915 mit Luftaufnahmen für archäologische Zwecke, und der katholische Ordensgeistliche Antoine Poidebard vertiefte sich in Luftbilder des Nahen Ostens, ja überflog 1918 selbst Persien. Auch das Königlich Britische Fliegerkorps machte im Nahen Osten Luftaufnahmen von archäologischem Wert, deren Nützlichkeit Gelehrte wie Beazeley und Hamshaw Thomas zu schätzen wußten. Oberst Beazeley hielt vor der Königlichen Geographischen Gesellschaft einen Vortrag über das Thema ›Erkundungen in Mesopotamien während des Krieges‹ (*Surveys in Mesopotamia during the War*). Dieser Vortrag wurde 1920 im *Geographical Journal* publiziert und legte den Grund für alle künftige Luftbildinterpretation nach archäologischen Gesichtspunkten.

Schon vor dem Ersten Weltkrieg hatte O. G. S. Crawford mit Dr. Williams-Freeman den Wert der Luft-Boden-Erkundung für archäologische Zwecke erörtert. Williams-Freeman hatte damals geäußert: »Um Feldarchäologe sein zu können, müßte man eigentlich ein Vogel sein.« Crawford erhob sich während des Krieges wie ein Vogel in die Luft, er war Navigator. Und nach dem Kriege entwickelte er, was die Luftbildtechnik an Möglichkeiten enthielt. Seine

103. Luftbild von Hambledon Hill, Dorset, aus: Crawford und Keiller, *Wessex from the Air* (1928).

zusammen mit Alexander Keiller herausgebrachte, bahnbrechende Veröffentlichung erschien 1928 unter dem Titel ›Wessex aus der Luft‹ (*Wessex from the Air* [Abb. 103]) – ein großartiger Wurf. Crawford hatte sich dazu ein Flugzeug gemietet und in zwei Monaten 300 Luftaufnahmen archäologischer Stätten angefertigt. Major Allen, ein Privatflieger mit eigenem Flugzeug und selbstgebastelten Kameras, schuf, begeistert von *Wessex from the Air*, in relativ kurzer Zeit viele Tausende von Luftbildern Südbritanniens (Abb. 104). Pater Antoine Poidebard operierte im Nahen Osten, und seine Veröffentlichungen ›Roms Spur in der Syrischen Wüste‹ (*La Trace de Rome dans le Désert de Syrie*, 1934), ›Tyros – ein verschollener Großhafen‹ (*Un Grand Port Disparu, Tyr*, 1939) sowie (zusammen mit R. Mouterde) ›Der Limes von Chalkis‹ (*Le Limes de Chalcis*, 1945) sind Musterbeispiele auf Luftbildern fußender archäologischer Forschung. Crawford spürte sehr deutlich, wie notwendig es war, die Öffentlichkeit für Archäologie zu interessieren, und sein 1921 erschienenes Buch ›Der Mensch und seine Vergangenheit‹ (*Man and his Past*) war ein bahnbrechender Versuch, die Menschheit davon zu überzeugen, wie wichtig Archäologie ist. 1927 begründete er die Zeitschrift *Antiquity* (›Altertum‹) als publizistisches Forum für die Veröffentlichung archäologischer Forschungsresultate aus aller Welt, und 30 Jahre lang (bis zu seinem Tode 1957) gab er selbst dieses Blatt heraus. Obwohl manche Kritiker dieser Publikation nur ein kurzes Leben prophezeiten, hatte sie wider Erwarten Erfolg. Der Schreiber dieser Zeilen ist stolz darauf, als derzeitiger Herausgeber von *Antiquity* Crawfords Nach-

104. Aus der Luft sichtbare Bewuchsmerkmale *(crop marks)*, aufgenommen von Major Allen bei Crowmarsh (North Stoke), Oxfordshire. Die sich deutlich abzeichnenden Ringe signalisieren das Vorhandensein von Überresten ansonsten durch den Pflug eingeebneter bronzezeitlicher Hügelgräber.

folger zu sein, hat doch gerade dieses Blatt so enorm dazu beigetragen, daß Archäologie verständlich wurde und man von ihr spricht. Cyril Fox begann seine Laufbahn als Feldforscher und Museumsgelehrter im Gebiet von Cambridge, und sein Buch ›Die Archäologie der Region von Cambridge‹ (*The Archaeology of the Cambridge Region*, 1923) war eine Pioniertat im Hinblick auf den geographischen Ansatz archäologischer Forschung. Wichtig ist der Untertitel des Werkes. Es nennt sich ›eine topographische Studie der Bronze-, Eisen-, Römer- und Angelsachsenzeit‹ *(a topographical study of the Bronze, Early Iron, Roman and Anglo-Saxon Ages)*. Fox stand unter dem Einfluß der anthropogeographischen Schule von Aberystwyth. 1916 war H. J. Fleures und Whitehouses ›klassische‹ Abhandlung ›Die frühe Talwärtsbewegung der Bevölkerung Südbritanniens‹ *(The Early Valleyward Movement of Population in Southern Britain)* in der *Archaeologia Cambrensis* erschienen, und Crawfords *Man and his Past* (s. oben) trug seinerseits zur Entwicklung der Möglichkeiten und Techniken einer die Vor- und Frühgeschichte von der Geographie her angehenden Forschung bei. Fox' Leistung bestand darin, die allgemeinen Begriffe Crawfords (sowie vor Crawford der Schule Herbertsons und deutscher Gelehrter wie Robert Gradmann) auf einen engumgrenzten Bereich – nämlich einen Kreis von 30 km Radius rings um Cambridge – anzuwenden. Hier untersuchte er das Muster der Verteilung prähistorischer Fundstätten vor dem Hintergrund der natürlichen Vegetation (selbstverständlich der Vegetation in prähistorischer Zeit).

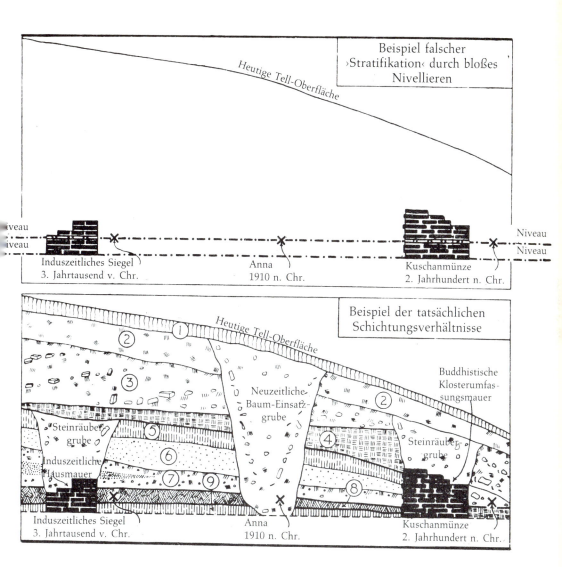

Fox übertrug dann seine geographische Deutung der Vergangenheit auf den gesamten Bereich der Archäologie. Am deutlichsten zeigte sich dies vielleicht in seinem Werk ›Die Persönlichkeit Britanniens‹ (*The Personality of Britain*, 1932), das auf alle Archäologen überall auf der Welt einen unerhörten Eindruck machte. Professor E. G. R. Taylor verglich die Wirkung dieser Veröffentlichung mit einem »kleineren Erdbeben der Stärke 6 auf der Rossi-Forel-Skala«, die folgendermaßen definiert ist: »Allgemeines Erwachen Schlafender, allgemeines Glocken-Anschlagen . . . Einige Verunsicherte verlassen ihre Häuser«.

Gewiß waren viele Archäologen, die sich in ihren Lehrgebäuden häuslich eingerichtet hatten, zutiefst verunsichert, als sie durch Fox und Crawford von einer ganz neuen, umweltbezogenen Betrachtungsweise ihrer Wissenschaft hörten. Die heutige Archäologenge-

105. Dem Vorbild des Generals Pitt-Rivers folgend, hob Sir Mortimer Wheeler (1890–1976) die Technik archäologischer Ausgrabungen auf ein vorher unerreichtes methodisches Niveau. Seine hier wiedergegebene Demonstration des Unterschiedes zwischen wirklicher und mißdeuteter Stratigraphie wurde zu einem geradezu klassischen Beispiel.

neration Englands schreibt die erste ausführliche Würdigung der Ökofakte (nicht von Menschenhand gefertigter, aber gleichwohl kulturrelevanter materieller Überreste vergangener Zeiten) gern Forschern wie Grahame Clark und Eric Higgs zu. Sie sollte dabei nicht vergessen: das umweltbezogene Vorgeschichtsverständnis, das sich in den dreißiger, vierziger und fünfziger Jahren durchsetzte, beruht auf der Vorarbeit, die Fox, Fleure und Crawford in den zwanziger Jahren leisteten.

Es fällt schwer, die Geschichte der Archäologie zu schreiben, wenn man beispielsweise präzise darstellen möchte, was sich wirklich im europäischen Denken zwischen Mercati, Goguet und der Eröffnung des Kopenhagener Museums im Jahre 1819 ereignete. Kaum einer, der die Entwicklung des technisch orientierten Dreiperiodensystems darstellt, schreibt seine Einführung Johann von Eckart zu, einem Historiker des frühen 18. Jahrhunderts, obwohl für diesen das Dreiperiodensystem ebenso als historisches Konzept existierte wie für Vedel-Simonsen. Vielleicht liegt es – wie R. J. Sharer und Wendy Ashmore in ihren ›Grundlagen der Archäologie‹ (*Fundamentals of Archaeology*, 1979), Seite 52, meinen – einfach daran, daß niemand Johann von Eckart beachtete.

Ebenso schwierig, wenn nicht noch schwieriger, ist es, über jemanden zu schreiben, den man persönlich kennt und mit dem man Debatten über die Entwicklung seiner Ideen geführt hat. Für jeden Archäologiehistoriker liegt es offen auf der Hand, das Cyril Fox' Ansichten auf Halford Mackinders ›Britannien und die britischen Meere‹ *(Britain and the British Seas)* sowie auf den Schriften von Vidal de la Blache beruhen – jenem französischen Anthropogeographen, der den Begriff der ›geographischen Personalität‹ prägte. Ich kannte Fox sehr gut und diskutierte den Ursprung und die Entwicklung seiner Gedankengänge oft mit ihm. Von Mackinder oder Vidal de la Blache hatte er nie etwas gehört, geschweige denn gelesen! Hier haben wir es im Bereich der archäologischen Theorie mit jenem Phänomen der unabhängigen Evolution bzw. der Parallelentwicklung zu tun, das sonst bei der Deutung archäologischer Fakten eine so gewichtige Rolle spielt.

Der dritte Engländer, von dem wir sprachen, ist R. E. M. Wheeler (Sir Mortimer Wheeler, wie er hieß, nachdem er 1952 in den Adelsstand erhoben worden war). 1890 geboren, wollte er ursprünglich Maler werden, entschloß sich dann jedoch für die Wissenschaft und studierte – unter anderem bei A. E. Housman – am Londoner *University College* Klassische Altertumskunde. Schließlich wandte er sich der Archäologie zu – mit größtem Erfolg und zum Segen ganzer Archäologen-Generationen insbesondere in Großbritannien und Indien. Er stand noch ganz in der Tradition der überragenden Feldarchäologen und Ausgräber-Persönlichkeiten des ›Heroischen Zeitalters‹ der Archäologie und war vielleicht der letzte einer langen Reihe, die mit Layard und Mariette begann und sich über Schliemann, Petrie, Pitt-Rivers, Arthur Evans und Woolley bis hin zu ihm fortsetzte.

Schon in jungen Jahren wurde Wheeler Direktor des Walisischen

Nationalmuseums in Cardiff, und bereits sein zweites Buch ›Prähistorisches und römisches Wales‹ (*Prehistoric and Roman Wales*, 1925) enthält eine außerordentlich lebendige und vorausschauende Synthese. Seine ersten Grabungen unternahm er an römischen Plätzen wie Lydney, Caerleon, Caernarvon und Verulamium, doch die berühmteste und in der Öffentlichkeit bekannteste seiner damaligen Ausgrabungen war die Freilegung der eisenzeitlichen Höhensiedlung Maiden Castle in Dorset. Ausgedehnte Felderkundungen sowie Grabungen in ausgesuchten Höhensiedlungen Nordfrankreichs schlossen sich an. Die 1943 veröffentlichte Publikation über *Maiden Castle* schildert ganz besonders deutlich Wheelers Methode und wird lange ein Klassiker der archäologischen Fachliteratur bleiben. Wheeler entwickelte ein neues System und eine neue Grabungstechnik, wobei er sich, wie er immer wieder betonte, auf Pitt-Rivers stützte, dessen Vorarbeit damals vergessen war oder doch nicht die ihr gebührende Wertschätzung fand. Was die Franzosen geradezu als *la méthode Wheeler* bezeichnen, besteht im wesentlichen aus der Anlage breiter Schnitte durch die archäologischen Schichten, in der Aushebung quadratischer Rasterfelder oder von Quadranten mit Querprofilen, der sorgfältigsten Erfassung und Aufzeichnung jedes Details, der denkbar akkuratesten und detailliertesten Vermessung sowie der vollständigen Publikation zum frühestmöglichen Zeitpunkt.

Wheeler verließ Cardiff, um in London als Museumsdirektor weiterzuwirken, und begründete zusammen mit seiner Frau Tessa Verney Wheeler das Archäologische Institut der Londoner Universität. Seine bereits erwähnte Autobiographie *(Still Digging)* sollte durch die Lektüre der Nachrufe ergänzt werden, die ihm Stuart Piggott und Jacquetta Hawkes widmeten.

1943 wurde Wheeler zum Generaldirektor der indischen Altertümerverwaltung ernannt. Zwar gehört sein dortiges Wirken eigentlich in das folgende Kapitel, doch empfiehlt es sich wohl, Leben und Taten einer so bedeutenden Persönlichkeit nicht auseinanderzureißen. Ihm verdankt der indische Subkontinent die Einführung jener wissenschaftlichen Methoden archäologischer Felderkundung und Ausgrabung, die er zwischen den beiden Weltkriegen auf britischem Boden entwickelt hatte. Doch gab er nicht nur der Erforschung Alt-Indiens neue Impulse, sondern bewies zugleich auch eine außergewöhnliche Begabung für Verwaltungsangelegenheiten und verfügte nicht zuletzt über enorme Ausdauer, wobei er – nicht selten zur größten Überraschung seiner indischen Kollegen und Schüler – kaum Rücksicht auf die Belastungen durch das tropische Klima nahm. Er flößte Indiens Archäologie neues Leben ein, bildete Archäologen aus und führte auch selbst eine Reihe von Ausgrabungen außerordentlich hohen Bedeutungsgrades durch, zuerst in den Induskultur-Städten Mohenjo-Daro (Mohendscho-Daro) und Harappa, die er erstmals als das erkannte, was sie sind; zweitens an Stätten wie Taxila und Tschandragupta, wo die Lücke zwischen indischer Vorgeschichte und altindischer Geschichte überbrückt und gleichzeitig Beziehungen zum Osten sowie zur griechisch-

römischen Welt des Westens nachgewiesen werden konnten. Drittens sei auf seine Ausgrabung der indo-römischen Handelsfaktorei Arikamedu an der Malabarküste bei Pondicherry hingewiesen. Diese Grabungsstätte versetzte ihn in die Lage, einen Teil der bisher undatierten prähistorischen indischen Töpferware zeitlich einzuordnen, und damit gewann er auch einen Zeitansatz für die indischen Megalithen im Dekkan, die er nunmehr in die Jahrhunderte unmittelbar vor Beginn der christlichen Ära weisen konnte.

Doch so bedeutend Wheelers Leistungen als Ausgräber und Forscher auf indischem Boden waren – auch als Lehrer indischer Archäologen sowie als Begründer einer Schule außerordentlich effizient arbeitender Feldforscher und Museumsfachleute leistete er in Indien Außerordentliches. Er rief die Zeitschrift ›Altes Indien‹ (Ancient India) ins Leben – dies mitten im Kriege und in einem Lande, das durchaus nicht zu den klassischen Ländern moderner Buchproduktion zählt, was allein schon deshalb eine bedeutende Leistung ist. Heute gibt es in Indien wie in Pakistan kaum einen Archäologen über vierzig, der nicht Wheeler voller Begeisterung seinen *guru*, seinen begnadeten Lehrer, nennt. Faszinierend, wie die Ausstrahlung eines Einzelnen die Archäologie eines gesamten Subkontinentes zu revolutionieren vermochte. Doch selbstverständlich bestand – ebensowenig wie in den zwanziger und dreißiger Jahren, als er die britische Feldarchäologie reformierte – Wheelers Erfolgsgeheimnis nicht allein in seinem Charisma. Vielmehr war er ein strikter Methodiker, der sehr hart zu arbeiten wußte und keine Nachgiebigkeit kannte, wenn es ein Ziel zu verfolgen galt.

106–108. Als Generaldirektor der indischen Altertümerverwaltung (1943–1947) brachte Wheeler die Archäologie Indiens auf einen zuvor unerreichten Stand. Er führte bei der Grabung die Gitter- bzw. Rastermethode ein, die ein methodisches Vorgehen erleichtert (*gegenüber oben:* in Arikamedu Virampatnam, Malabarküste), und legte *(links)* massive Wälle in Harappa frei, das – zusammen mit Mohenjo-Daro, woher die bronzene ›Tänzerin‹ *(gegenüber unten)* stammt – bedeutendstes Zentrum der Induskultur war.

Als Wheeler Indien verlassen und die Altertümerverwaltung sich geteilt hatte, besaß Indien zwei ausgezeichnete archäologische Institutionen. Ausgrabungen und Feldforschung kamen rasch voran. Eine der interessantesten neuen Fundstätten, Lothal im Gudscharat, wurde in den späten fünfziger und frühen sechziger Jahren von Santa Rama Rao ausgegraben. Lothal erwies sich als eine Stadt der Induskultur und enthielt Überreste eines künstlichen Hafens mit Zufahrtskanal und einem 24 m langen Kai zum Be- und Entladen der Schiffe. Der Hafen stammte aus der frühen bis reifen Harappazeit (Induszeit) und erbrachte unter anderem ein zeitgleiches Siegel aus dem Gebiet am Persischen Golf.

Nach England zurückgekehrt, wurde Wheeler Sekretär der Britischen Akademie und nahm auch seine Grabungstätigkeit auf britischem Boden wieder auf, indem er die Höhensiedlung bei Stanwick in Nord-Yorkshire freilegte. Seine Arbeit in Indien betrachtete er als den Höhepunkt seiner Laufbahn, und doch war sie nur eine, wenn auch besonders wichtige, von vielen bedeutenden Episoden im Leben dieses Mannes, bei dem man sicher nicht übertreibt, wenn man ihn zu den herausragendsten Persönlichkeiten der Archäologiegeschichte zählt. Seine Leistungen in Indien müssen vor dem Hintergrund dessen gesehen werden, was sich vor seiner Ankunft in Indien Archäologie nannte.

Man hat eingewandt, Wheeler habe keinen theoretischen Beitrag zur Archäologie geleistet. Mir scheint, die beste theoretische Position, die ein Archäologe beziehen kann, ist es, sich aller verfügbaren Möglichkeiten zu bedienen, um die materielle Hinterlassenschaft der Vergangenheit so weitgehend wie möglich zu rekonstruieren. Darüber hinaus aber machte sich Wheeler stets Gedanken über Sinn und Zweck der Archäologie. Sein oft zitiertes Wort, der Archäologe grabe nicht Gegenstände aus, sondern Menschen, enthält eine theoretische Feststellung, die keineswegs alle Archäologen in die Tat umsetzen. Zwei weitere vielzitierte Worte von ihm seien an das Ende dieses Abschnittes gestellt: »In einem simplen, sehr direkten Sinn ist Archäologie eine Wissenschaft, die gelebt werden muß, die man mit ›Menschlichkeit würzen‹ muß.« »Tote Archäologie ist der trockenste Staub, den es gibt.«

Indien und China

1913 begann Barrett sein Buch ›Die Altertümer Indiens‹ mit dem Rigveda und erklärte: »In Indien gibt es vor der Dunkelheit kein Zwielicht.« Sir John Marshall äußerte in seinem Kapitel über Indiens alte Denkmäler in *The Cambridge History of India* (1922): »Es ist das Unglück der indischen Geschichte, daß es kaum zeitgenössische Altertümer gibt, die Licht auf ihre frühesten und dunkelsten Seiten werfen.« Seine Darstellung des vorvedischen Indien beschränkt sich im wesentlichen auf kurze, verschwommene Anspielungen auf das Paläolithikum des Dekkan, die Megalithe Südindiens und diverse Kupferhorte im Ganges-Gebiet.

Nur zwei Jahre darauf kündigte Marshall in *The Illustrated London News* die Ausgrabung der prähistorischen Städte Harappa und Mohenjo-Daro (sie liegen im heutigen Pakistan) an und verglich ihre Entdeckung – übrigens völlig zu Recht – mit Schliemanns Entdeckungen in Tiryns und Mykenai. Harappa liegt etwas mehr als 480 km nordwestlich von Delhi nahe der Eisenbahnlinie zwischen Lahore und Multan, deren Trasse über eine Länge von etwa 150 km mit Schotter aus den Backsteinen der prähistorischen Stadt befestigt ist. 1921 grub Daya Ram Sahni in Harappa und stellte fest, daß es sich um eine prähistorische Stadt handelte. Diese Ausgrabungen wurden 1923–1925 von Sahni sowie 1926–1934 von M. F. Vats weitergeführt, dessen umfassende Veröffentlichung der Fundstätten 1940 erschien.

Zur gleichen Zeit, als Sahni in Harappa grub, begann rund 640 km weiter südlich und etwa 225 km nordöstlich von Karatschi R. D. Banerji Mohenjo-Daro auszugraben, die ›Stätte der Toten‹. 1921–1922 drang Banerji durch die Überreste der historischen Zeit in die Tiefe und gelangte schließlich zu Schichten, die ebensolche Siegel enthielten, wie man sie in Harappa gefunden hatte. Vats, Dikshit, Marshall, Hargreaves, Sahni und Mackay setzten die Ausgrabungen fort. Marshall veröffentlichte 1931 sein dreibändiges Werk ›Mohenjo-Daro und die Induskultur‹ *(Mohenjo-daro and the Indus Civilisation)*, und 1938 erschien dann Mackays ›Weitere Ausgrabungen in Mohenjo-Daro‹ *(Further Excavations at Mohenjo-daro)*. Während die Ausgrabungen in Harappa und Mohenjo-Daro noch im vollen Gange waren, fanden Majumdar in Sind sowie Hargreaves und Stein in Belutschistan andere Stätten der später so benannten Indus- oder Harappa-Kultur. Bei manchen dieser Orte, so z. B. bei Chanhu-Daro, handelte es sich um kleinere Städte, bei anderen dagegen um Dörfer. Zusätzliche Entdeckungen erweiterten den Verbreitungsraum dieser prähistorischen Kultur im Nordosten bis zu den Siwalik-Bergen, nach Süden dagegen bis zum Golf von Cambay – ein Territorium, größer als das Verbreitungsgebiet der alten Hochkulturen Ägyptens und Mesopotamiens.

Die Entdeckung der Induskultur veränderte das Bild der Vergangenheit, das man sich bis dahin gemacht hatte, völlig. In den fünf Jahrzehnten zuvor hatten Archäologen die früh- und vorgeschichtlichen Kulturen freigelegt, die hinter den historischen Hochkulturen Griechenlands, Roms, Assyriens und Ägyptens lagen. Minoer, Mykener, Hethiter und Sumerer waren inzwischen fester Bestandteil des frühgeschichtlichen Szenariums. Doch alle diese Entdeckungen bewegten sich innerhalb des östlichen Mittelmeerraumes und Südwestasiens. Die Induskultur aber war mehr als 3000 km von Mesopotamien entfernt – eine Kultur mit gitterartigen Straßennetzen, mit tüchtigen Metallhandwerkern und Kunstwerken wie der kleinen Tänzerin (Abb. 107) und dem bärtigen Priester. Durch sie erhielt die Frühgeschichte menschlicher Kultur nicht nur eine neue geographische Dimension, sondern auch ein völlig neues kulturelles Element.

Gleiches gilt für die Entdeckungen in China. Lange dachte man von

Chinas Vorgeschichte nicht anders als von der indischen. Zwar wurde man Anfang der zwanziger Jahre der Bedeutung der frühen chinesischen Hochkultur inne, glaubte indessen nicht, daß China schon in vorgeschichtlicher Zeit bewohnt war. In seinem Werk ›Der prähistorische Mensch‹ *(Prehistoric Man)* erklärte Jacques de Morgan: »Die chinesische Hochkultur geht auf das siebente oder achte Jahrhundert v. Chr. zurück. Über ihre Vorgeschichte wissen wir absolut nichts.«

Licht in dieses Unwissen brachte erstmals der schwedische Geologe J. Gunnar Andersson, der 1914 als Experte für die Ausbeutung von Kohle- und Erdölvorkommen nach China gekommen war. 1921 entdeckte er bei Yang Shao Tsun in Honan eine Wohnhöhle aus dem Neolithikum. 1923 veröffentlichte er unter dem Titel ›Eine frühe chinesische Kultur‹ einen vorläufigen Bericht, der zum ersten Male beschrieb, was wir heute als Yangshao-Kultur bezeichnen. Neolithische Kulturen, die noch älter sind als Yangshao, kamen im Lauf der nächsten zehn Jahre ans Licht. Gegen Ende des 19. Jahrhunderts gruben Bauern bei Anyang im Norden der Provinz Honan seltsame Knochenstücke aus, von denen einige Schriftzeichen trugen (Abb. 109). Im Jahre 1928 begann das Nationale Forschungsinstitut für Geschichte und Philologie der *Academia Sinica* zusammen mit der Smithsonian Institution Anyang auszugraben. Die Grabungen standen unter Leitung von Dr. Li Chi und Dr. Liang Ssu-Yung, deren vorläufige Grabungsberichte *(Preliminary Reports on Excavations at Anyang)* von 1929–1933 in vier Bänden erschienen. Sie wiesen nach: Anyang war in der Mitte des 2. Jahrtausends v. Chr. Hauptstadt der Shang-Dynastie, das Zentrum einer urbanen Kultur mit sehr schönen Artefakten aus Bronze sowie mit Knochen-, Stein- und Elfenbeinschnitzereien. Hier fanden sich sämtliche Elemente einer alten chinesischen Hochkultur historischen Charakters, die allerdings bis in das 2. Jahrtausend v. Chr. zurückreichte. – Dank der Archäologie wußte man nun, daß es auch in China und Indien prähistorische Kulturen gab. Ihr Alter und ihre Beziehungen zu den vor- und frühgeschichtlichen Kulturen des Alten Orients sollten die Gelehrten noch viele Jahre beschäftigen, ja beschäftigen sie noch immer.

Zwar erzielten Marshall sowie seine Assistenten und Kollegen aufsehenerregende Grabungsresultate, doch ihr Vorgehen rief mancherlei Kritik hervor. Mackay brachte in die Grabungen der Induskultur-Stätten seine Ausbildung mit ein, die er in Ägypten und Mesopotamien genossen hatte. Und wie John Marshall selbst einräumte, bestand einer der Hauptgründe, weshalb man ihn zum Generaldirektor des Indischen Antikendienstes ernannt hatte, in der Hoffnung, er werde auf dem indischen Subkontinent die wissenschaftlichen Grabungsmethoden einführen, die er in Griechenland gelernt hatte. Doch die Kunde von den stratigraphischen Grabungen Dörpfelds in Troja, Schmidts in Anau, Petries in Ägypten und Palästina sowie Pitt-Rivers' in England schien noch nicht bis zu Marshall und Mackay durchgedrungen zu sein. Ihre sogenannte Stratigraphie der Grabungsstätten im Industal hatte nichts

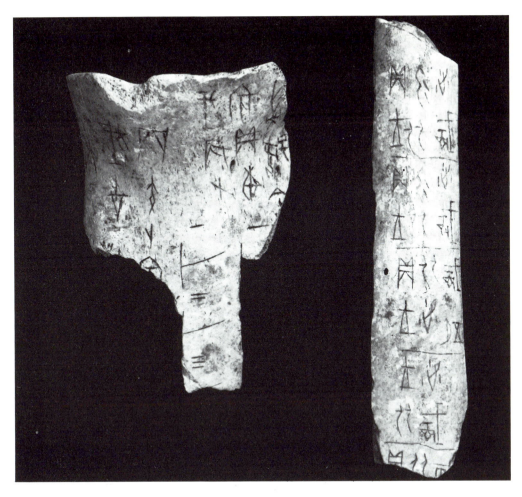

109. Zwei Orakelknochen aus der Zeit der Shang-Dynastie (16.–11. Jh. v. Chr.), China.

mit der sorgfältigen Abgrenzung und detaillierten Untersuchung der einzelnen Besiedlungsschichten zu tun, sondern beschränkte sich auf das Einnivellieren jedes einzelnen Fundes bezogen auf den mittleren Pegel des Indischen Ozeans bei Karatschi – ein System, das Wheeler als »unglaublich« bezeichnete. Marshalls und Mackays ›stratigraphische Methode‹ ist ein gutes Beispiel für das Vorgehen von Archäologen, die nichts von der Geschichte ihrer eigenen Wissenschaft wissen. Sollten Marshall und Mackay niemals von Worsaae, Fiorelli und Pitt-Rivers gehört haben, um von Thomas Jefferson ganz zu schweigen? Offensichtlich nicht!

Amerikanische Archäologie

In ihrer ›Geschichte der amerikanischen Archäologie‹ (*A History of American Archaeology*, 1974, 2. Auflage 1980) unterscheiden Willey und Sabloff – einer Anregung D. W. Schwartz' folgend – nachstehende vier Perioden der amerikanischen Archäologie:

1.) Die *spekulative* Periode (von 1492–1840), wobei sie unter ›Spekulation‹ ein Sich-Begnügen mit bloßen, durch Experimente unerhärteten Vermutungen verstehen;
2.) die *klassifikatorisch-deskriptive (klassifizierend-beschreibende)* Periode (von 1840–1914), die erstmals so etwas wie professionelle Archäologie auf amerikanischem Boden hervorbrachte;
3.) die *klassifizierend-historische* Periode (von 1914–1960) und
4.) die *explanatorische (erklärende)* Periode (von 1960 an).

Was wir in vorliegendem Kapitel über die amerikanische Archäologie zu sagen haben, fällt mitten in deren ›klassifikatorisch-historische‹ Periode, an deren Beginn eine echte Revolution der in Amerika angewandten Feldmethoden stand. Die Initialzündung gab die Arbeit Manuel Gamios, eines Schülers von Franz Boas. Im Verein mit A. M. Tozzer von der *Harvard University* hatte Boas Gamio dazu gebracht, im Hochtal von Mexiko stratigraphische Grabungen durchzuführen, und zwar mit dem erklärten Ziel, objektive Kriterien für die Feststellung der Abfolge der präkolumbischen Kulturen Mexikos nachzuweisen. Gamio löste diese Aufgabe, indem er einen sieben Meter tiefen Suchschacht in den Abfall der Ruinenstätte Atzcapotzalco trieb. Um Willey und Sabloff zu zitieren: »Durch diese eine Ausschachtung Gamios wurden mittelamerikanischen

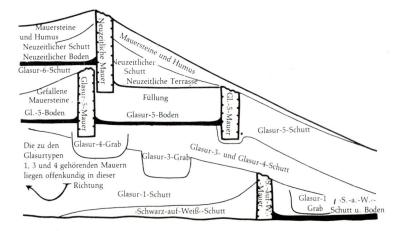

110. Schnitt Alfred V. Kidders durch stratifizierte Mauer- und Fußbodensequenzen im Pueblo Pecos (Neumexiko). Aus Kidders bahnbrechendem Werk *Introduction to the Study of South-Western Archaeology* (1924). Die Bezeichnungen ›Glasur 1, 2, 3‹ und ›Schwarz-auf-Weiß‹ beziehen sich auf verschiedene Keramikstile.

Archäologen die Dimensionen der Zeit und der Tiefe klar, und besser noch: sie begannen zu begreifen, daß man damit etwas anfangen konnte.« Auf Gamios Arbeiten folgte 1914 das Wirken Nelsons in New Mexico, und später schlossen sich die Untersuchungen A. V. Kidders an, der gleichzeitig mit Nelson in Harvard gewesen war. Kidder war von Tozzer sowie von dem amerikanischen Ägyptologen G. A. Reisner ausgebildet worden. Seine Arbeit in Pecos im oberen Pecos-Tal (New Mexico) war eine der umfangreichsten Untersuchungen der damaligen Zeit in Nordamerika und von ausschlaggebender Bedeutung für die Entwicklung der archäologischen Methodik auf amerikanischem Boden.
Kidder begann mit seinen Feldforschungen 1907. Damals nahm ihn

Edgar L. Hewett, der, was seinen Charakter angeht, eine gewisse Ähnlichkeit mit Sir Mortimer Wheeler gehabt haben muß, zusammen mit zwei weiteren Harvard-Studenten auf eine Mesa im Vierstaateneck im Südwesten der USA mit. Dort zeigte er ihnen ein Areal, das mehrere Hunderte von Quadratkilometern umfaßte. Kidder erschien es, wie er später erklärte, »fast die halbe Welt«. Hewett deutete auf archäologisch interessante Strukturen in der Landschaft und meinte: »Jungens, ich möchte, daß ihr dieses Land archäologisch untersucht. Ich bin in sechs Wochen wieder hier. Ihr solltet euch ein paar Pferde besorgen.«

Kidder wählte Pecos (Abb. 110), weil dieses zur Zeit der spanischen Kolonisation noch besiedelt war. Seine Ausgrabungen, die von 1915–1929 dauerten, schufen die Basis für die erste chronologische Bestimmung der vorspanischen Besiedlung des amerikanischen Südwestens. 1927 organisierte Kidder in Pecos einen Kongreß von Archäologen aus ganz Amerika. Sie alle brachten ihre Erfahrungen und Forschungsergebnisse mit und stellten gemeinsam ein kulturelles und chronologisches Schema auf, das noch immer Grundlage jeder archäologischen Arbeit im dortigen Bereich ist.

Kidders ›Einführung in das Studium der Archäologie‹ *(An Introduction to the Study of South-Western Archaeology)* erschien erstmals 1924 (die Neuausgabe von 1962 hat einen zusätzlichen einführenden Aufsatz ›Die Archäologie des Südwestens heute‹ *[Southwestern Archaeology today]* von Irving Rouse). Das Werk ist ein Klassiker der amerikanischen Archäologie-Fachliteratur ebenso wie Kidder ohne Zweifel eine der hervorragendsten Persönlichkeiten der amerikanischen Archäologiegeschichte ist. 1929 wurde er Direktor der Abteilung für historische Forschungen am Carnegie-Institut in Washington, und diese Stellung ermöglichte es ihm, größere archäologische Forschungsprojekte anzugehen. Er konzentrierte sich nun auf die Maya und meinte damit ebenso die Erforschung der noch existierenden Maya-Nachkommen als auch die Ausgrabung der archäologischen Maya-Stätten, Sylvanus G. Morley hatte 1915 seine grundlegende ›Einführung in das Studium der Maya-Hieroglyphen‹ *(Introduction to the Study of Maya Hieroglyphs)* veröffentlicht. Drei der Haupt-Ausgrabungen des Carnegie-Instituts fanden in Uaxactún im Regenwald von Guatemala, in Chichén Itzá im ariden Yucatán sowie in Kaminaljuyu im guatemaltekischen Hochland statt.

In ›Die Töpferware von Pecos‹ *(The Pottery of Pecos,* 1931, 6–7) legt Kidder dar, nach welchem Schema er vorzugehen pflegte, wenn es ein bestimmtes Gebiet zu erforschen galt.

»1. Vorab-Erkundung der betreffenden Überreste; 2. Auswahl von Gesichtspunkten, um die betreffenden Überreste chronologisch zu ordnen; 3. Vergleichende Untersuchung des Auftretens der in Betracht gezogenen Merkmale, um zu einer zunächst nur versuchsweisen chronologischen Ordnung der Stätten zu gelangen, wo sie anzutreffen sind; 4. Suche nach Plätzen, wo stratifiziertes Material zu erwarten ist, und deren Ausgrabung, um den provisorischen Zeitansatz zu überprüfen und gleichzeitig eine möglichst hohe Zahl von Einzelobjekten für morphologische und genetische Untersuchungen zu gewinnen; 5. Gründliche Neuuntersuchung des betreffenden Areals im Lichte des nunmehr vorhandenen Wissens, um sämtliche Fundplätze einzuordnen sowie, wenn nötig, neue Plätze für weitere Ausgrabungen auszuwählen, von denen die Erhellung von Problemen zu erhoffen steht, die erst im Lauf der Forschungen selbst aufgetaucht sind.«

Hier haben wir es mit einem Entwurf für archäologische Forschungen zu tun, der uns auch heute noch, 50 Jahre danach, hieb- und stichfest zu sein scheint und auch Denkanstöße gibt. Zwar wurde, was Kidder vorschwebte, in gewissen Teilen Europas praktiziert, doch hat niemand diese methodischen Forderungen so klar ausgesprochen wie Kidder selbst. Allerdings sei hinzugefügt: Cyril Fox tat im Osten Britanniens, und zwar in der Region von Cambridge, genau das, was Kidder verlangte. Damals gab es unter den amerikanischen Archäologen eine Auseinandersetzung über die Definition der Stratigraphie. So mancher hielt Stratigraphie für eine bloße Angelegenheit des Nivellierens. Andere – wie Kidder – verstanden unter Stratigraphie die Erforschung der tatsächlich vorhandenen Erd- und Trümmerschichten, insbesondere das Innewerden dessen, was diesen Schichten im Hinblick auf die Geschichte einer beliebigen Stätte an Informationen aufzuweisen haben. Eine aufschlußreiche Darstellung der Auseinandersetzung zwischen den Vertretern der ›metrischen‹ und ›natürlichen‹ Stratigraphie geben Willey und Sabloff in ihrer *History of American Archaeology* (2. Auflage 1980, Seite 52f.). Es handelt sich um das gleiche Grundproblem, dem sich Wheeler in Indien gegenübersah, als er dort die Ergebnisse seiner Vorgänger überprüfte. Die Antwort ist denkbar einfach: metrische Stratigraphie liefert allenfalls Meßdaten, die ›natürliche‹ oder besser, die von Menschenhand – wenn auch unfreiwillig – hervorgerufene Stratigraphie dagegen ermöglicht archäologische Interpretation.

1929 entdeckte der berühmte Flugpionier Charles W. Lindbergh den Wert von Luftbildern für archäologische Zwecke. Zuerst photographierte er Pueblos im nordamerikanischen Südwesten. Professor Edgar L. Hewett bezeichnete die Lindbergh-Photos als die erste erfolgreiche Anwendung der Luftbildtechnik im Bereich der nordamerikanischen Archäologie. Auch Alfred Kidder erkannte ihren Wert sehr schnell. »Einige der Aufnahmen, die Oberst Lindbergh und seine Gattin anfertigten«, so äußerte er, »zeigen deutlich einstige Zusammenhänge zwischen natürlichen Wasservorräten, bebaubarem Land und leicht zu verteidigenden Standorten für die Häuser.«

Später im gleichen Jahre photographierten die Lindberghs im Rahmen der von der Fluggesellschaft Pan American Airways und dem Carnegie-Institut durchgeführten sogenannten ›archäologischen Flüge‹ – dem, wie Leo Deuel (›Flug ins Gestern‹ [*Flights into Yesterday*, 1969, 213]) es nannte, »ersten größeren und ausschließlichen Vorhaben seiner Art in der westlichen Hemisphäre« – das Maya-Hinterland von Belize.

5 Neue und nicht ganz so neue Archäologie (1939–1980)

Als der Zweite Weltkrieg ausbrach, waren erst wenige Wochen seit einer der sensationellsten Entdeckungen der modernen Archäologiegeschichte vergangen – dem Fund der Schiffsbestattung von Sutton Hoo in Suffolk mit ihrem so überaus reichen Grabschatz (Abb. 111, Tafel VI). Es handelte sich freilich um ein Leergrab, denn ein Leichnam wurde nicht gefunden, möglicherweise um das Kenotaph des Königs Redwald (599–635 n. Chr.). Crawford widmete ihm ein ganzes Heft der Zeitschrift *Antiquity*, und zur Zeit arbeitet man noch an der vollen Publikation durch Bruce Mitford, die drei Bände umfassen wird.
Eine Zeitlang schien der Krieg aus britischer Sicht eher eine Art Schattenboxen zu sein. Als dann aber schließlich die Deutschen Holland, Belgien und Frankreich überrannten und man nach der Katastrophe von Dünkirchen eine Invasion befürchtete, sahen viele schon den Augenblick kommen, der das Ende der westeuropäischen Kultur und damit das Ende freier Meinungsäußerung über Geschichte und Vorgeschichte bringen werde. An deren Stelle, so meinte man, werde nun bald der Rassenwahn des Nationalsozialismus und dessen nordisch-arische Mythologie treten.
Sicherlich hielt Vere Gordon Childe dies für ebenso unausweichlich wie viele andere auch. Einst – 1917 – hatte er den Ersten Weltkrieg als eine Katastrophe angesehen, die zum Untergang aller Zivilisation und wahren Freiheit führen werde. Rückblickend äußerte er 1957, der Zweite Weltkrieg war für ihn »eine bodenlose Kluft, die alle Traditionen menschlicher Kultur verschlingt«. 1945 hatte er seinem Freund Robert Braidwood geschrieben, »um die Alte Welt außerhalb der UdSSR ist es geschehen«.
Zum Glück für uns alle – innerhalb und außerhalb der UdSSR – hatte er unrecht. Mitten im Kriege, 1940, kamen seine ›Prähistorischen Gemeinschaften der Britischen Inseln‹ *(Prehistoric Communities of the British Islands)* heraus, damals die beste und aktuellste Zusammenfassung der Vorgeschichte Britanniens. Inzwischen arbeitete Childe bereits an seinem neuen Buch *What happened in History* (1942, deutsch unter dem Titel *Stufen der Menschheitsgeschichte*, 1952), ein Buch, das sich über die Fachwelt hinaus an die breite Öffentlichkeit wandte, obwohl Childe selbst daran zweifelte, daß es noch je eine Öffentlichkeit geben werde, der man erlaube, seine nicht parteigebundene Geschichts- und Vorgeschichtsdarstel-

lung zu lesen, denn wie er ausdrücklich schrieb, stürzte »die europäische Zivilisation – Kapitalisten gleichermaßen wie Sozialisten – unaufhaltsam einem Dunklen Zeitalter entgegen«.

Die umfassende Geschichtsdeutung auf archäologischer Grundlage, die Childe in *Stufen der Menschheitsgeschichte* gab, war einfach. Der altsteinzeitliche Wilde hatte einst Landwirtschaft entwickelt, dies nur in jenem Bereich Südwestasiens, den Breasted als ›Fruchtbaren Halbmond‹ bezeichnet hatte. Dies war die ›Neolithische Revolution‹, die sich an den beiden Halbmondspitzen in Ägypten und Mesopotamien abspielte. Dann entwickelten zwei neolithisch-barbarische Bevölkerungsgruppen im Kontakt miteinander städtische Lebensweise und Schriftkenntnis – nach Childe die ›Urbane Revolution‹. Die über Schrift verfügenden Städte des Nahen Ostens ließen schließlich ebenso die historischen Kulturen des ›Klassischen Altertums‹ (Griechenlands und Roms) wie auch die Kulturen im Industal und in China entstehen. Europa war im 2. und 1. vorrömischen Jahrtausend nur ein schwacher Abglanz des Nahen Ostens. Alle neuen Ideen und Erfindungen flossen, vermittelt durch Einwanderung, Handel und Gedankenaustausch, aus dem Nahen Osten ein.

Ich war örtlicher Sekretär der Sektion H der Britischen Vereinigung zur Förderung der Wissenschaften, als Childe deren Präsident war. Wiederholt trafen wir zusammen und diskutierten über seine Antrittsrede, die er unter das Motto gestellt hatte: ›Der Orient und Europa‹ *(The Orient and Europe)*. Selbstverständlich hatte er diesen Titel von Montelius entlehnt, und dies ganz bewußt. Wir sprachen

111. Das reichste Kenotaph (Leergrab), das je auf britischem Boden entdeckt wurde: das Schiff von Sutton Hoo, eine Schiffsbestattung ohne Leiche, hier bei der Ausgrabung (1939).

darüber auch nach dem Kriege, den die westliche Zivilisation wider Erwarten überdauert hatte, und er wiederholte: die Geschichte Europas im Neolithikum sowie in der Bronze- und Eisenzeit sei die Geschichte »der Einstrahlung orientalischer Kultur auf das europäische Barbarentum«.

Dies war 1946. Zehn Jahre später, als er im Begriff war, ›Das Morgengrauen der europäischen Gesellschaft‹ *(The Dawn of European Society)* zu schreiben, änderte er seine Ansichten. In ›Die Arier‹ *(The Aryans* [1926]), einem Buch, über das er später einsichtsvollerweise den Mantel des Vergessen gebreitet wissen wollte, hatte er einst besonders stark betont, was die Europäer an eigenständigen Leistungen zum Werden ihrer Kultur beigetragen hätten, und nun wurde ihm – wie vielen anderen Archäologen damals auch – allmählich klar, was Christopher Hawkes in seinen ›Vorgeschichtliche Grundlagen Europas‹ *(The Prehistoric Foundations of Europe,* 1940) verkündet hatte: zwar spielte auch in Europa, wie überall sonst, die Ausstrahlung anderer Kulturen eine wichtige Rolle, doch war sie bei weitem nicht der einzige Faktor, der Kultur entstehen ließ. Inzwischen erwies sich auch durch ^{14}C-Daten so manche kulturelle Leistung Europas, die man früher dem Einfluß des ältesten Alten Orients zugeschrieben hatte, als sehr früh; und seit Colin Renfrew, John Coles und andere nachweisen konnten, daß der Radiokarbondatierung zufolge die Anfänge der Metallurgie und der Megalithbauweise in Europa zeitlich vor jeder denkbaren Beeinflussung durch irgendwelche Kulturen der Ägäis oder des Orients liegen, befinden wir uns in der nach-childesken Phase der Archäologie.

Im Jahre 1940, als Childe an seinen *Stufen der Menschheitsgeschichte* arbeitete, ereigneten sich zwei wichtige Dinge: am 12. September, als die Schlacht um Britannien in vollem Gange war, entdeckten vier Schulknaben bei Montignac im Dordogne-Gebiet die Höhle von Lascaux mit ihren paläolithischen Malereien und Gravierungen (Abb. 112). Man hat diese Höhle als ›Nummer Zwei‹ nach Altamira bezeichnet. Mir scheint sie in so mancher Hinsicht jedoch das Beispiel ›Nummer Eins‹ für die Höhlenkunst der späten Altsteinzeit. Sie ist eine Schöpfung von Europäern. Damals in präneolithischer Zeit konnte von Ausstrahlung aus dem Osten noch keine Rede sein. Ja – die gesamte jungpaläolithische Kunst in den Höhlen Südfrankreichs und Kantabriens bleibt eine europäische Leistung allerersten Ranges. Wer immer sich über die Ursprünge menschlicher Kunst oder die Entfaltung menschlicher Kultur Gedanken macht, sollte der Frage nachgehen, warum diese großartigen Kunstwerke überwiegend auf einen so verhältnismäßig eng begrenzten Teil Südwesteuropas beschränkt blieben.

Die zweite Frage, die sich alle Archäologiehistoriker stellen müssen, lautet: Zur Zeit kennen wir über 200 Höhlen mit Malereien und Felsgravierungen aus der Zeit zwischen 20000 und 8000 v. Chr. Sie enthalten, grob gerechnet, ungefähr 2000 Tierdarstellungen oder etwas mehr. In welchem Verhältnis steht dies zur künstlerischen Gesamtproduktion des jungpaläolithischen Menschen? Es könnte

112. Die 1940 von zwei Schulknaben entdeckte Höhle von Lascaux (Dordogne) enthält einige der großartigsten Beispiele jungpaläolithischer Kunst, die je zum Vorschein kamen. Hier sieht man eine in schwarzroter Lavierung wiedergegebene Urrind-Kuh über vorwiegend in schwarzer Farbe dargestellte Ponies springen.

durchaus sein, daß in fünfzig oder hundert Jahren künftige Archäologiehistoriker ganz neue einschlägige Entdeckungen zu verzeichnen haben. Die erst 1970 gefundene ›neue Galerie‹ in Niaux verdeutlicht auf recht dramatische Weise, wie wenig wir von der Kunst des Jungpaläolithikums wissen.

Bisher haben wir auch noch keinerlei Ahnung, was einst unsere jungpaläolithischen Vorfahren veranlaßt haben könnte, diese älteste, so erstaunlich naturalistische und uns so nahegehende Kunst zu schaffen – und wir werden dies, wie mir scheint, wohl auch niemals wissen. Ob Sympathiezauber, wie Breuil meinte, eine ›Kunstgalerie‹, wie andere vermuteten, ein Bilderverzeichnis erlegter Tiere (eine Art paläolithischen ›Streckenbuchs‹), wie gleichfalls in Erwägung gezogen wurde, oder rein symbolische Darstellung von Tieren, die jeweils das weibliche oder männliche Prinzip versinnbildlichen, wie A. Leroi-Gourhan (nach meiner Ansicht nicht sehr überzeugend) vorgeschlagen hat . . . gleichviel: die Kunst des Jungpaläolithikums zeigt klar, womit sich Vertreter der Vorgeschichtsarchäologie nur allzu oft abfinden müssen: wir müssen leider die Antwort schuldig bleiben.

Doch gleichfalls 1940, als Lascaux entdeckt wurde, ließ Simpson in New York seine Ballons steigen und wies mit seinen Sonden das Vorhandensein zweier Kohlenstoffisotope – des radioaktiven Kohlenstoffs 14 und des nicht-radioaktiven Kohlenstoffs 12 – in der Atmosphäre nach. Auf seinen Beobachtungen beruhte die Entwicklung der Radiokarbondatierung, deren eigentlicher Entdecker freilich Willard F. Libby von der Universität Chicago war.

Archäologie und Naturwissenschaft

Nichts war zwischen 1939 und heute für die Archäologie von größerer Tragweite als die 1949 von Libby bekanntgegebene Entdeckung der ^{14}C- oder Radiokarbondatierung. Die ›antiquarische‹ und ›geologische‹ Revolution im frühen 19. Jahrhundert führten überhaupt erst zum Entstehen der Archäologie im modernen Sinne. Die ^{14}C-Revolution der fünfziger und sechziger Jahre unseres Jahrhunderts brachte dagegen eine vorher nie gekannte Sicherheit in die Versuche, ein Gerüst absoluter Daten für archäologisches Material zu zimmern. Dieses neue und umwälzende Datierungsverfahren beruht auf der Beobachtung, daß jegliche lebende Materie Spuren von ^{14}C, einem radioaktiven Isotop des Kohlenstoffs, enthält. Dieser radioaktive Kohlenstoff bildet sich in großer Höhe durch Einwirkung von Neutronen auf den Stickstoff der Atmosphäre, oxydiert rasch zu Kohlendioxyd und vermischt sich schließlich mit dem nicht-radioaktiven Kohlendioxyd der Luft. Es wird daher von allen Lebewesen in einem konstanten Verhältnis zum gewöhnlichen Kohlenstoff aufgenommen (auf jede Million Atome des nichtradioaktiven Kohlenstoffs 12 entfällt ein Atom radioaktives ^{14}C). Stirbt ein Organismus, bleibt dieses Verhältnis allerdings nicht bestehen. Vielmehr vermindert sich der radioaktive ^{14}C-Anteil, und seine Zerfallsrate ist bekannt. Libby nahm für ^{14}C eine Halbwertzeit (d. h.: die Zeit, in der ein radioaktives Isotop um jeweils die Hälfte der vorhandenen Substanz zerfällt) von 5568 ± 30 Jahren an, und es wird noch immer empfohlen, sich hieran zu halten, obwohl nach neueren Berechnungen 5730 ± 40 Jahre genauer zu sein scheint. Annäherungswerte an die unter Bezugnahme auf die neue Halbwertszeit gewonnenen Daten erhält man, wenn man die anhand der alten Halbwertzeit erhobenen Daten mit dem Faktor 1,029 multipliziert.
Heute gibt es mehr als 80 Laboratorien auf der Welt, die Radiokarbondatierungen vornehmen, und insgesamt wurden bisher rund 50 000 Radiokarbondaten erhoben. Radiokarbon-Laboratorien geben ihre Daten in Jahren *bp* (englisch: *before present*, = ›vor der Gegenwart‹) an, wobei ganz willkürlich das Jahr 1950 als Bezugsjahr gewählt wurde. Auf den Beginn der christlichen Zeitrechnung bezogene Jahreszahlen gewinnt man daher, indem man von Radiokarbondaten die Jahreszahl 1950 abzieht.
Als Grenze der Anwendbarkeit des ^{14}C-Verfahrens galt bis vor wenigen Jahren der Zeitraum vor etwa 40 000 bis 50 000 Jahren. Heute bestehen jedoch Aussichten, daß sich die Methode auf sehr viel weiter zurückliegendes Material (d. h.: auf Material bis vor 80 000 Jahren) anwenden läßt. Die in den fünfziger und sechziger Jahren erhobenen ^{14}C-Daten riefen in der Fachwelt beträchtliche Verwirrung hervor. Hatte man doch ihnen zufolge manche Entwicklungen im barbarischen Europa sehr viel früher anzusetzen, als dies nach der Differentialdatierung von Montelius, Childe und anderen hätte sein dürfen. Manche Gelehrte wie z. B. Milojčič verwarfen sie ganz und gar. Andere waren zurückhaltend, beson-

ders was die frühen Zeitansätze für die Megalithbauten auf Malta und in der Bretagne anging, die nun älter als Altägyptens Pyramiden und Mesopotamiens Ziqqurrat (und damit die älteste Monumentalarchitektur der Welt) sein sollten. Dann aber klafften auch die ¹⁴C-Daten für das frühe protohistorische Ägypten unübersehbar mit der geltenden Chronologie auseinander, die auf schriftlichen Zeugnissen beruhte, und da an den schriftlichen Aufzeichnungen Altägyptens anscheinend nicht zu rütteln war, mußte man wohl davon ausgehen, daß mit der ¹⁴C-Methode etwas nicht stimmte. Durch einen seltsamen Zufall sollte ausgerechnet die Baumringdatierung, die im zweiten Viertel des zwanzigsten Jahrhunderts niemand so richtig ernstgenommen hatte, die Überprüfung der ¹⁴C-Daten ermöglichen. Die Chronologie der Wachstumsringe bei *pinus aristata*, der in Ostkalifornien gedeihenden Borsten- oder Grannenkiefer, läßt sich bis zu 7000 Jahren zurückverfolgen und zeigte: die bei der ¹⁴C-Datierung ermittelten Jahreszahlen deckten sich von einer bestimmten Zeitmarke an nicht mit Kalenderjahren (Sonnenjahren). Als Ursache nahm man Inkonstanz des ¹⁴C-Gehaltes der Erdatmosphäre an, die man wiederum auf Schwankungen des Erdmagnetfeldes zurückführte. In einer ganzen Reihe von Laboratorien hat man die Abweichung zwischen ¹⁴C- und Kalenderjahren in den Griff zu bekommen versucht. Eine allgemein verbindliche Eichkurve (Kalibrierungskurve) liegt zur Stunde noch nicht vor. Doch die Kurve, die wir hier wiedergeben, zeigt, worin das Problem besteht. Heute pflegt man nur in Radiokarbonjahren erhobene Daten durch aus dem Englischen entlehnte Zusätze in Kleinbuchstaben wie *bp* (*before present*, vor der Gegenwart), *ad* (*anno domini*, n. Chr.) und *bc* (*before Christ*, v. Chr.) kenntlich zu machen, wogegen man kalibrierte (anhand einer Eichkurve korrigierte) Daten mit ebendenselben Zusätzen in Großbuchstaben versieht. Manche deutschsprachigen Publikationen geben auch – wie bisher – einfach die Jahreszahlen »v. Chr.« oder »n. Chr.« an und fügen lediglich die Abkürzungen *unkorr. Dat.* oder *korr. Dat.* hinzu.

113. Allgemein akzeptierte Eichkurve für die Umrechnung von ¹⁴C-Daten (*bp* = *before present*, ›vor heute‹, d. h.: vor 1950) in Kalenderdaten (*BP* = dasselbe wie *bp*, nur in Großbuchstaben als Hinweis auf die vorgenommene Korrektur) auf der Grundlage der Dendrochronologie (Baumringdatierung). Wie man sieht, fallen ¹⁴C-Daten ab etwa 2400 ›vor heute‹ mehr und mehr ›zu jung‹ aus.

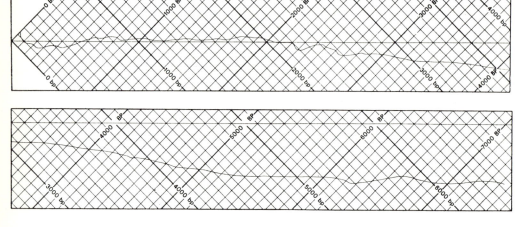

Beinahe ebenso verblüffend und nicht minder neuartig ist das Verfahren der Thermolumineszenzdatierung. Gleiches gilt für die Kalium-Argon-Methode. Die TL-Datierung beruht auf einer Ausstrahlung von Licht (das aber nichts mit dem normalen Aufglühen zu tun hat). Es tritt gleichwohl ebenso dann auf, wenn man gewisse Substanzen auf eine bestimmte Temperatur erhitzt. Dieses Licht ist freigesetzte Energie, die zuvor in Form von Elektronen gespeichert war, die sich im Kristallgitter der betreffenden Materie verfangen hatten. Fast jede Töpferware enthält Mineralbestandteile, die die Eigenschaft besitzen, auf diese Weise Energie zu akkumulieren. An der Entwicklung dieses Verfahrens waren maßgeblich das Forschungslabor für Archäologie und Kunstgeschichte in Oxford, die *MASCA unit* des Universitätsmuseums von Philadelphia, daneben aber auch andere Institute beteiligt. Die vom Oxforder Forschungslabor unter dem Titel *Archaeometry* herausgegebene Fachzeitschrift bildet ein Forum für die Diskussion alles dessen, was mit der Thermolumineszenzdatierung sowie mit anderen Verfahren und Problemen der naturwissenschaftlichen Untersuchung archäologischen Materials zusammenhängt.

Die Kalium-Argon-Methode wurde von Dr. Evernden und Dr. Curtis in Berkeley, Kalifornien, entwickelt, um das Alter vulkanischen Ergußgesteins (aber auch von Tektiten) und damit das Alter der Schichten zu bestimmen, in denen die betreffenden Gesteine vorkommen. Sie beruht darauf, daß radioaktives Kalium 40 in einer bestimmten Rate zu Argon 40 zerfällt.

Ausführliche Beschreibungen dieser und vieler anderer Techniken findet man bei Kenneth Oakley in dessen ›Rüstzeug für die Datierung des fossilen Menschen‹ (*Frameworks for Dating Fossil Man*, 2. Auflage 1970), desgleichen bei Don Brothwell und Eric Higgs (Hrsg.): ›Naturwissenschaft in der Archäologie – eine Übersicht über Fortschritt und Forschung‹ (*Science in Archaeology: a survey of progress und research*, 2. Auflage 1969) – einem unschätzbaren Kompendium. Es schildert sämtliche naturwissenschaftlichen Verfahren, die heute in der Archäologie Anwendung finden: nicht nur Datierungsmethoden, sondern auch solche der Fundstätten-Ortung (einschließlich geophysikalischer Methoden der Sondierung), Techniken geologischer Gesteinsbestimmung sowie Methoden der Analyse, etwa Elektronenstrahl-Mikroanalyse, Neutronenaktivierungsanalyse, Röntgenfluoreszenzspektrometrie und viele andere mehr. Weiterhin sei auf E. Pyddoke (Hrsg.): ›Der Naturwissenschaftler und die Archäologie‹ (*The Scientist and Archaeology*, 1963) sowie auf die sehr klare und nützliche Zusammenfassung hingewiesen, die der ›Rat für Britische Archäologie‹ *(Council for British Archaeology)* 1970 unter dem Titel ›Handbuch der naturwissenschaftlichen Hilfsmittel und Beweise für Archäologen‹ *(Handbook of Scientific Aids and Evidence for Archaeologists)* veröffentlicht hat.

1955 begründete Carlo Lerici die Mailänder *Fondazione Politecnica* und entwickelte ein beachtenswertes Verfahren: ein Periskop mit einer Kamera, das in unausgegrabenen Grabkammern Rundum-

Aufnahmen im Vollkreis von 360 Grad ermöglichte. 1956 begann er dieses Gerät in den etruskischen Nekropolen von Cerveteri und Tarquinia anzuwenden, und die Resultate, die er dort sowie in Vulci erzielte, übertrafen alle Erwartungen. Näheres darüber findet man in dem von der *Fondazione Lerici* herausgegebenen Journal, das den Titel ›Archäologische Erkundungen‹ *(Prospezioni Archeologiche)* trägt.

In zunehmendem Maße entwickelte sich auch die ›Luftbildarchäologie‹. Der Erste Weltkrieg hatte den Archäologen die Möglichkeiten der Luft-Boden-Erkundung gezeigt. Der Zweite Weltkrieg gab vielen die Möglichkeit, sich in der Luftbild-Auswertung zu üben. So beruhte John Bradfords ›Antike Landschaften – Studien zur Feldarchäologie‹ *(Ancient Landscapes: Studies in Field Archaeology,* 1960) auf Bradfords Tätigkeit als militärischer Luftbild-Auswerter im zentralen Mittelmeerraum. Nach Kriegsende richtete die Universität Cambridge eine eigene Abteilung für Luftbild-Photographie ein, die über ein eigenes Flugzeug und einen eigenen Piloten verfügte. Kurator war J. K. St Joseph. Diese Institution leistete nicht nur bemerkenswerte Beiträge zur archäologischen Erforschung Britanniens, sondern auch Irlands, Dänemarks und Frankreichs. Englische Archäologiehistoriker, die die Pioniertaten O. G. S. Crawfords, Hamshaws, Thomas' und Major Allens im Auge hatten, betrachteten bisweilen die Luftbildarchäologie als eine Domäne der Engländer. Sie seien auf Oberst Barradez hingewiesen, dessen Werk über den römischen Limes in Nordafrika 1949 unter dem Titel ›Die Grenzbefestigung Afrikas – Untersuchungen über die Organisation am Rand der Sahara in römischer Zeit‹ *(Fossatum Africae: Investigations on the Organization of the Border of the Sahara in the Roman Period)* erschien, desgleichen auf die Arbeit Roger Agaches in Nordfrankreich. Seine ›Lufterkundung frühgeschichtlicher, gallo-römischer und mittelalterlicher Spuren‹ *(Détec-*

114. Roger Agache, einem ausgezeichneten französischen Luftbildphotographen, gelang bei Warfusée, Abancourt (Département Somme/Nordfrankreich) diese geradezu gespenstisch anmutende Aufnahme der weißschimmernden Kreidefundamente einer gallo-römischen Villa.

tion aérienne de vestiges protohistoriques, Gallo-Romaines et Médiévaux, 1970) ist ebenso ein Klassiker unter den luftbildarchäologischen Veröffentlichungen wie *Fossatum Africae* oder *Wessex from the Air*.

1925 schrieb Salomon Reinach: »Das reichste Museum der antiken Welt liegt auf dem Boden des Mittelmeeres . . . Allerdings ist dieses Museum noch unzugänglich.« Inzwischen wurde es zugänglich gemacht, doch seien auch hier die Taten früher Pioniere nicht vergessen. Schon 1446 versuchte der italienische Architekt Leon Battista Alberti zwei römische Schiffe auf dem Boden des Nemisees (etwa 25 km südöstlich von Rom) zu heben, und 1535 ließ Francesco Demarchi den ersten Helmtaucher in den See hinab, um die Schiffe zu untersuchen.

Die Fortschritte der modernen Unterwasserarchäologie verdanken wir – unter anderem – den Arbeiten von Jacques-Yves Cousteau im Seegebiet vor Marseille, George Bass und Peter Throckmorton im östlichen Mittelmeer sowie Keith Muckelroy und anderen in Britannien. Als Bass mit einem Unterwasser-Archäologenteam der Universität von Pennsylvania in den Küstengewässern der Türkei arbeitete, war er mit einem Zweimann-U-Boot, der *Asherah*, ausgerüstet, von dem er schrieb: »Die *Asherah* war in der 60jährigen Geschichte der General Dynamics nicht nur das erste U-Boot, das sie für Archäologen bauten, sondern es war das erste nicht-militärische Fahrzeug überhaupt, das man dort je vom Stapel ließ.« Wer sich über die Entwicklung der Unterwasserarchäologie nach dem Zweiten Weltkrieg eingehender zu informieren wünscht, lese George F. Bass: *Archäologie unter Wasser* (1966, Taschenbuchausgabe 1978), desgleichen Joan du Plat Taylor (Hrsg.): ›Meeresarchäologie. Sechzig Jahre Entwicklung im Mittelmeer‹ (*Marine Archaeology, Development during Sixty Years in the Mediterranean*, 1965) und Keith Muckelroy ›Meeresarchäologie‹ (*Maritime Archaeology*, 1978).

Für einen Archäologen vom alten Schrot und Korn wie dem Schreiber dieser Zeilen, der einst makroskopische Untersuchung von Artefakten sowie Taxonomie und Typologie gelernt hat, haben all diese naturwissenschaftlichen Hilfsmittel der heutigen Archäologie etwas Staunenerregendes. Doch ist es nur zu wahr, was Frank Hole und Robert F. Heizer in ihrer ›Einführung in die Vorgeschichtsarchäologie‹ (*Introduction to Prehistoric Archaeology*, 2. Auflage 1969) äußern: »Die zwei Jahrzehnte nach 1950 werden sicherlich als Zeitalter der technischen Erneuerung der Archäologie in die Geschichte eingehen.« Und Brothwell und Higgs schreiben in ihrem Vorwort zu *Science in Archaeology* (1969): »Es werden noch viele Jahre vergehen, bevor man in vollem Umfange erkennt, welche Auswirkungen die Anwendung naturwissenschaftlicher Methoden im Bereich der Archäologie haben wird . . . Die Umorientierung zu einer stärker naturwissenschaftlich orientierten archäologischen Forschung vollzieht sich in überraschendem Tempo.«

Ich teile diese Auffassung nicht. Zwar wissen heute wohl die meisten Archäologen den Beitrag zu schätzen, den die Naturwis-

senschaft zur archäologischen Forschung zu leisten vermag, und sie kennen auch die Nachteile, die sich ergeben, wenn man die neuen Hilfsmittel nicht in vollem Umfange nutzt. Die ›naturwissenschaftliche Revolution‹ der Archäologie hat stattgefunden und ist noch nicht zu Ende. Archäologie ist heute eine völlig neue Wissenschaft. Doch dies bedeutet keineswegs, wie vielleicht so mancher leichtgläubig meint, daß Archäologie selbst zur Naturwissenschaft geworden ist. Wir müssen sehr vorsichtig mit dem Wort ›Wissenschaft‹ umgehen. Bisweilen bedeutet es einfach ›Wissen‹, nämlich alles Wissen um die Spielarten und Errungenschaften des Menschen und der Natur. Dann wieder kann es sich allein auf die Natur beziehen – Natur-›Wissenschaften‹ sind etwa Physik, Chemie, Mineralogie, Geologie, Botanik, Zoologie und Astronomie. Drittens umfaßt Wissenschaft den Bereich der Geschichts- und Gesellschaftswissenschaften, deren Studienobjekt die Geschichte und die sozialen Beziehungen des Menschen sind. Nach Auffassung mancher hat der heutige Archäologe so viel mit Naturwissenschaft zu tun, daß er selbst zum Naturwissenschaftler wird. Doch so ist es keineswegs: noch immer geht es ihm um den Menschen und die menschliche Gesellschaft in den letztvergangenen zwei Millionen Jahren. Noch immer ist er auf seine Weise Historiker, noch immer geht es ihm um die Geschichte des Menschen, nicht die der Natur.
Besonders in Amerika gibt es viele Archäologen, die da meinen, Archäologie sei nichts ohne Völkerkunde. O. G. S. Crawford erklärte die Archäologie geradezu zur ›Vergangenheitsform‹ der Völkerkunde, und nach Lowie ist Vorgeschichte einfach die Ethnographie untergegangener Bevölkerungsgruppen. Doch was bedeuten diese Aussagen – abgesehen davon, daß sie provozieren?
Sie bedeuten: der Archäologe sollte alles dafür einsetzen, um der Vergangenheit mehr abzuringen, als es etwa Sophus Müller und Montelius, de Mortillet und Breuil, Pitt-Rivers und Burkitt vermochten, daß unsere Aufgabe darin besteht, eine so detaillierte Darstellung untergegangener Gesellschaften zu geben, wie es nur möglich ist, daß wir die Erbauer von Carnac und Stonehenge ebenso zum Leben erwecken müssen wie die Krieger von der Heuneburg und Maiden Castle. Das sind hehre Ziele, und wir zollen ihnen so manches Lippenbekenntnis, doch oft fehlt es uns an Vorstellungskraft – jener Vorstellungskraft, wie Cyril Fox und Mortimer Wheeler sie in England und Wales entwickelten –, weshalb wir uns immer wieder auf die bloßen Artefakte beschränken.

Amerikanische Archäologie heute

Eine der bedeutendsten Veränderungen, die in jüngster Zeit zu verzeichnen sind, ist die Herausbildung einer reifen, eigenständigen amerikanischen Archäologie, die noch immer eine Herausforderung für die Archäologen der Alten Welt darstellt. O. G. S. Crawford war an amerikanischer Archäologie vollkommen desinteressiert, und unter seiner Leitung brachte die Zeitschrift *Antiqui-*

ty nur sehr selten Berichte über Amerika. Childe hielt die amerikanische Archäologie für ein Nebengleis der Gesamt-Menschheitsgeschichte. In *Stufen der Menschheitsgeschichte* erklärte er, Alt-Amerika habe »außerhalb des Hauptstroms der Geschichte« gelegen, womit er natürlich den ›Strom der Geschichte‹ in der Alten Welt meinte, der im ältesten Alten Orient zu fließen begonnen habe und durch Palästina über Griechenland und Rom in das mittelalterliche, renaissancezeitliche und moderne Europa geflossen sei. Mortimer Wheeler bezeichnete mir gegenüber einmal Amerikas Archäologie als »randständig und ohne Interesse für irgend jemanden«. »Sie ist barbarisch«, fügte er nach einer Pause hinzu.
Wie sehr diese bedeutenden Archäologen sich doch irrten! Beim Schreiben dieser kurzen Archäologiegeschichte vermag ich es kaum zu glauben, wie alle die Archäologen, die sich in Europa mit Acheuléen-Faustkeilen, schweizerischen Seerandsiedlungen und keltischen Ringwällen herumschlugen und sich ihr Bild von der Vergangenheit anhand der frühen Kulturen Ägyptens und Sumers machten, von Amerika so völlig unberührt bleiben konnten. Die Geschichte der Archäologie hat für das 19. und das frühe 20. Jahrhundert zu verzeichnen, daß sie zu ihrem eigenen Schaden kaum zur Kenntnis nahm, was sich in Amerika abspielte, so sehr auch einst im 15. Jahrhundert Amerikas Indianer die Europäer in Verwirrung gebracht hatten. Wenige europäische Autoren haben jemals W. W. Taylors *A Study of Archaeology* (1948) gelesen oder auch nur zur Kenntnis genommen – ein Werk, dessen Verfasser für einen, wie er es nannte, ›konjunktiven‹ Archäologiebegriff eintrat, worunter Taylor das Gesamtstudium aller Aspekte der Kultur eines bestimmten Zeitraumes verstand. Hier zeigte sich ein Weg zu einer *neuen* Archäologie, von der man in den sechziger Jahren dann auch tatsächlich sprach, ohne freilich dabei Taylor gebührend als ihren Begründer zu würdigen.
Der Beitrag zur amerikanischen Archäologie, der am stärksten nicht nur Amerikas Archäologie selbst, sondern auch die Neubewertung des technologischen Vorgeschichtsmodells durch europäische Archäologen beeinflußte, war die vom Prinzip der historischen Entwicklung ausgehende Deutung der amerikanischen Vorgeschichte von Willey und Phillips. Erstmals 1955 in einem Aufsatz skizziert, findet sich das von den beiden Autoren entworfene Konzept in deren Buch ›Methode und Theorie in der amerikanischen Archäologie‹ *(Method an Theory in American Archaeology)* klar umrissen, das 1958 erschien. Es umfaßt die folgenden fünf Hauptstufen:
1.) *Lithisch*. Paläoindianische und andere Frühansätze menschlicher Kultur auf amerikanischem Boden.
2.) *Archaisch*. Postpleistozänen Verhältnissen angepaßte Wildbeuter-Wirtschaftsformen (Jäger/Sammler).
3.) *Formativ*. Anfänge der Landwirtschaft und seßhafter Lebensweise in Gemeinschaften dörflicher Prägung.
4.) *Klassisch*. Die Anfänge urbaner Entwicklung (erste Siedlungsgemeinschaften städtischer Prägung).
5.) *Nachklassisch*. Die imperialistischen Staaten.

Dieses Schema für die Vergangenheit Amerikas wurde inzwischen weitgehend angewandt, und Amerikas Geschichte vor Kolumbus zeichnet sich heute schon verhältnismäßig klar ab. Im Lauf der letzten 30 Jahre wurde deutlich, daß die ältesten Amerikaner über die Beringstraße aus Asien gekommen sein müssen, und dies vor etwa 15000 bis 20000 Jahren, wenn nicht sogar schon früher, und daß es mindestens vier Zentren in Amerika gab, wo man Nutzpflanzen anzubauen begann: den nordamerikanischen Südwesten, das südliche Tamaulipas, das Tehuacan-Tal und das peruanische Küstenland. Möglicherweise kommt noch ein fünftes Zentrum im südamerikanischen Tropenwald hinzu. Die Zeitstellung für diese Landwirtschafts-Anfänge liegt zwischen 5000 und 1000 v. Chr. Von grundlegender Bedeutung für unser Verständnis des Ursprungs der Landwirtschaft in Amerika sind die Ausgrabungen R. S. MacNeishs im Tal von Tehuacan, einem Trockental im südlichen Mexiko. Die Berichte des archäologisch-botanischen Tehuacan-Projekts wurden 1961 und 1962 von der Peabody-Stiftung in Andover (Massachusetts) veröffentlicht.

Aus diesen einheimischen Bevölkerungsgruppen mit produktiver Wirtschaftsform gingen die mesoamerikanischen Hochkulturen hervor: die Olmeken und die Maya, aber auch die Kultur Perus (in Südamerika). Die Maya kannte man schon eine Weile. Die Olmeken mit ihren riesigen Steinkopfskulpturen (Abb. 115) und ihren unheimlichen Jaguarfiguren aber waren neu und verwirrend. Eine aufschlußreiche Darstellung der Olmeken gibt Michael D. Coe: ›Amerikas erste Hochkultur – Die Entdeckung der Olmeken‹ (*America's First Civilisation: Discovering the Olmecs*, 1968), der in einem anderen Werk (*Mexico*, 1962, revidierte Neuausgabe 1976) erklärt: »Es gibt heute nicht den geringsten Zweifel, daß alle späteren Hochkulturen Mesoamerikas, sei es die mexikanische oder die der Maya, letztlich auf olmekischer Grundlage beruhen.«

Auf dem neuesten Stand heutigen Wissens über das präkolumbische Amerika ist G. R. Willeys meisterhafte Darstellung in ›Einführung in die amerikanische Archäologie‹ (*An Introduction to American Archaeology*), Band 1: ›Nord- und Mittelamerika‹ (*North and Middle America*, 1966), Band 2: ›Südamerika‹ (*South America*, 1972). Etwas weniger hohe Ansprüche stellt G. H. S. Bushnell: ›Die ersten Amerikaner: Die präkolumbischen Kulturen‹ (*The First Americans: the Pre-Columbian Civilizations*, 1968), sehr klar und auf dem neuesten Stand ist auch Warwick M. Bray, Earl H. Swanson und Ian S. Farrington: ›Die Neue Welt‹ (*The New World*, 1975).

Wie bereits angedeutet, etablierte sich in den sechziger Jahren in Amerika eine Richtung, die sich mit voller Absicht als ›neue‹ Archäologie bezeichnete. Darstellungen dieser Richtung geben S. R. und L. R. Binford: ›Neue Perspektiven der Archäologie‹ (*New Perspectives in Archaeology*, 1968), Mark P. Leone (Hrsg.:) ›Zeitgenössische Archäologie – Führer durch Theorie und Praxis‹ (*Contemporary Archaeology: A Guide to Theory and Contributions*, 1972) sowie Willey und Sabloff: ›Geschichte der amerikanischen

Gegenüber:
115. Schon vor den Maya schufen an der Küste des Golfs von Mexiko die Olmeken riesige Basaltköpfe wie den *nebenstehend* abgebildeten aus Tres Zapotes (1. Jahrtausend v. Chr.). Ihre Kultur hatte starken Einfluß auf die Entwicklung anderer mesoamerikanischer Kulturen.

Archäologie‹ (*A History of American Archaeology*, 1974, 2. Aufl. 1980). Die beiden letztgenannten sehen als wesentlich für die ›neue‹ Archäologie an:

»*Um damit zu beginnen: Sie war das Produkt völkerkundlich orientierter Archäologie, das Produkt junger Archäologen, die in ihren Doktorandenseminaren ebenso von Sozial-Anthropologen wie von Archäologen ausgebildet wurden. Ihr ging es vor allem um die Erhellung kultureller Prozesse ... Zweitens war (und ist) die neue Archäologie von großem Optimismus durchdrungen und hofft auf Erfolgschancen bei der Erklärung des Ablaufs von Prozessen und der Ermittlung von Gesetzen kultureller Wirkkräfte. Drittens erwartet man, die Resultate der Aufhellung kultureller Prozesse nicht nur für die übrige Völkerkunde, sondern auch für die [Deutung und Behebung der] Probleme der heutigen Welt nutzbar machen zu können.*«

Die Entwicklung der amerikanischen Neuen Archäologie der sechziger Jahre ist ein wichtiger Teil der Archäologiegeschichte, und wir müssen ihr Beachtung schenken. Wie und warum kam es zu dieser Entwicklung? In meinem Buch ›Hundertfünfzig Jahre Archäologie‹ (*A Hundred and Fifty Years of Archaeology*, 1975) schrieb ich:
»*Diese neue Bewegung in Amerika hängt natürlich mit der Spärlichkeit des präkolumbischen archäologischen Materials zusammen. Jahrhundertelang ereignete sich für einen Universalgeschichtler nichts – kein Stonehenge, keine Tempel auf Malta. Enttäuscht von der Kargheit ihrer Befunde, suchen amerikanische Archäologen Zuflucht bei Theorie und Methodologie und schlagen die Zeit damit tot, über ›die Erhellung kultureller Prozesse‹ und die Aufstellung von ›Gesetzen kultureller Dynamismen‹ zu schwatzen.*«

Das war ein sehr strenges Urteil und für Nordamerika gedacht. Die archäologischen Funde in den Städten und Tempeln Zentralamerikas und Perus haben selbstverständlich im Lauf der letzten 150 Jahre immer wieder größte Aufregung hervorgerufen. Es ist das präkolumbische Nordamerika, das so wenig Aufregendes hat und nach meiner Auffassung die Archäologen in die offenen Arme von Völkerkundlern trieb, die sich in der – meines Erachtens vergeblichen – Hoffnung wiegen, einst Gesetze menschlichen Verhaltens aufstellen zu können.
Aber war das alles wirklich ›neu‹? Oder war es nicht schon sehr alt, wie so mancher äußerte? Binford selbst sagt: »Wie wir meinen, befindet sich Archäologie in den sechziger Jahren an einem wichtigen Punkt evolutionären Wandels.« Doch von evolutionärem Wandel und kulturellen Prozessen sprachen Archäologen schon immer. Die Anhänger dieser amerikanischen Archäologen-Sekte der sechziger Jahre kennen offenbar die Geschichte der Archäologie nicht, und das allein rechtfertigt dieses Buch. Sollen sie doch Thomsen, Worsaae, Montelius und Childe lesen oder noch einmal lesen! Doch ganz besonders sollten sie W. W. Taylor lesen. In einer

Rezension über eine Sammlung von Aufsätzen, die wir bereits erwähnten, nämlich Binford und Binford: *New Perspectives in Archaeology*, schreibt er:
»*Eine vollständige Erörterung eines ähnlich umfassenden Begriffs unserer Wissenschaft ist seit 1948 auf dem Markt (W. W. Taylor:* A Study of Archaeology). *Systematische Betrachtungsweise der Kultur war eine der Grundvoraussetzungen amerikanischer Wissenschaft vom Menschen einschließlich der Archäologie – dies bestimmt seit Malinowski, wenn nicht seit Boas; und was Binfords andere Ansichten angeht, so kann ich auf Passagen in* A Study of Archaeology *verweisen, die jede von ihnen abdecken, dies geht bis zu den Arbeitshypothesen ... Was die Binfords in ihrem Buch von sich geben, ist nicht die Darlegung der Theorie und Praxis einer neuen Perspektive, sondern klar ein Rückgriff auf eine alte*« (Science [1969], 382–384).

Noch verheerender nimmt sich Amerikas ›neue‹ Archäologie in Robert Braidwoods Darstellung aus:
»*Zumindest in den USA betrachtet man das Umsichgreifen der ›neuen‹ Archäologie mit all ihrem naturwissenschaftlichen Gehabe teilweise als Reaktion auf die Bedeutungszunahme der* National Science Foundation *als Geldquelle für die in der Tradition der Völkerkunde stehende Archäologie. Es kam einfach darauf an, sich wie ein Naturwissenschaftler aufzuführen und zu sprechen. Unterstützung für Forschungsarbeiten in der humanistischen Tradition gab es erst jüngst, nachdem das* National Endowment for the Humanities *entwickelt wurde. Außerdem steht für mich fest, daß der Widerspruchsgeist vieler Archäologen in den USA die Unruhe der Jahre des Vietnamkrieges spiegelt. Diese Leute gehörten zu der ›Trau-keinem-über-Dreißig‹-Generation (obwohl sie heute freilich selbst schon ein gutes Stück darüber sind!). Beispielsweise erklärte man bei Verbandstreffen öffentlich, nichts sei lesenswert, das vor 1960 geschrieben wurde, und angesichts des neuen Jargons, den die Bewegung entwickelt hat, fiel es vielen der ›neuen‹ Archäologen und ihren Hörern auch schwer zu verstehen, was vor 1960 geschrieben wurde.*
Diejenigen von uns, die sich weit jenseits der Dreißig in kritikfähigem Alter befanden, überlebten die Säuglingsjahre dieser Bewegung mit einer Mischung aus gequälter Heiterkeit und nicht sonderlich großer Erwartung monumentaler Durchbrüche im Bereich menschlichen Wissens. Es schmerzt mich ein wenig, daß zumindest einige Schriften der ›neuen Archäologen‹ bei Studenten und jüngeren Kollegen außerhalb Nordamerikas und Westeuropas Verwirrung hervorgerufen haben könnten« *(Antiquity [1981] 24–25).*

Daran zweifle ich nicht. Bedienen sich doch viele Verteidiger und Praktiker der ›neuen‹ Archäologie eines Jargons, der bisweilen von bloßem Geschwafel kaum zu unterscheiden ist. In England hatten sich zwei bedeutende Archäologen, von denen einer leider nicht mehr unter uns weilt, der ›neuen‹ Archäologie verschrieben und propagierten sie sehr nachdrücklich. Einer war David Clarke von der Universität Cambridge, dessen früher Tod im Jahre 1976 für die Sache, die er vertrat, ein schwerer Verlust war. Sein Buch ›Analytische Archäologie‹ (*Analytical Archaeology*, 1968; 2. Auflage, bearbeitet von Bob Chapman, 1978) wurde von vielen als eine der bedeutendsten Veröffentlichungen über moderne Archäologie gepriesen. Clarke beschreibt in ihm die ›neue‹ als »Set einander gegenseitig durchdringender neuer Methoden, neuer Beobachtungen, neuer Paradigmen, neuer Philosophien und neuer Ideologien in einer neuen Umwelt«. Der andere war Colin Renfrew, der kürzlich auf den Disney-Lehrstuhl für Archäologie in Cambridge berufen wurde. In einem anregenden Aufsatz unter dem Titel ›Die große Tradition gegen die große Spaltung‹ *(The Great Tradition versus the Great Divide)* erklärt er, Binford und seine Mitarbeiter hätten »einen größeren Beitrag zum archäologischen Denken als irgend jemand sonst in diesem Jahrhundert« geleistet. Allerdings fährt er fort:

»Die sogenannte ›Neue Archäologie‹ wurde leider mancherorts als Kult aufgefaßt und bedeutet wie jeder Kult vielen vieles. Selbstverständlich ist der Kult des einen die Häresie des anderen, und viele Gelehrte der Alten Welt schrieben die Entwicklungen der archäologischen Theorie zu einem jargonbeladenen, verschwommenen Versuch um, der humanistischen und liberalen Wissenschaft der Großen Tradition [der Archäologie] eine quasi-mathematische, sich naturwissenschaftlich gebende Zwangsjacke überzustülpen. Selbstverständlich stützt sich diese Auffassung auf eine Fülle von Beweisen, und heute, zehn Jahre später, erweist sich die Neue Archäologie als ein Haus mit vielen Wohnungen, von denen nicht alle hell erleuchtet sind« (American Journal of Archaeology [1980], 293–295).

Ein Archäologiehistoriker muß auch zu seiner eigenen Ansicht stehen. So will ich denn bekennen, ganz und gar auf der Seite von Braidwood und Taylor zu stehen. Am Ende des Jahrhunderts werden wir, so meine ich, sehen, daß die Behauptungen von David Clarke und Renfrew übertrieben waren und einen Mangel an archäologiegeschichtlichem Wissen offenbarten. Dennoch gaben die Diskussionen der sechziger Jahre Anregung für eine Reihe neuer theoretischer Arbeiten von bleibendem Wert. Hier seien lediglich herausgegriffen David Clarke (Hrsg.): ›Archäologische Modelle‹ (*Models in Archaeology*, 1972), Colin Renfrew: ›Vor der Hochkultur‹ (*Before Civilisation*, 1973), ebenfalls von Renfrew: ›Der Aufstieg der Zivilisation: Die Kykladen und die Ägäis im dritten Jahrtausend v. Chr.‹ (*The Emergence of Civilisation: the Cyclades and the Aegaean in the Third Milennium B. C.*, 1973) und schließlich ein Sammelband mit verschiedenen Aufsätzen unter dem Titel: ›Probleme der Europäischen Vorgeschichte‹ (*Problems of the European Prehistory*, 1979).

Mir scheint, nach der Diskussion mit all den schrillen Tönen, die durch die ›neue‹ Archäologie heraufbeschworen wurde, wird sich die Archäologie gestärkt und erfrischt wieder ihrer eigentlichen Aufgabe zuwenden, die darin besteht, so umfassend wie möglich die Geschichte des Menschen zu schreiben. Auch in der Vergangenheit sind Historiker, mochten sie noch so tüchtig sein, an dem Versuch gescheitert, universale Gesetzmäßigkeiten aus der Vergangenheit des Menschen abzuleiten, und auch künftig wird es um derartige Versuche kaum besser stehen. Die ›neuen‹ Archäologen der sechziger Jahre und ihre derzeitigen Anhänger werden in den achtziger und neunziger Jahren ihrer Illusionen beraubt sein und erkennen: die Vergangenheit des Menschen muß man aufzeichnen, beschreiben, erkennen und verstehen, doch die Hoffnung, mittels der Archäologie oder der Völkerkunde Gesetzmäßigkeiten kultureller Wirkkräfte nachzuweisen, dürfte trügerisch bleiben. Mag sein, daß ich mich irre. Schließlich ist die Geschichte der Archäologie mit falschen Annahmen und Voraussagen förmlich gespickt.

Fakten, Fälschungen, Phantasten

Die amerikanische Archäologie der jüngsten Zeit gab uns Anlaß zu theoretischen Erörterungen. Sie zeigte uns aber auch: nicht nur im 19. und frühen 20. Jahrhundert trieben auf der amerikanischen Archäologie-Szene Querköpfe und Besserwisser ihr Wesen, die sich den Teufel um all das kümmerten, was für eine eigenständige, unabhängige Entwicklung der nahrungsmittelproduzierenden Kulturen und Hochkulturen der Neuen Welt sprach, sondern sie lieber von Ägyptern, den ›verlorenen Stämmen Israels‹, den Phönikern, Griechen, Iren, Walisern, Atlantern, Bewohnern des Landes Mu oder Außerirdischen aus Fliegenden Untertassen kolonisiert sahen – in der Tat gibt es in diesem Bereich nichts, was es nicht gibt. Wer sich eine Vorstellung von all diesem atemberaubenden, wirrköpfigen Unsinn machen will, der da zusammengeschrieben wurde, lese von Cyrus H. Gordon: ›Vor Kolumbus‹ (*Before Columbus*, 1971), von Sertima: ›Sie kamen vor Kolumbus – die Präsenz Afrikas im alten Amerika‹ (*They came before Columbus: the African Presence in Ancient America*, 1976) sowie zwei Bücher von Barry Fell: ›Amerika vor Christus‹ (*America BC*, 1977) und *Saga America* (1980). Fell war Professor (zum Glück nicht der Archäologie, sondern der Meeresbiologie) in Harvard. Seine beiden Veröffentlichungen sind vielleicht das lächerlichste, komischste Beispiel jenes Wildwuchses, der an den entlegeneren Küsten der Archäologie gedeiht – von den ignoranten Faseleien eines Erich von Däniken abgesehen. Doch lassen wir Däniken beiseite. Die drei Autoren, die wir vor ihm nannten, sind Gelehrte mit fixen Ideen, die sich, wie Elliot Smith es einst bezeichnete, zum ›Wahn‹ auswuchsen. Doch so abwegig die ›Schule von Manchester‹ auch sein mochte, alles was sie an Vorurteilen und Verdrehungen auftischte, ist nichts im Vergleich zu den ausgefallenen Ansichten und dem Unwissen, denen wir bei Gordon, von Sertima und Fell begegnen. Bedauerlich ist an alldem nur, daß der Normal-Leser, dem man diese schreiend aufge-

machten Bücher im Buchladen präsentiert, keine Möglichkeit hat, zwischen Tatsachen und Phantasiegebilden, zwischen sachkundiger Auswertung vorliegenden Beweismaterials und Verrücktheiten zu unterscheiden.
Wenn wir aber über die seltsamen, verworrenen und unwissenden Buchschreiber herziehen, die Wauchope in seiner meisterhaften Entmythologisierung Amerikas ›Verlorene Stämme und versunkene Kontinente‹ (*Lost Tribes and Sunken Continents,* 1962) an den Pranger gestellt hat, sollten wir uns nicht in die Position manövrieren, die Möglichkeit transatlantischer oder transpazifischer Ozeanüberquerungen vor Kolumbus ganz in Abrede zu stellen. Schließlich demonstrierte Thor Heyerdahl durch seine *Ra*-Expedition: es war möglich, den Atlantik in einem Schilfboot von Osten nach Westen zu überqueren, so wie er schon früher durch sein berühmtes *Kon-tiki*-Experiment bewiesen hatte, daß man den Pazifik auf einem Floßschiff inkaischer Bauweise befahren konnte. Doch heutige Experimente zeigen nur Möglichkeiten, nicht, daß die Möglichkeit Wirklichkeit war. Noch immer fehlt es an überzeugenden Beweisen, daß Völker und Kulturen der Alten Welt einst nach Amerika gelangten. Daß sie es *gekonnt* hätten, steht außer Zweifel. Und die Phöniker, die, wie es scheint, zur Zeit des Pharao Necho Afrika umschifften, könnten ohne besondere Schwierigkeit über den Südatlantik bis nach Brasilien gekommen sein. Möglichkeiten also bestehen, doch zum Beweis braucht man Tatsachen. Die einzigen Beweise für transatlantische Kontakte vor Kolumbus sind zur Zeit die Wikingersiedlung bei L'Anse-aux-Meadows auf Neufundland, neuere Wikingerfunde des *Canadian Arctic Institute* auf Ellesmere Island und eine Münze aus Maine, die als eine echte Wikingermünze des 12. Jahrhunderts identifiziert wurde.
Dies sind die Fakten, und kein vernünftiger Archäologe würde die Möglichkeit leugnen, eines Tages in Brasilien oder anderswo an der südamerikanischen Ostküste auf Überreste echt phönikischen Ursprungs zu stoßen (die Ägypter kommen hierfür schon weniger in Frage, denn sie waren keine der großen Seefahrernationen). Das Problem hierbei besteht lediglich – wie überall in der Archäologie – darin, Fakten und Phantasie auseinanderzuhalten. Cyrus Gordon, von Sertima und Fell ließen ihrem Wunschdenken freien Lauf. Unkritisch, liefen sie, wie einst Elliot Smith, Perry und dessen ›Schule von Manchester‹, in alle Messer. Wenn wir sie hier so sehr hervorheben, so geschieht dies, weil sie zeigen, wie sehr sogenannte ›populäre‹ Archäologie sich verrennen kann.
Transpazifische Kontakte, und zwar in entgegengesetzter Richtung zur *Kon-tiki*-Expedition, waren stets möglich, ja Meggers und andere behaupten sogar die Existenz japanischer Jomon-Töpferware in Ekuador. Wenn man den archäologischen Befund revidiert, dann aufgrund von Möglichkeiten, Wahrscheinlichkeiten und Fakten, nie aber aufgrund vorgefaßter Meinungen.
Unabhängige Forschungen in Indien, China, Amerika und anderswo haben jedenfalls ergeben, daß sich in beiden genannten Ländern ebenso wie in Amerika Ackerbau und Hochkultur eigenständig und

unabhängig vom ältesten Nahen Osten entwickelten. Heute liegen verläßliche Zeugnisse dafür vor, daß schon vor etwa zwei Millionen Jahren in Ostasien und West-Indonesien Menschen hausten. 10000 bis 2000 Jahre liegen in Südostasien die Anfänge einer Gartenbaukultur, ein sich anschließendes Neolithikum und das Auftauchen metallverarbeitender Gruppen zurück. Um 5000 v. Chr. gab es in Südostasien Tonware, um 3000 v. Chr. trifft man vollentwickelte neolithische Kulturen mit Reisanbau, Rinderzucht, Keramik und geschliffenen Steingeräten an, ja wie es scheint, verarbeitete man damals in Thailand schon hier und da Kupfer.
Heute wissen wir, daß die Pflanzendomestikation in Südostasien ebenso früh begann wie in Südwestasien. Einen brauchbaren Überblick der modernen Auffassungen über die Archäologie Südostasiens und des pazifischen Raumes gibt P. Bellwood: ›Die Polynesier‹ (*The Polynesians*, 1978) und ›Der Mensch erobert den Pazifik – die Vorgeschichte Südostasiens und Ozeaniens‹ (*Man's Conquest of the Pacific: the Prehistory of South-East Asia and Oceania*, 1978). Im letztgenannten Werk erklärt der Autor auf Seite 198, Archäologie habe in Südostasien »weiter zu gehen als sonst irgendwo auf der Welt«.
Die Entwicklung der naturwissenschaftlichen Datierungsmethoden sowie die Ausweitung der Vorgeschichtsarchäologie in weltweitem Umfange führten dazu, daß sich überall Archäologen erneut über die Art sowie über die Realität menschlicher Kulturentwicklung in vorgeschichtlicher Zeit Gedanken machten. Daß es seit zwei oder drei Millionen Jahren Menschen gibt, ist heute in Afrika gut belegt. Auch daß etwa 10000 Jahre vor unserer Zeitrechnung in verschiedenen Teilen der Erde aus Jägern und Sammlern Bauern und Hirten wurden, gilt heute als ausgemacht. Gleichermaßen steht fest, daß aus vielen der damaligen bäuerlichen Gruppen mit dörflicher Siedlungsform schriftkundige städtische Gemeinwesen hervorgingen, deren Kulturstufe wir als ›Zivilisation‹ im engeren Sinne oder als ›Hochkultur‹ bezeichnen. Und noch immer geht Archäologie von der Voraussetzung aus, daß es einen Übergang von der Wildheitsstufe der Altsteinzeit zur Barbarei der Jungsteinzeit und zur städtischen Hochkultur der Bronze- und Eisenzeit gegeben habe. Die Frage bleibt: Fand dieser Wandel unabhängig in verschiedenen Teilen der Welt oder nur in einem Zentrum statt, wie Childe meint, der den ältesten Nahen Osten zum Schauplatz seiner ›Neolithischen‹ und ›Urbanen Revolution‹ machte? Was hat die moderne Archäologie zu der nichtendenwollenden Auseinandersetzung zwischen Diffusionisten und Anhängern der These unabhängiger Entwicklung (Konvergenzhypothese) beizutragen? Meiner Ansicht nach weicht die Antwort, die sie uns auf all diese Fragen gibt, von der These einer allgemeinen gesellschaftlichen und kulturellen Evolution – wie wir sie bei Morgan, Engels, Marx und heutigen sowjetischen Theoretikern finden – ebenso ab wie von den Diffusionshypothesen eines Childe und Montelius (um vom überspannten Diffusionismus Elliot Smiths und seiner ›Schule von Manchester‹ ganz zu schweigen).

Nach dem heutigen Stand archäologischen Wissens scheint der Übergang von der Wildbeuter- (Jäger- und Sammler-)Stufe zur Stufe der Feldbauern und Viehzüchter zwischen 12000 und 7000 v. Chr. in verschiedenen Teilen der Welt unabhängig vor sich gegangen zu sein, und ebenso unabhängig gingen in ganz verschiedenen Entwicklungszentren aus den Bauern- und Hirtengruppen jene Gemeinwesen hervor, die wir als antike Hochkulturen ansprechen. In meinem Buch ›Die ersten Hochkulturen – Die Archäologie ihrer Ursprünge‹ *(The First Civilizations: the Archaeology of their Origins*, 1968) äußerte ich, meiner Meinung nach habe der Vorgang, den Childe als ›Urbane Revolution‹ bezeichnet und den ich lieber als ›synoikismos‹ charakterisieren möchte, unabhängig voneinander siebenmal stattgefunden: viermal in der Alten Welt (nämlich in Ägypten, Mesopotamien, Indien und China) sowie dreimal in der Neuen (Aufstieg der Olmeken, Maya und der klassischen Kultur in Zentral-Peru). Im Lauf der letzten zehn Jahre hat sich gezeigt, daß diese Liste nicht umfassend genug ist und man mindestens zwei unabhängige Hochkulturen hinzufügen müßte: eine im ägäisch-minoischen und die andere im südrussischen Raum.

So wie ich die Dinge sehe, ergibt das alles einen Sinn. Wir haben viel zu lange die Ursprünge der Kultur begrifflich hochgespielt und uns über das ›Woher‹ der Landwirtschaft, der Megalithen und der städtischen Siedlungsweise die Köpfe heißgeredet, anstatt uns mit der Beschreibung der Abfolge kultureller Veränderungen in verschiedenen Gebieten zu bescheiden.

Es fällt nicht leicht, die Ergebnisse unserer neuen Archäologie der siebziger Jahre dem breiten Publikum nahezubringen, dem der Fach-Archäologe doch so viel an Aufmunterung, an Zufallsfunden und an politischem Druck auf die Regierungen der jeweiligen Länder verdankt, wenn es gilt, das allen gehörende Erbe der Vorfahren zu erforschen, zu bewahren und zu pflegen. Archäologie ist heute sehr beliebt. Zum Glück hält niemand mehr unser Forschungsgebiet für eine Angelegenheit alter Weißbärte wie Flinders Petrie oder exzentrischer Kommißköpfe wie Pitt-Rivers. Heute ist Archäologie ein allgemein geachteter und von Verständnis getragener Zweig der Geschichtswissenschaft.

An der akademischen Bedeutung der Archäologie also besteht kein Zweifel mehr. Allerdings genügt es nicht, daß der Fachgelehrte an der Universität die Möglichkeiten, Grenzen und Resultate der im Gange befindlichen Forschungsarbeiten kennt. Auch die Öffentlichkeit muß informiert werden.

Mittel hierzu sind Fernsehen und Rundfunk, öffentliche Vorträge und Zeitschriften.

Hinzu kommen immer mehr auch von Fachleuten begrüßte Sachbuch-Veröffentlichungen, die Archäologie breiteren Kreisen nahebringen. Sind wir also auf dem Wege zu einer archäologisch wohlinformierten Gesellschaft? Leider nur zum Teil. Gewiß, Archäologie ist beliebt, ist *en vogue*, doch noch populärer sind Bücher pseudoarchäologischen Inhalts. Offensichtlich kann Gutes nur neben Unkraut gedeihen, so sehr man das auch bedauern mag. Gewiß trifft es zu: wenn wir die Geschichte des Menschen über die Erfindung der Schrift zurückverfolgen, wird das, was uns an Funden und Befunden vorliegt, immer spärlicher und muß daher den ungeduldigen Durchschnittsleser, der womöglich Sensationen erwartet, unbefriedigt lassen. Zwar wenden wir alle technischen Hilfsmittel an, die uns die moderne Naturwissenschaft nur anbietet, zwar sammeln und analysieren wir mit peinlichster Genauigkeit, was immer an alten und neuen Informationen vorliegt. Wir tun unser Bestes, und doch müssen wir auf so viele Fragen die Antworten schuldig bleiben. Wer malte die Stiere von Lascaux und warum? Wer plante und baute Stonehenge und zu welchem Zweck? Warum schuf man die massigen Olmekenköpfe? Die riesigen Tuffstatuen der Osterinsel? Oder die Menhirstatuen auf Korsika? Eine konservative (und keineswegs negative) Auffassung von den Möglichkeiten der Archäologie, der sich der Schreiber dieser Zeilen voll und ganz anschließt, spricht aus folgenden Worten Stuart Piggotts: »Archäologisches Beweismaterial allein kann uns nur in ganz großen Zügen über soziale Strukturen und religiöse Glaubensinhalte informieren, und auch das nur eher andeutungsweise. Was der Vorgeschichtler wirklich erfassen kann, ist lediglich die Geschichte der Technologie.«

Es überrascht keineswegs, daß die Schwierigkeit, archäologische Sachverhalte darzustellen, und die spärlichen Möglichkeiten, sie zu Sensationsgeschichten auszuwalzen, so manchen an jene Randbezirke der Archäologie treiben, wo üppig der Wahnwitz gedeiht. In Westeuropa, noch mehr aber in Amerika, gibt es ein regelrechtes Sektierertum aller möglichen pseudo-archäologischen Schattierungen. Seine Anhänger glauben an die ›verlorenen Stämme Israels‹, an Ägypter, Phöniker, an Atlantis, das Land Mu, an Lotophagen, Pyramidomanen, und manche meinen in den Hecken englischer Landhäuser die Tierkreiszeichen wiederzuerkennen.

Autoren wie Erich von Däniken, dieser ›Erz-Euhemerist‹, wie Rehork ihn 1971 in *Faszinierende Funde – Archäologie heute* nannte, machten es möglich, daß wir neuerdings die lange Liste archäologischer Mythen auch noch um Besucher aus dem Weltraum erweitern können. Von Däniken, der mit noch viel gefährlicherem Unsinn hausieren geht als jeder andere (ich sage das ganz bewußt und ohne Elliot Smith, Fell, Donnelly, Bellamy und Velikovsky zu vergessen), fügte der ohnehin in dem dubiosen Bereich zwischen halber Gelehrsamkeit und halbem Wahnsinn angesiedelten Richtung der Astroarchäologie seine Astronauten-Archäologie hinzu, und natürlich muß alles und jedes – die Felsbilder von Tassili ebenso wie die Scharrbilder von Nazca und falsch gedeutete Maya-Glyphen – herhalten, um seinen im Himmelswagen daherjagenden Göttern die Landung zu ermöglichen.

Alle meine Lehrer und Ratgeber waren der Ansicht, was sich da im wahnsinnsnahen Randbereich der Archäologie an Unsinn breitmache, sei zu schrullig, als daß man es ernstnehmen könne. Allenfalls könne man sich darüber amüsieren. Mir scheint das nicht der Fall zu sein, und nach meiner Ansicht besteht eine der Aufgaben für die

Archäologen der achtziger Jahre darin, Unsinn als Unsinn zu entlarven und immer wieder mit allem Nachdruck und in geeigneter Form klarzustellen, was wir nach dem jeweils neuesten Stand unseres Wissens als Wahrheit betrachten müssen. Archäologie ist längst kein Hobby mehr, dem man im Verborgenen nachgeht oder das man Männern wie John Evans oder Boucher de Perthes überläßt. Vielmehr informiert sie uns anhand kultur- und nicht-kulturbedingter Fossilien, ob wir Menschen oder Mäuse sind.

Mir scheint, wir sind Menschen, und die Darstellung der Archäologiegeschichte, so knapp sie auch im Rahmen dieses Buches ausfallen mußte, zeigt dies recht deutlich. Lehrt sie uns doch die großen technologischen Errungenschaften der Menschen vergangener Tage und den allmählichen Wandel unserer Vorstellungen über unser eigenes Gestern.

Vielleicht besteht der zwingendste Grund für das Studium der Archäologiegeschichte darin, daß sie Teil unserer Geistesgeschichte ist und damit wesentliches Element des Innewerdens unserer selbst als der historischen Entwicklung unterworfene Persönlichkeiten. Oder wie Stuart Piggott es sehr treffend formuliert hat:

»Wenn wir den Ursprüngen und der Entwicklung der historischen Wissenschaften nachgehen, haben wir es in Wirklichkeit mit Ideengeschichte zu tun: mit der Geschichte der Ideen über die Vergangenheit, die jene hegten, die nunmehr ihrerseits Gegenstand unserer historischen Untersuchung sind, sowie der Methoden, die sie bewußt oder mit Zufalls Hilfe entwickelten, um das Rohmaterial zu gewinnen und zu deuten, anhand dessen man Geschichte schreiben kann« (›Ruinen in einer Landschaft‹ *[Ruins in a Landscape]* 1976, 1).

Die bedeutenderen Entdeckungen

Doch nicht Zorn und Polemik sollen dieses Kapitel beschließen. Vielmehr seien einige der bemerkenswerten Entdeckungen und Neu-Interpretationen angefügt, die wir den letzten vierzig Jahren verdanken. Sutton Hoo (1939) und Lascaux (1940) haben wir bereits erwähnt.

1942 entwickelten Émile Gagnan und Jacques-Yves Cousteau die Aqualunge und leiteten damit eine neue Ära der Unterwasserarchäologie ein. 1943 begannen Seton Lloyd und Sayyad Fuad Safar mit ihren Grabungen in Tell Hassuna, die zu ganz neuen Erkenntnissen über das frühe Neolithikum des Nahen Ostens führten. Im selben Jahre stieß man bei der Erweiterung des Flugplatzes von Valley in Anglesey (Nordwales) auf den keltischen Hortfund von Llyn Cerrig Bach, und Cyril Fox begann neue Untersuchungen, die schließlich zur Publikation seines ›Muster und Zweck‹ *(Pattern und Purpose)* betitelten Werkes im Jahre 1958 führten.

Ebenfalls 1940 erschien Mortimer Wheelers Bericht über Maiden Castle, von dem wir bereits sprachen, und gleichzeitig ging das – allerdings erst 1944 von Oxford University Press herausgebrachte

Werk Paul Jacobsthals über die frühe Kunst der Kelten *(Early Celtic Art)* in Satz – ein meisterhafter und epochemachender Überblick über die Keltenkunst der letzten vier vorchristlichen Jahrhunderte, von dem noch immer Impulse ausgehen.
1944 fand man im Tollund-Moor bei Viborg (Zentraljütland) einen Leichnam (Abb. 116), der dadurch berühmt wurde, daß hier, wie P. V. Glob es in seinem erregenden Buch ›Land des Mannes von Tollund‹ *(Land of the Tollund Man,* 1967) nannte, »erstmals das unversehrte Antlitz eines Menschen prähistorischer Zeit erhalten ist. Keine Büste aus Rom oder dem Italien der Renaissance, kein gemaltes Porträt, nichts, was Menschen je schufen, um Menschen unsterblich zu machen, ist so wirklich wie das Antlitz dieses schwarzverfärbten Leichnams«.
Heute kann jeder den Kopf des Mannes von Tollund nur etwa 30 km entfernt von Aarhus im Museum von Silkeborg sehen. Es berührt einen ganz seltsam: ein Gesicht aus längstvergangener Zeit – das Gesicht eines Menschen, der vor zweitausend Jahren lebte und durch Erhängen starb. Um abermals Glob zu zitieren: »Man glaubt den Mann zu kennen, zu wissen, wer er ist, und seine Stimme zu hören. Seine Lippen verraten Selbstbewußtsein, und seine Mundwinkel umgibt eine Art warmer Ironie. Im Lächeln seiner Augen ist etwas von einem unverwüstlichen Humor. Es ist, als hätte er diese Augen soeben erst geschlossen. Unmöglich zu glauben, daß er tot ist.«
Ende der fünfziger Jahre brachte die BBC eine Sendung über den Mann von Tollund, bei der Sir Mortimer Wheeler und ich eine Mahlzeit zu essen hatten, deren Zusammensetzung auf dem bekannten und von Wissenschaftlern analysierten Mageninhalt des Toten beruhte. Es war ein nach nichts schmeckender Brei aus kultivierten und wildwachsenden Körnern und Gräsern. Mir fiel damals ein (und ich denke es noch immer), wie sehr dies doch die Situation der Archäologie spiegelt: die Henkersmahlzeit des Toten konnten wir rekonstruieren, und doch werden wir selbstverständlich niemals erfahren, wie er hieß, warum man ihn hängte und was seine letzten Gedanken waren. Dies sind die naturgegebenen Grenzen der Vorgeschichtsarchäologie, die man stets berücksichtigen muß.
Im ersten Nachkriegsjahr, 1946, bediente sich R. J. C. Atkinson, der heute die Archäologie-Professur am Universitätskolleg in Cardiff innehat und dank seiner Ausgrabungen in Stonehenge und Silbury Hill in außerordentlich hohem Ansehen steht, erstmals bei Dorchester-on-Thames elektrischer Sondierungsmethoden und öffnete damit die Tür für all die anderen naturwissenschaftlichen Sondierungsverfahren, die heute üblich sind.
Das Gebiet der Lacandonen im Südosten Mexikos ist nach Ceram »ein gottverlassenes Land, in das Weiße nur kommen, wenn sie Mahagoni oder Sapotilsaft, das Rohmaterial für Kaugummi, suchen« *(Götter, Gräber und Gelehrte im Bild,* 1957). 1946 beauftragte die *United Fruit Company* ein Team von Filmleuten, eine Dokumentation mit dem Titel: ›Die Maya im Lauf der Zeiten‹ *(The Maya*

in the Course of Ages) zu drehen. Die Lacandonen sind eine aussterbende Gruppe noch lebender Maya-Nachkommen. Sie sind außergewöhnlich primitiv und wurden nie christianisiert. Tatsächlich handelt es sich bei ihnen wohl um den einzigen Maya-Stamm, der sich im wesentlichen noch auf der gleichen Kulturstufe befindet wie vor dem Eindringen der Spanier. Dem Kameramann des Filmteams, Giles G. Healey, gelang es, freundschaftliche Beziehungen zu den Indianern herzustellen, so daß diese ihm schließlich ihr heiligstes Geheimnis zeigten: die ›farbigen Mauern‹ von Bonampak (Tafel IX). Auch zuvor kannte man schon einige Maya-Fresken von Göttern und Symbolen. Doch die Mauern von Bonampak schildern Szenen aus dem Maya-Leben, wie man sie noch nie zuvor sah.
Ein Jahr darauf warf ein arabischer Hirtenjunge einen Kieselstein in eine Höhle bei Qumran am Ufer des Toten Meeres. Verblüfft über den Klang, den das gab, untersuchte er die Höhle und fand, was wir heute als ›Schriftrollen vom Toten Meer‹ bezeichnen (Abb. 117). Im Sommer desselben Jahres entdeckte Mademoiselle G. Henri-Martin bei Fontéchevade in der Charente Menschenüberreste des *Homo sapiens*-Typs, und Thor Heyerdahl segelte in seinem Floßschiff *Kon-tiki* von Ekuador nach Polynesien.
1949 grub Rudenko in den Bergen von Pasyryk im Altaigebiet und legte etwa 60 Skythengräber frei. Schon 1929 hatten Grasnow und Rudenko hier ihre ersten Forschungen durchgeführt. Rudenkos Grabungsbericht erschien 1953 zunächst auf Russisch, 1970 kam jedoch eine überarbeitete englische Fassung heraus. Sie trägt den Titel ›Eisgräber in Sibirien – die Bestattungen eisenzeitlicher Reiter bei Pasyryk‹ *(Frozen Tombs of Siberia: the Pazyryk Burials of Iron Age Horsemen)*. Bei diesen Skythengräbern handelt es sich um aus Holz gezimmerte Kammern am Boden tiefer Schächte. Grabräuber hatten die Holzdecken entfernt. Regenwasser war auf die Leichen gesickert und gefroren – mit dem Resultat, daß sich der gesamte Grabinhalt in erstaunlich gutem Erhaltungszustand befand: Kleider, Leder, Holz und Filz hatten zweieinhalbtausend Jahre überdauert, einschließlich bestickter Seidenstoffe aus China, persischer Webwaren, eines Feinwollteppichs und eines Leichnams, an dessen Haut man sogar die Tätowierung erkennen konnte.
1949 begann Graham Clark Star Carr in Yorkshire auszugraben, eine der denkbar interessantesten mesolithischen Siedlungsstätten. Die 1954 erschienene Grabungspublikation weist die Arbeit über Star Carr als ein Musterbeispiel interdisziplinärer Forschung aus. Im selben Jahre fing Max Mallowan in Nimrud zu graben an, wo er unter anderem auf faszinierende Elfenbeinschnitzereien stieß, während Dorothy Garrod und Suzanne de Saint-Mathurin den Abri von Angles-sur-l'Anglin freizulegen begannen, wo sie neue und beachtenswerte Spuren jungpaläolithischer Kunst entdeckten.
Gleichfalls 1949 setzte der mexikanische Archäologe Alberto Ruz im Inschriftentempel zu Palenque den Spaten an. Er fand eine achtstufige Pyramide. Von der Höhe der obersten Plattform führten im Tempelinnern 66 Stufen hinab in die Tiefe. Dort sah sich

116. *Gegenüber:* Männliche Moorleiche aus einem Torfmoor bei Tollund (Dänemark). Es handelt sich um den Leichnam eines Mannes, der im 1. Jahrhundert v. Chr. durch Erhängen den Tod fand – vermutlich ein ritueller Opferakt.

117. *Oben* Fragment der Schriftrollen vom Toten Meer – hebräischer und aramäischer Handschriften aus dem 1. Jahrhundert n. Chr., die 1947 in einer Höhle bei Qumran entdeckt wurden und nahezu alle Bücher des alttestamentlichen Schriftenkanons der Bibel umfassen.

Ruz in einem Raum, der Skelette, Gefäße und Gegenstände aus Jade enthielt. Dahinter befand sich eine 9 m lange und 4 m breite Kammer. Stuckreliefs schmückten die Wände, und in der Mitte lag das Grab eines im Alter von 40–50 Jahren gestorbenen Maya-Herrschers mit Maya-Hieroglyphen, einem Diadem, einer Mosaikmaske, zwei enormen Perlen und Ringen an allen zehn Fingern. Nach dieser aufsehenerregenden Entdeckung ließ sich nicht mehr aufrechterhalten, keine der Maya-Pyramiden habe je als Grabmal gedient, und natürlich rief dies sofort wieder die Diffusionisten auf den Plan, die schon seit langem Mittelamerikas Pyramiden als Beweis altägyptischer Einflüsse auf Mittelamerika betrachtet hatten.

1950 führte Brian Hope-Taylor eine glänzende Grabung in Yeavering (Northumberland) durch. Hier hatte man auf Luftbildern die erste angelsächsische Halle entdeckt, die nun freigelegt wurde. Vielleicht war es jenes Bauwerk, das Beda Venerabilis (672/3–735) in seiner ›Kirchengeschichte der Angeln‹ (*Historia ecclesiastica gentis Anglorum*) als *Ad Gefrin* bezeichnete. Der erst 1979 erschienene Grabungsbericht ist ein Musterbeispiel seiner Art und geradezu wegweisend, was die Maßstäbe angeht, die man im 20. Jahrhundert an derartige Veröffentlichungen anzulegen hat.

1951 brachte die Publikation von Louis Leakeys ›Olduwaischlucht‹ (*Olduvai Gorge*), und in der Zeitschrift *Science* erschienen die ersten Radiokarbondaten. Im folgenden Jahr begannen Kathleen Kenyons Forschungen in Jericho, die zur Entdeckung einer aufsehenerregenden Kulturschichtenfolge und der berühmten Schädel führte, deren Gesichter man in Gips nachmodelliert hatte. Gleichfalls 1952 erschien Grahame Clarks ›Prähistorisches Europa – die

118–119. Kathleen Kenyon (1906–1978, *gegenüber, unten*), eine Schülerin Sir Mortimer Wheelers, wandte die gleichen ›militärischen‹ Methoden wie dieser an, als sie während der fünfziger Jahre das prähistorische Jericho ausgrub. Dabei kamen mächtige Befestigungsanlagen *(links)* zum Vorschein, die Jericho als älteste aller bekannten Städte der Welt auswiesen.

120. 1954 stieß man neben der Cheopspyramide in Gizeh auf eine Grube mit einem zerlegten Schiff aus der Zeit des altägyptischen Königs Cheops (*Chufu*, um 2575/2545–2550/2520 v. Chr.) bzw. seines Sohnes Djedefrê/Râdjedef (um 2550/2520–2540/2510 v. Chr.). Mehr als 4500 Jahre alt, ist es das älteste Schiff, das Archäologen bisher in die Hände fiel. Der ägyptische Restaurator Ahmed Youssef Moustafa brauchte 14 Jahre, um es zu restaurieren. Heute befindet es sich in einem eigens dafür geschaffenen Museum neben der Cheopspyramide.

ökonomische Basis‹ *(Prehistoric Europe: the Economic Basis)*, ein bahnbrechender Versuch, die Vorgeschichtsforschung vom alten Drei-, Vier- oder Fünfperiodensystem abzubringen und zu einer lebensnäheren Untersuchung der Lebensumstände und der Wirtschaft des vorgeschichtlichen Menschen zu bewegen.

1952 war aber auch das Jahr der Revolution in Ägypten, die die Schließung aller ausländischen Archäologie-Institute mit sich brachte. Ein außerordentlicher Rückschritt, hatten doch die Franzosen seit Napoleons Zeit mit größtem Erfolg und zum Segen aller gearbeitet, die innerhalb und außerhalb Ägyptens an der frühen Vergangenheit dieses Landes mit seiner ältesten Hochkultur der Welt interessiert waren. Daß man Drioton auswies, war ein beklagenswerter Mißgriff. Kurz danach entdeckten ägyptische Archäologen neben der Cheopspyramide in Gizeh ein sogenanntes ›Sonnenschiff‹, das König Djedefrê bzw. Râdjedef seinem Vater Cheops mitgegeben hatte. Heute liegt unter dem Titel ›Das Boot unter der Pyramide‹ *(The Boat beneath the Pyramid)* die 1980 erschienene Beschreibung des Fundes durch Nancy Jenkins vor.

1953 war in vieler Hinsicht ein Glücksjahr für die Archäologie des 20. Jahrhunderts. So meldete Michael Ventris (Abb. 121) damals die Entzifferung der Linear B-Schrift. Als siebzehnjähriger Schüler hatte er einst in Stowe einen Vortrag von Arthur Evans gehört, der damals 80 Jahre alt war und seit vierzig Jahren vergeblich versucht hatte, Linear B zu entziffern. Ventris war fasziniert und stellte sich selbst die Aufgabe, das Problem zu lösen, an dem Evans gescheitert war. Siebzehn Jahre später, erst vierunddreißig Jahre alt, hatte er es geschafft, und dies ohne die Hilfe zwei- und dreisprachiger Inschriften, auf die sich einst Champollion und Rawlinson stützen konnten.

Im selben Glücksjahr wurde der Piltdown-Mensch entlarvt. Kenneth Oakley hatte schon 1948 den Fluortest angewandt, um fossile Knochenreste zu datieren, und mit dieser Methode ging man auch den Knochen von Piltdown zu Leibe. Die in hervorragender Zusammenarbeit angefertigten naturwissenschaftlichen Analysen

Oakleys, Weiners und Le Gros Clarks machten dem ›Affenmenschen von Piltdown‹, Smith Woodwards ›erstem Engländer‹, der er niemals war, den Garaus. Den endgültigen Gnadenstoß gab ihm die Radiokarbondatierung, nach deren Ausweis es sich um eindeutig neuzeitliche Knochen handelte. Es gab keinen *Eoanthropus dawsoni* mehr – lediglich als Fälschung, auf die die dafür verantwortlichen Wissenschaftler seinerzeit nur allzu rasch hereingefallen waren. J. S. Weiner schildert diese Betrugsaffäre in seinem Buch ›Die Fälschung von Piltdown‹ *(The Piltdown Forgery,* 1955), in dem er durchblicken läßt – ohne sich freilich ausdrücklich in diesem Sinne zu äußern –, hauptverantwortlich für die Fälschung sei möglicherweise Dawson selbst. Andere Autoren brachten andere Namen mit der Affäre in Zusammenhang. So beschuldigt Millar in ›Der Piltdown-Mensch‹ *(The Piltdown Man)* – allerdings nicht überzeugend – Elliot Smith, aber auch Sollas und der französische Jesuit Teilhard de Chardin gerieten in den Kreis der Verdächtigen. Mag sein, daß man die ganze Wahrheit nie erfahren wird, doch die Anthropologen und Vorgeschichtler haben die Lektion von Piltdown gelernt, wie sie die Lehre von Moulin Quignon leider vergessen hatten, als die angeblichen ›Überreste‹ von Piltdown publiziert wurden.
Und noch ein wichtiges Ereignis brachte dieses Jahr: René Joffroy, ein Professor am Lyzeum in Châtillon-sur-Seine, der anschließend zum Direktor des *Musée des Antiquités Nationales* in Saint-Germain ernannt wurde, fand in Burgund das Fürstinnengrab von Vix, eine der glänzendsten archäologischen Entdeckungen überhaupt. Es handelt sich um die Wagenbestattung einer späthallstattzeitlichen Aristokratin, die um 525 bzw. 500 v. Chr. gestorben sein muß. Sie trug ein herrliches Diadem aus massivem Gold, möglicherweise eine gräko-skythische Arbeit, und zu den Grabbeigaben gehörte ein riesiger bronzener Mischkessel *(krater)* wohl tarentinischer (süditalienisch-griechischer) Herkunft von 1,64 m Höhe und 298,6 kg Leergewicht. Es ist das größte bisher aus der Antike erhaltene Metallgefäß.
Während wir uns noch nicht von dem Schlag erholt hatten, den die

121. Michael Ventris (1922–1956), der die Linear-B-Schrift entzifferte.

122. *Gegenüber:* Die Errichtung des Assuan-Hochdammes drohte durch die im Nasser-See aufgestauten Wassermassen neben anderen altägyptischen Heiligtümern in Nubien auch die berühmten Tempel von Abu Simbel zu verschlingen. In einer von der UNESCO organisierten großartigen Rettungsaktion gelang es Archäologen, Ingenieuren und Technikern aus aller Welt, die gesamte Tempelanlage mit ihren riesigen Kolossalskulpturen an einen ungefährdeten höheren Platz zu verlegen. Die Aufnahme zeigt den Transport eines Kopfsegmentes einer der Kolossalstatuen Ramses' II. (1290–1224 v. Chr.).

Entlarvung des Piltdown-Menschen als Fälschung bedeutete, meldeten der Pariser *Figaro* und die Londoner *Times* den »reichsten Fund paläolithischer Kunst« in der Dordogne. Es handelte sich um die Höhle von Rouffignac im ›klassischen‹ Höhlenkunst-Gebiet von Les Eyzies, das sich – und wie wir zugeben müssen, nicht zu unrecht – den Titel ›Hauptstadt der Vorgeschichte‹ beigelegt hat. Von dieser seit Jahrhunderten bekannten Höhle wissen wir heute: sie ist voll von Tiergravierungen und -malereien, die zuvor niemand bemerkt hatte, einschließlich des Abbé Breuil, der 1915 einen Tag hier verbrachte (wobei er freilich einem Freund half, Schmetterlinge zu fangen). Auch Martel, die große Autorität, was französische Höhlen anging, besuchte die Höhle zwischen 1890 und 1930 mehrmals, ohne irgendeine Spur von Höhlenwandkunst zu erblicken. Einige Forscher äußerten Zweifel und Argwohn, doch im großen ganzen hat die Fachwelt Rouffignac akzeptiert. Ich persönlich fürchte, daß der größte Teil der dortigen Höhlenbilder gefälscht ist und daß in 50 Jahren, wenn jemand dieses Buch auf den neuesten Stand bringt, der Beweis für die Fälschungen von Rouffignac ebenso klar auf dem Tisch liegt wie heute für Piltdown.

Die nächsten fünf Jahre brachten Forschungsarbeiten an zahlreichen faszinierenden und äußerst wichtigen Plätzen. Lerici begann mit seinem Periskop etruskische Gräber zu untersuchen, Emery fing in Buhen, der Grenzfestung zwischen Ägypten und dem Sudan, zu graben an, in Norditalien wurde die Etruskerstadt Spina entdeckt, man fand den staunenerregenden tartessischen Juwelen-Hortfund in El Carambolo bei Sevilla sowie den St. Ninians-Hort auf den Shetlandinseln. James Mellaart war in Izmir und behauptet, er habe dort den sogenannten ›Schatz von Dorak‹ gesehen, den niemand weder vor noch nach ihm je erblickte (was diese höchst seltsame *cause célèbre* angeht, so sei auf Pearson und Connor, ›Der Dorak-Schatz‹ [*The Dorak Treasure*, 1970]) verwiesen.

1959 erfuhr die UNESCO von den Plänen der ägyptischen Regierung, durch einen neuen Hochdamm bei Assuan das Niltal unter Wasser zu setzen, und startete eine Kampagne zur Rettung der Altertümer Nubiens. Dies war das erste Beispiel internationaler Zusammenarbeit bei einem archäologischen Unternehmen derart großen Stils, und es hatte außerordentlichen Erfolg. Den dramatischen Abschluß bildete die Zerlegung und Versetzung der Kolossalstatuen von Abu Simbel (Abb. 122). Heute freilich fragt man sich, ob die Anlage des Nasser-Sees, der so viel Land am Nil verschlang, wirklich nötig war.

Als das große UNESCO-Gemeinschaftsunternehmen zur Rettung der nubischen Heiligtümer anlief (Tadema/Tadema Sporry: ›Operation Pharao‹, *Die Rettung der ägyptischen Tempel*), entdeckte Michel Fleury in Saint-Denis nördlich von Paris das Grab der Königin Arnegunde, während Mary Leakey im eindreiviertel Millionen Jahre alten ›Bett I‹ der Olduwai-Schlucht (Tansania) einen Menschenschädel fand. Inzwischen kamen in verschiedenen Teilen Ostafrikas noch ältere Überreste von Menschen oder menschenähnlichen Wesen zum Vorschein, doch der damalige Fund war der

erste Anhaltspunkt für ein derartig hohes Alter der Menschheit. Eine Geschichte der Archäologie kann über die näheren Umstände dieses bemerkenswerten Fundes in der Olduwai-Schlucht nicht einfach hinweggehen. Louis Leakey war krank und lag im Basislager im Bett. Mary Leakey arbeitete im trockenen Sand der untersten geologischen Schichten der Schlucht. Am 17. Juli 1959 fiel ihr Blick auf Knochenfragmente, die aus der steilen Schluchtwand herauserodiert waren. Der Rest der Geschichte sei mit den Worten Brian Fagans wiedergegeben:

»*Wie elektrisiert kratzte sie die Erde ab, die an zwei kräftigen Zähnen haftete. Sie gehörten unzweifelhaft zu einem menschenartigen Fossil, dem ersten, das in der Olduwaischlucht gefunden wurde. Mary sprang in den Land Rover und raste zum Lager. ›Ich habe ihn, ich habe ihn‹, schrie sie, und stürzte ins Zelt. Louis' Krankheit war vergessen. Er warf seine Kleider über und beide, Mann und Frau, ratterten die Piste zur Fundstätte hinab. Mit äußerster Behutsamkeit untersuchten sie die Zähne und entfernten noch mehr Erde. Es gab keinen Zweifel: Mary Leakey hatte einen fossilen Schädel von ungeheurem Alter entdeckt. Eine Suche, die vor 28 Jahren begonnen hatte, war endlich von Erfolg gekrönt*« (›Suche nach der Vergangenheit‹ [Quest for the Past 1978]).

Mary Leakey hatte den *Zinjanthropus boisei* gefunden – den ›lieben Jungen‹,*) wie ihn die Familie Leakey nannte, den ›Nußknackermenschen‹, wie er in der Öffentlichkeit bald hieß.
Immer noch im selben Jahr veröffentlichte Pierre-Roland Giot ^{14}C-Daten für Megalith-Monumente in der Bretagne, und es zeigte sich: Sie waren älter als Altägyptens Pyramiden oder Altmesopotamiens Ziqqurrat – ja, zusammen mit den Tempeln auf Malta bildeten sie die älteste Architektur der Welt. In der Tat: die fünfziger und sechziger Jahre brachten eine Umwälzung von Innen her – eine Revolution der Archäologie und ihres Bildes vom Menschen in der Zeit.
In den sechziger Jahren grub Yadin in Israel Masada aus, Hole und Flannery begannen ihre Arbeit in Ali Kosh im Iran, Atkinson und Piggott gruben in Stonehenge, Silbury Hill, West Kennet und Wayland's Smithy. In Jugoslawien entdeckte man Lepenski Vir, das Trifunović und Srejović ausgruben, und Michael Coe legte die Zeremonialzentren der Olmeken im südlichen Veracruz frei.
Seitdem hat Archäologie nicht mehr nur mit der Vor- und Frühgeschichte sowie mit der sogenannten ›Alten‹ Geschichte Ägyptens, Mesopotamiens, Palästinas, Griechenlands und Roms zu tun, sondern sie wurde zu einer wahrhaft humanistischen, die gesamte Menschheit umfassenden Disziplin, deren Forschungsobjekt die materielle Hinterlassenschaft der Menschen aller Zeiten allerorten ist.

---

*) Im Englischen ein Wortspiel (dear *boy* und *boisei*), das im Deutschen nicht nachvollziehbar ist *(Anmerkung des Übersetzers)*.

123. Louis Leakey zeigt 1964 bei einer Pressekonferenz in Washington fossile Überreste aus der Olduwai-Schlucht vor. Nach annähernd drei Jahrzehnten geduldiger Kleinarbeit hatten er und seine Frau die ältesten aller damals bekannten Frühmenschen bzw. *Prähomininen* entdeckt, die vor etwa 1,25 Millionen Jahren lebten.

Vorgeschichte wurde nun zur weltweiten Vorgeschichte, und was von der Archäologie Amerikas, Afrikas, Südostasiens, Australiens und Polynesiens zu vermelden war, stand nun gleichberechtigt neben dem, was es über die im 19. und zu Beginn des 20. Jahrhunderts etablierte Archäologie Europas und des Nahen Ostens zu sagen gab. Diese Öffnung hin zu einer weltumfassenden Betrachtungsweise zeigen sehr deutlich Grahame Clarks ›Vorgeschichte der Welt‹ (*World Prehistory*, 1961, 3. Auflage 1977), Chester S. Chards ›Der Mensch in vorgeschichtlicher Zeit‹ (*Man in Prehistory*, 2. Auflage 1975) und Brian Fagans ›Völker der Erde‹ (*People of the Earth*, 2. Auflage 1977) sowie schließlich vom selben Verfasser: ›Vorgeschichte der Welt – eine kurze Einführung‹ (*World Prehistory: A Brief Introduction*, 1979).

Dieses Kapitel führt uns bis zum Jahr 1980 – einhundert Jahre, nachdem Flinders Petrie in Ägypten zu arbeiten begann, nachdem Pitt-Rivers in Cranborne Chase zu graben anfing und de Sautuola die Malereien von Altamira publizierte. Das letzte Jahrzehnt hat gezeigt: Archäologie betreibt man eifriger denn je, ihr Nutzen für die Allgemeinheit ist größer als je zuvor, und immer noch macht man überall auf der Welt eine bedeutende Entdeckung nach der anderen.

In *Antiquity* 13 (1939), 425–439, erschien ein Aufsatz von Spyridon Marinatos, der damals Leiter des griechischen Antikendienstes war, unter dem Titel: ›Die Zerstörung des minoischen Kreta durch vulkanische Kräfte‹ *(The Volcanic Destruction of Minoan Crete)*.

Marinatos vertrat darin die These, die Eruption oder Explosion des Thera-Vulkans um oder nach 1500 v. Chr. und ihre Nebenwirkungen hätten auf Kreta furchtbare Verwüstungen hervorgerufen. Sir Denys Page arbeitete diese Theorie in einer Schrift weiter aus, die 1970 unter dem Titel ›Der Vulkan von Santorin [= Thera] und die Zerstörung des minoischen Kreta‹ *(The Santorini Volcano and the destruction of Minoan Crete)* von der ›Gesellschaft für griechische Studien‹ *(Society for Hellenic Studies)* veröffentlicht wurde. Die Archäologen sind in dieser Angelegenheit geteilter Ansicht, und in Büchern wie auf Kongressen geht die Diskussion weiter. Inzwischen hat Marinatos umfangreiche Grabungen bei Akrotiri auf Thera durchgeführt, die unter anderem bedeutende Fresken erbrachten (Abb. 125, 126). Sie wurden zwischen 1967 und 1976 in einer Reihe von Bänden in Athen publiziert, und in Kürze erscheint eine einbändige Publikation von Christos Doumas. Marinatos selbst kam während seiner Grabungen bei einem Einsturzunglück ums Leben. Er starb in den Armen von Sir Denys Page.

1972 wurde am Varna-See unweit der Schwarzmeerküste in Nordost-Bulgarien ein kupferzeitlicher Friedhof entdeckt. Seine Ausgrabung durch Ivan S. Ivanov vom Museum in Varna brachte eine reiche Fülle von Goldgegenständen, den sogenannten ›Schatz von Varna‹, ans Licht. Colin Renfrew nennt ihn ›die älteste bedeutendere Assemblage goldener Artefakte, die je irgendwo auf Erden gehoben wurde . . . Ein Ereignis von Rang, in seiner Bedeutung mit Schliemanns Fund des Goldschatzes von Troja vor mehr als einem Jahrhundert vergleichbar‹ *(Antiquity,* 1978, 199). Die Funde von Varna sind mindestens fünfzehnhundert Jahre älter als Troja II: Sie unterstreichen klar die frühe und eigenständige Entwicklung der Metallurgie in Südosteuropa.

Ebenfalls 1972 meldete Richard Leakey, der in Ostafrika die Pio-

124. Wiederherstellung eines der Trilithen von Stonehenge (1958). Durch ihre Ausgrabungen in den fünfziger und frühen sechziger Jahren ermittelten Richard Atkinson und Stuart Piggott die erste zuverlässige Bausequenz für dieses Monument.

nierarbeit seines Vaters Louis Leakey fortsetzte, die Entdeckung eines Schädels der Gattung *Homo*, der mehr als zweieinhalb Millionen Jahre alt war. Das Gebiet am Turkanasee (dem früheren Rudolfsee), wo er auf den Schädel stieß, erwies sich auch in der Folgezeit als ergiebiger Jagdgrund für andere ähnlich alte Hominiden-Überreste.

Im Jahre 1975 erregte die Entdeckung von etwa 20 000 Keilschrifttäfelchen im Palastarchiv von Tell Mardikh (dem alten Ebla) in Syrien ein Aufsehen, das sich nur mit der Erregung vergleichen läßt, die die Entdeckungen von Lascaux, Sutton Hoo oder des Tutanchamun-Grabes hervorgerufen hatten. Leiter der Grabung war Professor Paolo Matthiae, dem Professor Giovanni Pettinato als Epigraphiker (Inschriften-Experte) zur Seite stand. Beide Gelehrte wirken in Rom. Abermals hatte man eine längst verschollene Kultur mit einer bisher unbekannten Sprache entdeckt. (Paolo Matthiae, *Ebla*, 1980, sowie Chaim Bermant und Michael Weitzmann: *Ebla – Neuentdeckte Zivilisation im Alten Orient*, 1979).

Kaum war Ebla aus den Schlagzeilen der Presse verschwunden, als Professor Manolis Andronikos von der Universität Thessaloniki 1977 bekanntgab, er habe in Vergina in Nordgriechenland das Grab Philipps II., des Vaters Alexanders des Großen, aufgedeckt. Grabgaben aus Gold, Silber und Bronze ließen ihn vermuten, daß er es mit einem Königsgrab zu tun hatte. Doch fünf winzige Elfenbein-

125. Die von Spyridon Marinatos bei Akrotiri auf der Insel Thera (Santorin) entdeckten spätbronzezeitlichen Fresken gaben unserem Wissen über minoische Malkunst eine neue Dimension. Eine Wandmalerei in einem rekonstruierten Raum *(oben)* vermittelt einen Begriff davon, wie es auf Thera ausgesehen haben muß, bevor um 1500 v. Chr. ein Vulkanausbruch die damalige Insel zum größten Teil zerstörte, so daß nur die heutigen ›Inselstümpfe‹ (Restinseln) übrigblieben. Zwischen mit Blumen bewachsenen, in leuchtenden Farben wiedergegebenen Felsgebilden schießen pfeilschnell Schwalben dahin.

126. Dieses, ebenfalls von Spyridon Marinatos bei Akrotiri entdeckte spätbronzezeitliche Fresko zeigt ein Boot für Vergnügungsfahrten. Man beachte das rechteckig geformte Segel.

köpfchen, die unter anderem Porträtähnlichkeit mit Philipp und Alexander aufwiesen, zeigten ihm schließlich, was er hier ganz offensichtlich wirklich gefunden hatte. (Hatzopoulos/Loukopoulos), [Hrsg.] *Ein Königreich für Alexander, Philipp von Makedonien*).

So setzt sich die Liste der Neufunde fort, und dies weltweit. In Belize (ehemals Britisch Honduras) entdeckte R. S. MacNeish, wie er kürzlich der Öffentlichkeit mitteilte, mehr als sechzig neue Fundstätten, die, wie es scheint, die Anfänge der Maya-Kultur um mehr als tausend Jahre in die Vergangenheit zurückverlegen. Und es fügt sich nur allzu gut in diesen Rahmen, mit der vielleicht sensationellsten Entdeckung von allen zu schließen – der riesigen Terrakottafiguren-Armee des chinesischen Kaisers Qin Shihuang Di (Tafel X), die etwa anderthalb Kilometer vom Grabhügel dieses Herrschers in Lintong (Provinz Shaanxi) unweit des Gelben Flusses im 3. Jahrhundert v. Chr. eingegraben wurde, um den toten Kaiser im Jenseits zu schützen. Tatsächlich wird es in den vor uns liegenden Jahrzehnten für die Archäologie von allergrößter Bedeutung sein, sich bewußt zu machen, wie wichtig China ist.

6 Die großen Themen

Die fünf Kapitel zuvor, die den Hauptteil dieses Buches bilden, gaben einen wenn auch nur summarischen und auf bestimmte Hauptlinien beschränkten Abriß der Geschichte der Archäologie von ihren Anfängen bis zum Ende des dritten Viertels des 20. Jahrhunderts. Es ist eine Geschichte voll erregender Ereignisse und Persönlichkeiten, eine Geschichte, die ohne Entschlüsse nicht denkbar wäre, wie Schliemann sie vor Troja und Howard Carter im Tal der Könige faßten, eine Geschichte zielstrebiger Ausgrabungen und Feldforschungen, aber auch die Geschichte all der seltsamen Zufälle, denen wir so viele Entdeckungen von Bedeutung verdanken – den Stein von Rosette und die Hörner von Gallehus, die Megalithgräber von Cocherel (1685) und New Grange (1699), die Amarna-Briefe, die Schriftrollen vom Toten Meer und schließlich 1940 Lascaux. Zur Abrundung unserer Darstellung sei es uns vergönnt, noch einmal auf die Hauptelemente dieser Geschichte unserer Wissenschaft zurückzublicken:

1.) Der Ursprung der Archäologie
Man merkte: Legenden, Mythen, volkstümliche Überlieferungen, die Bibel und die Schriftsteller der Klassischen Antike – sie waren keine zuverlässige Quelle, die die volle Wahrheit über die frühe Vergangenheit des Menschen vermittelten. Dr. Johnson hatte nicht recht, wenn er die Ansicht vertrat, es bleibe einem nichts übrig, als sich auf die antiken Autoren zu verlassen, vielmehr begriff man: echte Informationsquellen über den Menschen vergangener Zeiten waren die Schöpfungen seiner Hände, von mittelalterlichen Burgen über römische Villen bis hin zu Steinkreisen und altsteinzeitlichen Abschlag-Faustkeilen.

2.) Die Anerkennung steinerner Artefakte
Der nächste Schritt war: Man anerkannte, daß Steingeräte nicht das Werk von Feen oder Elfen, sondern Schöpfungen von Menschenhand waren. Schon Mercati war davon überzeugt, allerdings wurde seine *Metallotheca* erst im 18. Jahrhundert veröffentlicht. Und wie Mercati dachten auch Sir William Dugdale, Sir Robert Sibbald, Edward Lhwyd, Lafitau, Mahudel, Goguet und Bischof Lyttelton. John Frere hatte, wie sein Brief aus dem Jahre 1797 verrät, keinerlei Zweifel mehr.

3.) Das technologische Modell
Daß man Steinwerkzeuge als Schöpfungen von Menschenhand erkannte, ermöglichte die Aufstellung eines technologischen Modells der Vergangenheit aufgrund der verwendeten Rohstoffe (Stein, Bronze, Eisen). Es taucht bereits in den Schriften von Goguet und Vedel-Simonsen auf, wurde aber für die Öffentlichkeit erstmals sichtbar, als 1819 das Kopenhagener Museum eröffnet wurde, das C. J. Thomsen auf der Grundlage des Dreiperiodensystems geordnet hatte.

4.) Die Entdeckung der Baudenkmäler
Archäologie begann zu werden, was sie ist, als Altertumsfreunde, Reisende und schließlich eigens ausgebildete Fachleute die noch über Bodenniveau anstehenden Baudenkmäler des Altertums zu erfassen und zu beschreiben begannen. (Stuart und Revett in Athen, Wood und Dawkins in Kleinasien sowie im Nahen Osten, Carsten Niebuhr in Persepolis, Aubry, Lhwyd und Stukeley in Britannien sowie die Napoleon begleitenden französischen Gelehrten, deren Forschungen zu Jomards *Description de l'Égypte* führten).

5.) Die Entwicklung der modernen Geologie
Man erkannte, daß Felsgesteine geschichtet sind und die gleichen Naturkräfte wie heute auch ehedem am Werk waren (Prinzip des Aktualismus bzw. Uniformismus, d. h.: der Gleichförmigkeit natürlicher Wirkkräfte und Prozesse). Die neue Geologie aber, die Lyell in seinen *Principles of Geology* verkündete, brachte es mit sich, daß man auch dem Menschen ein höheres Alter zugestehen mußte als der ›gegenwärtigen Welt‹, die nach auf der Bibel beruhenden Berechnungen erst seit 4004 v. Chr. bestand. So führte die Geologie nicht nur zur Erkenntnis des wahren Alters der Menschheit, sondern brachte die Archäologen auch zum Verständnis der Stratigraphie (s. unten Punkt 8).

6.) Darwinismus und biologische Evolution
1859 akzeptierten die *Royal Society* und die *Society of Antiquaries* das hohe Alter der Menschheit. Im selben Jahre erschien Darwins *Entstehung der Arten*. Man wurde sich klar: Beweismaterial für den vorgeschichtlichen Menschen in Form von Geräten und Skelettüberresten war nicht nur willkommen, sondern erforderlich, und die Vermutung lag nahe, daß sich die biologisch-organische Evolution im geistig-kulturellen Bereich fortsetzte.

7.) Ausgrabungen
Archäologische Ausgrabungen begannen mit der Freilegung dänischer Megalithgräber im 16. und 17. Jahrhundert sowie im 18. Jahrhundert in Pompeji, wo das Wirken Fiorellis und seiner *Scuola di Pompeji* den Höhepunkt bildeten. Durch Männer wie Curtius, Pitt-Rivers, Flinders Petrie, Wheeler und Schaeffer wurde das Graben zu einer mit höchster Sorgfalt betriebenen Forschungsmethode, die die Bezeichnung ›wissenschaftlich‹ vollauf verdient.

8.) Stratigraphie

Daß man das Vorhandensein archäologischer Schichten bemerkte und deren Abfolge zu deuten lernte, war für die Technik der archäologischen Ausgrabung von grundlegender Bedeutung. Die Archäologie übernahm diese Erkenntnisse von der stratigraphischen Geologie, konnte jedoch auch auf frühe Beobachtungen Worsaaes in Dänemark und Thomas Jeffersons in Virginia (USA) zurückgreifen. Die ersten, die die Stratigraphie sogenannter Tells (Ruinenhügel, Trümmerhügel, ›Kulturhügel‹) begriffen, waren Flinders Petrie (Tell el-Ḥēsi), Schliemann (Troja) sowie Pumpelly und Schmidt (in Anau).

9.) Untergegangene Kulturen

Feldforschungen und Ausgrabungen brachten zuvor unbekannte Kulturen ans Licht, von denen wir allein anhand schriftlicher Quellen nie etwas erfahren hätten. Hierzu gehören die Sumerer in Mesopotamien ebenso wie die Induskultur, die Kultur der Shang-Zeit in China sowie die der Olmeken in Mesoamerika.

10.) Entzifferung alter Schriften

Einen der erregendsten Aspekte der Archäologiegeschichte bildet die Entzifferung bislang unbekannter Schriften von der Runen- und Ogham-Schrift Europas bis zu Altägyptens Hieroglyphen (Champollion), der Keilschrift Mesopotamiens (Grotefend und Rawlinson), dem Hethitischen (Hrozny), der Linear-B-Schrift (Ventris und Chadwick) und dergleichen mehr. Auch die Entdeckung der Alphabetschrift von Ras Schamra (Ugarit) darf hier nicht unerwähnt bleiben.

11.) Chronologie

Sichere Grundlage archäologischer Arbeit sind zuverlässige Daten. Flinders Petrie, Montelius und Childe entwickelten die Differentialdatierung durch Vergleiche mit schriftlichen Quellen. Die ersten, die mit Hilfe nichtarchäologischen Materials ein Datengerüst für die Archäologie zu zimmern versuchten, waren de Geer mit seiner Warvendatierung und Douglas mit seiner Dendrochronologie (Baumringdatierung), wobei Douglas sogar schon an Manasseh Cutler und Thomas Jefferson (im 18. Jahrhundert) anknüpfen konnte. Nach dem Zweiten Weltkrieg führten dann neue, naturwissenschaftliche Methoden der absoluten (oder wie man neuerdings sagt: chronometrischen) Datierung wie das Radiokarbonverfahren, die Thermolumineszenztechnik (auch TL-Verfahren) oder die Kalium-Argon-Methode zu einer wahren Revolution der Vorgeschichtsarchäologie.

12.) Umweltforschung

Mit der Erforschung der Schweizer Seerandsiedlungen in den sechziger Jahren des 19. Jahrhunderts ging auch die Untersuchung floraler (pflanzlicher) und faunaler (tierischer) Überreste Hand in Hand. Ein weiteres bahnbrechendes Beispiel für die Untersuchung von Ökofakten (d. h.: Zeugnissen einstiger Umweltbedingungen) war Anau. Inzwischen wurde namentlich in England (vgl. die Arbeiten Zeuners, Grahame Clarks und Eric Higgs') aber auch anderswo die Erforschung der Umweltverhältnisse, unter denen die Bewohner einer archäologischen Stätte einst leben mußten, zu einem wesentlichen Bestandteil jeder archäologischen Untersuchung. Vgl. Karl Butser: *Environment and Archaeology* (1964)

13.) Völkerkundliche Parallelen
Es war die Entdeckung auf der Steinzeitstufe stehender Völker der Neuen Welt, die Mercati und andere auf den Gedanken brachte, auch in Europa müsse es einst eine Steinzeit gegeben haben. Père Lafitau und Goguet wußten den Wert ethnographischer Parallelen ebenso zu schätzen wie Lubbock und Pitt-Rivers. Ein klassisches Beispiel für das Operieren mit völkerkundlichen Entsprechungen ist das 1911 erschienene Buch von W.J. Sollas: ›Vorgeschichtliche [wörtlich ›antike‹] Jäger[kulturen] und ihre heutigen Vertreter‹ *(Ancient Hunters and their Modern Representatives)*. Allerdings ging Sollas zu deterministisch vor. Jüngst hat Colin Renfrew in seinem Werk ›Vor der Hochkultur‹ *(Before Civilization)* versucht, die kulturelle Situation der europäischen Megalithgrab-Erbauer anhand polynesischer Bevölkerungsgruppen deutlich zu machen. In Amerika leben noch immer Maya-Gruppen und nordamerikanische Indianer, die gleichsam eine ›völkerkundliche Abrundung‹ der archäologischen Befunde über ihre Kultur darstellen. Vielleicht hängt es damit zusammen, daß vor allem amerikanische Archäologen so stark die Verbindung von Archäologie und Völkerkunde betonen. Gegenwart und präkolumbische Vergangenheit sind dort auf eine Weise miteinander verwoben, für die es in Europa und im Nahen Osten kein Gegenstück gibt. Doch die (nicht überall zur Völkerkunde gerechnete) Volkskunde, in der Skandinavien führend ist, bringt immerhin in die Archäologie Nordeuropas ein ähnliches Element der Vermischung lebendiger Gegenwart mit archäologisch erschlossener Vergangenheit ein.

14.) Das nicht-technologische Modell
Ein solches gab es stets, angefangen mit den schottischen Primitivisten über Monboddo bis Daniel Wilson. Sven Nilsson in Schweden entwickelte es ebenso weiter wie Tylor in England und Lewis Morgan in Amerika. Über Engels gingen Morgans Ideen in den Marxismus ein und wurden so zur Grundlage marxistischer Vorgeschichtsbetrachtung.

15.) Welt-Vorgeschichte
Archäologische Vorgeschichtsforschung begann in Skandinavien, Großbritannien, Frankreich und der Schweiz, Frühgeschichtsarchäologie in Kleinasien, Ägypten und Mesopotamien. Allmählich aber betrieb man einschlägige Forschungen auf dem gesamten Globus von China bis Peru, von Grönlands Eisbergen bis Indiens Korallenstränden. Heute trägt sogar ein afrikanischer Nationalstaat

den Namen einer archäologischen Stätte: Zimbabwe (Simbabwe). In drei Bereichen: in Amerika, auf dem indischen Subkontinent und in China, erlangte archäologische Forschung ganz besondere Bedeutung: lassen sich doch hier die Prozesse der Landwirtschaftsentwicklung und des Synoikismos, aus dem städtische Hochkultur entstand, wie es scheint unabhängig von der Beeinflussung durch andere Kulturen beobachten. In diesem Zusammenhang sei auf die jüngst neugegründete Kommission für Allgemeine und Vergleichende Archäologie des Deutschen Archäologischen Instituts hingewiesen. Zu ihrer Zielsetzung vgl. den am 4. 4. 1981 in Mainz gehaltenen Vortrag von Prof. Dr. Edmund Bucher, dem derzeitigen Präsidenten des Deutschen Archäologischen Instituts, *Wozu Weltarchäologie?* (in: *Mitteilungen des Deutschen Archäologen-Verbandes* Jhrg. 12, H. 2 [Dezember 1981] Seiten 3–14).

16.) Unabhängige Erfindung und Diffusion

Man spricht auch von *Konvergenz* und Diffusion. Seitdem man systematisch Archäologie betreibt, hat man sich immer wieder gefragt, wie es zu kulturellen Veränderungen kam, und schon dänische Pioniere archäologischen Denkens vertraten die beiden, wie es scheint, ewig entgegengesetzten Standpunkte unabhängiger Entwicklung auf der einen und kultureller Beeinflussung auf der anderen Seite. Eine übertriebene Auffassung von der Unabhängigkeit kultureller Entwicklungslinien läßt sich bei streng marxistischen Geschichts- und Vorgeschichtstheoretikern beobachten, ein exzessiver Diffusionismus dagegen bei Elliot Smith und Perry mit ihrer ›Schule von Manchester‹. Montelius und Childe traten für einen gemäßigten Diffusionismus ein. Beim heutigen Stand unseres Wissens haben wir wohl – je nach Sachlage – bald die eine, bald die andere Erklärung kulturellen Wandels als zutreffend zu betrachten. In manchen Fällen wirkten vielleicht beide Faktoren zusammen und ergänzten einander. Mit Gewißheit aber spielte sich, was Childe als ›Neolithische‹ und ›Urbane Revolution‹ bezeichnete, in vielen Teilen der Welt unabhängig voneinander ab.

17.) Naturwissenschaftliche Methoden

Das 20. Jahrhundert brachte die Entwicklung naturwissenschaftlicher Techniken, die dem Archäologen bei der Suche nach potentiellen Grabungsstätten, bei der Sondierung im Feld, bei der Ausgrabung und schließlich bei der Auswertung seiner Funde wertvolle Hilfe leisten. Das breite Spektrum reicht von den Anfängen der Geochronologie und Luftbildtechnik bis hin zu statistischen Methoden und elektronischer Datenverarbeitung.

18.) Archäologie geschichtlicher Zeit

Ebenso wie aus der europazentrischen Archäologie des 19. Jahrhunderts die heutige Weltarchäologie wurde, so weitete sich die einst mehr der Vor- und Frühgeschichte zugetane archäologische Forschung inzwischen auch auf historische Perioden und Völker aus, die nicht zum ›Klassischen‹ Bereich unserer Wissenschaft gehören wie etwa Angelsachsen, Merowinger, Wikinger sowie spätere Phasen des mittelalterlichen, ja neuzeitlichen Europa (Industriearchäologie). Als besonders ergiebig erwies sich die archäologische Untersuchung der europäischen Kolonien auf amerikanischem Boden (vgl. Noel Hume: ›Historische Archäologie‹ [*Historical Archaeology* 1968]).

19.) Die kritische Auswertung des Beweismaterials
Dieser Punkt gewann immer mehr Bedeutung, je weiter die Archäologie sich entwickelte. Nur kritische Betrachtungsweise ermöglicht es uns, den Wert, aber auch die Grenzen archäologischen Materials als Informationsträger zu erkennen. Als besonders wichtig erweist sie sich angesichts offenkundiger Fälschungen oder zweifelhafter Sachverhalte wie sie in Moulin Quignon, Piltdown, Glozel oder Rouffignac vorlagen bzw. vorliegen. Der Archäologe hat die Pflicht, seine sachkundig-kritischen Ansichten nicht nur seinen Fachkollegen, sondern auch der Öffentlichkeit darzulegen. Populärwissenschaft im guten Sinne gehört wesenhaft zur Archäologie, zeigt doch die Geschichte der Archäologie nur allzu deutlich, daß ohne lesbare, seriöse Archäologie-Sachbücher die einschlägig interessierten Leserscharen abwandern, um sich das, was sie suchen, in Randbereichen zu holen, wo der krauseste pseudoarchäologische Wildwuchs gedeiht. Von der Königin Mu über Atlantis bis zu Israels ›verlorenen Stämmen‹ und nichtexistenten Weltraummännern reichen die Gebilde üppig wuchernder Phantasie, von denen allerdings eine nahezu religiöse Faszination ausgeht, weil sie, so phantastisch sie sind, doch im Grunde simple ›Erklärungen‹ unserer Vergangenheit auftischen. Der Erfolg, den die ›Schule von Manchester‹ hatte, und die hohen Auflagenziffern eines Erich von Däniken sind deutliche Warnungen, die den ernsthaften Archäologen zeigen sollten, wo seine Aufklärungsarbeit anzusetzen hat.

20.) Das ›Berufsethos‹ des Archäologen
Archäologie begann als Schatzgräberei, als Suche nach Kunstwerken für private und staatliche Sammlungen. Belzoni, Rassam, Mariette und Layard – ihnen allen ging es darum, Schätze zu finden. Allmählich hat sich dies geändert. Aus der Schatzgräberei wurde die methodische Ausgrabung, ja die sorgfältige geplante Grabung mit dem ausdrücklichen Ziel, bestimmte Probleme zu lösen. Damit ist die problemorientierte Archäologie an die Stelle der einstigen Grabräuberei getreten. Doch bleibt noch so manche Frage unbeantwortet: Sollten die von Lord Elgin nach England gebrachten Marmorstatuen und -reliefs zurückgegeben werden? Wie weit sollte man bei der Rekonstruktion und Restauration ausgegrabener Momumente gehen? Sollte man bedeutende Stätten völlig ausgraben oder sollte man auch künftigen Ausgräbern etwas übriglassen, die möglicherweise mit noch besseren Methoden als heute noch weit aufschlußreichere Befunde zu erheben vermögen? Wie ist der Anspruch wissenschaftlicher Akribie mit dem Zeitdruck zu vereinbaren, unter dem man bei Notgrabungen nicht selten steht?

Dies scheinen mir die zwanzig Hauptthemen zu sein, die sich beim Überblick über die Geschichte der Archäologie herausschälen. Andere finden vielleicht anderes viel wichtiger. Für viele ist vielleicht noch immer das hohe Alter der Menschheit die dramatischste Lektion, die uns die Geschichte der Archäologie lehrt, und während wir an diesem Buch arbeiten, werden aus Ostafrika immer ältere Funde von Überresten menschlicher oder menschenähnlicher Wesen bekanntgegeben. Kaum noch jemand, der mit Sir Thomas Browne sagen möchte: »Zeit ist für uns erfaßbar«.

Für mich ist jedoch nicht das hohe Alter der Menschheit das Erregendste an der Archäologie, sondern die Vielfalt und Großartigkeit dessen, was der Mensch schon in früher Zeit leistete. Es überrascht nicht, daß die Archäologie und mit ihr die gesamte Kulturwelt so lange brauchte, um das Phänomen der jungpaläolithischen Kunst zu akzeptieren. Die Venus von Brassempouy, die Höhlenmalereien von Niaux, Altamira und Lascaux gehören längst zum festen Bestand der Bildteile kunsthistorischer Werke, nicht anders als die Büste der Nofretete oder die Venus von Milo, und doch verblüffen sie einen immer wieder. Diese Kunstwerke, dazu die Kunst der Kelten, Skythen und Wikinger – sie gehören zum Lohnendsten und Erregendsten, was die Archäologie zutagegefördert hat. Dies gilt auch für die technischen Leistungen unserer Vorfahren von den Pyramiden über die Tempel Maltas oder Stonehenge bis zu den Riesenköpfen der Olmeken und den Städten der Inka. Es sind diese sich unseren Augen offenbarenden Leistungen der Menschen – Leistungen, die Teil eines uns allen gemeinsamen Erbes sind –, die unser suchendes, forschendes Zurückblicken in die Vergangenheit so fesselnd machen, ja ihm seine tiefste Berechtigung geben.

Abbildungsverzeichnis

Farbtafeln

NACH SEITE 32
I Paläolithische Höhlenmalerei aus Altamira (Spanien). Stehender Wisent (Bison). Aufnahme: B. Pell.
II Paläolithische Höhlenmalerei aus Altamira (Spanien). Zusammengebrochener Wisent (Bison). Aufn.: B. Pell.
III Mykenische Goldmaske (aus Mykenai, um 1550 v. Chr.). Höhe: 26 cm. Nationalmuseum Athen. Aufn.: J. Powell.
IV Stierkopf aus Blattgold und Lapislazuli über Holzkern. Zierat einer Lyra a. d. Zeit um 2500 v. Chr. Fundort: Königsgräber von Ur. Universitätsmuseum Philadelphia. Aufn.: Univ. Mus.
V Goldmaske Tutanchamuns. 14. Jh. v. Chr., Höhe: 54 cm. Ägyptisches Museum Kairo. Aufn.: John G. Ross.

NACH SEITE 132
VI Grabbeigaben aus dem Schiff von Sutton Hoo (7. Jh. n. Chr.). *Oben:* Mit farbigen Glasfluß-Einlagen geschmückter goldener Deckel einer Börse. *Unten:* Zwei schwere Goldspangen, jede durch eine an einem Kettchen hängende Durchstecknadel gesichert. Britisches Museum London. Aufn.: Eileen Tweedy.
VII Goldmaske einer skythischen Königin des 3. Jh.s aus der Nähe von Kertsch auf der Halbinsel Krim (Ukraine). Nach einer Galvanotypie im Victoria-und-Albert-Museum. Aufn.: Peter Clayton.
VIII Goldener skythischer Hirsch aus Kul Oba (Krim). 5. Jh. v. Chr. Nach einer Galvanotypie im Victoria-und-Albert-Museum. Aufn.: Peter Clayton.
IX Prozession von Maya-Musikern. Detail der Malereien an den Wänden von Raum I in Bonampak, Mexiko, um 800 n. Chr. Nach einer Kopie von Felipe Dávalos. Mit freundlicher Genehmigung des *Florida State Museum.*
X Ausgrabungen von Lintong (Prov. Shaanxi/China). Die Grabfiguren-›Armee‹ des toten Kaisers Qin Shihuang Di (259–210 v. Chr.). Aufn.: Gesellschaft für englisch-chin. Verständigung.

Schwarzweiß-Abbildungen

1. Artemistempel. J. Stuart und N. Revett: *The Antiquities of Athens* (1762).
2. Kapitelle und Pilaster des Apollontempels von Didyma. R. Chandler, N. Revett und W. Pars: *The Antiquities of Ionia* (1769).
3. J. J. Winckelmann. J. J. Winckelmann: *Monumenti Antichi inediti spiegati ed illustrati* (1767).
4. Ausgrabungen in Herkulaneum. *Voyages pittoresques de Naples et de Sicile* (1782).
5. Isistempel von Pompeji. Kupferstich nach L. Desprez (1788) von Piranesi dem Jüngeren. Britisches Museum London.
6. Die Pyramiden von Gizeh. Fischer von Erlach: *Entwurf einer historischen Architektur* (1721).
7. Die Große Pyramide. J. Greaves: *Pyramidographia* (1646).
8. Der Dreischriftenstein von Rosette (196 v. Chr.). Britisches Museum, London.
9. Persische Keilschrift-Inschrift und Relief aus Persepolis. Carsten Niebuhr: *Reisebeschreibung nach Arabien* (1774). [(1600).
10. Römische Münzen. W. Camden: *Britannia*
11. Das große Kammergrab bei New Grange, Irland. Zeichnung von E. Lhwyd.
12. E. Lhwyd (1660–1708). *The Ashmolean Book of Benefactors.* Ashmolean Museum, Oxford.
13. J. Aubrey (1626–1697). J. Britton: *Memoir of John Aubrey* (1845).
14. Plan und Aufriß von Old Sarum bei Salisbury. W. Stukeley: *Itinerarium Curiosum*, Centuria I (1725).
15. Stonehenge. W. Stukeley: *Stonehenge, a Temple Restored to the British Druids* (1740).
16. Die beiden Königs-Tumuli und der große Runenstein von Jelling (Dänemark). Für Heinrich von Rantzau angefertigte Zeichnung (veröffentlicht: 1591).
17. Goldenes Horn aus Gallehus (Dänemark). O. Worm: *De aureo cornu* (1641).
18. Neolithisches Kammergrab bei Cocherel, Frankreich. Le Brasseur: *Histoire Civile et Ecclésiastique du Comté d'Evreux* (1722).

19. Indianer mit Körperbemalung. Aquarell von John White (1585).
20. J. Frere (1740–1807). Ölgemälde von J. Hoppner.
21. Acheuléen-Faustkeile, die John Frere bei Hoxne, Suffolk, fand. *Archaeologia* 13 (1800).
22. Erdhügel bei Marietta (Ohio). E. G. Squier und E. H. Davis: *Ancient Monuments of the Mississippi Valley* (1848).
23. Ole Worm. Kupferstich von Simon de Pas (1626).
24. Ole Worms *Museum Wormianum* in Kopenhagen (aus dem 1655 veröffentlichten Sammlungskatalog).
25. Titelblatt. Comte de Caylus: *Recueil d'Antiquités* (1752).
26. W. Buckland (1784–1856).
27. J. Boucher de Perthes (1788–1868).
28. Zeichnungen von Steingeräten. J. Boucher de Perthes: *Antiquités Celtiques* (1857).
29. Sir John Evans (1823–1908). Aufn.: Sammlung Mansell.
30. Der Unterkiefer von Moulin Quignon. Boucher de Perthes.
31. Titelblatt. Sir Richard Colt Hoare: *Auncient Wiltescire* (= Ancient Wiltshire 1820–1821).
32. C. J. Thomsen (1788–1865). Zeichnung von M. Petersen (1846). Nationalmus. Kopenhagen.
33. C. J. Thomsen im Dänischen Nationalmuseum. Nach einer Zeichnung von M. Petersen.
34. J. J. A. Worsaae (1821–1885). Zeichnung von A. Jerndorf. Nationalmuseum Kopenhagen.
35. Unter Aufsicht von J. J. A. Worsaae und König Friedrich VII. von Dänemark heben Soldaten den Boden aus, um das Königsgrab von Jelling freizulegen. Zeichnung von J. Kornerup (1861). Nationalmuseum Kopenhagen.
36. Neolithische Seerandsiedlung bei Lüscherz-Locras in der Schweiz. Aufn.: A. Rais, Delsberg/Delémont.
37. Sir John Lubbock (1834–1913). Nach einer Zeichnung von G. Richmond (1867). Aufn.: Sammlung Mansell.
38. Zwei eingravierte Hirsche auf einem Rentierknochen aus der Chaffaud-Höhle (Vienne/Frankreich).
39. Mit Gravierungen geschmückter Mammut-Stoßzahn aus der Dordogne (Frankreich). E. Lartet und H. Christy: *Reliquiae Aquitanicae* (1865–1875).
40. Napoleon in Ägypten mit seinem Gelehrtenstab. Bibliothèque Nationale, Paris.
41. Kupferstich von Baron de Denon: Frontispiz zu *Description de l'Egypte* (1809). Bibliothèque Nationale, Paris.
42. Der große Sphinx in Gizeh. Baron de Denon: *Voyage dans la Basse et la Haute Egypte* (1802).
43. J. F. Champollion (1790–1832). Ölgemälde von L. Cogniet (Paris: Louvre). Aufn.: Lauros-Giraudon.
44. G. B. Belzoni (1778–1823). Lithographie nach einer Zeichnung von M. Gaucidel.
45. Vier Abbildungen von Abenteuern Belzonis. Aus G. Belzoni: *Egypt and Nubia* (1820).
46. A. Mariette (1821–1881). Bronzebüste im städtischen Museum zu Boulogne-sur-Mer.
47. P. E. Botta (1802–1870). Aufn.: Chefkonservator der altorientalischen Abteilung des Louvre (Paris).
48. A. H. Layard (1817–1894) als junger Mann in Bachtiarenkleidung.
49. A. H. Layard beim Skizzieren in Kujundschik. A. H. Layard: *Discoveries in Nineveh and Babylon* (1853).
50. Rekonstruktion einer assyrischen Halle. A. H. Layard: *Monuments of Nineveh* (1853).
51. Die Ziqqurrat von Ur in Chaldäa. W. K. Loftus: *Travels and Researches in Chaldaea and Susiana* (1857).
52. Der Felsen von Behistun (Bisutun), Irak. Aufn.: Prof. G. Cameron.
53. H. C. Rawlinson (1810–1895). Aufn.: Westasiatische Abteilung des Britischen Museums, London.
54. Teil der Westseite des Athener Parthenonfrieses. London: Britisches Museum.
55. Venus von Milo, Louvre (Paris). Aufn.: Hirmer (München).
56. Opfer des Vesuvausbruchs (79 n. Chr.) in Pompeji. Aufn.: Prof. A. Maiuri. [nari.
57. Gipsabguß eines Hundes aus Pompeji. Aufn.: Ali-
58. Keltischer Kopf am Griff einer frühlatènezeitlichen Bronzekanne aus Waldalgesheim bei Bingen (Rheinpfalz). Frühes 4. Jh. v. Chr. Höhe des Kopfes: 4 cm. Rheinisches Landesmuseum Bonn. Aufn.: J. V. S. Megaw.
59. *Grave Creek Mound* in West-Virginia. E. G. Squier und E. H. Davis: *Ancient Monuments of the Mississippi Valley* (1848).
60. Der *Castillo* in Tulum, Nord-Yucatán. F. Catherwood: *Views of the Ancient Monuments in Central America, Chiapas and Yucatán* (1844).
61. J. L. Stephens (1805–1852). *Harper's Monthly Magazine* (1859).
62. Zerbrochene Stele im Großen Hof von Copán. F. Catherwood: *Views of the Ancient Monuments in Central America, Chiapas and Yucatán* (1844).
63. Karikatur Charles Darwins im *Punch*, 6. Dezember 1881.
64. Gelehrtentreffen im Eingang der Höhle von La Mouthe (1902). U. a. erblickt man Henri Breuil. Aufn.: *Musée de l'Homme*, Paris.
65. Elfenbeinkopf, sogenannte ›Venus von Brassempouy‹, aus der Grotte du Pape (Landes). Höhe: 3,7 cm. *Musée des Antiquités Nationales*, Saint-Germain-en-Laye.
66. Zwei aus Ton modellierte Wisente (Bisons) aus der Höhle Tuc d'Audoubert (Ariège). Aufn.: Jean Vertut.
67. Tabelle der vorgeschichtlichen ›Epochen‹ von G. de Mortillet (nach G. de Mortillet: *Formation de la Nation Française* [1897]).

68. O. Montelius besichtigt die von G. Gustafson durchgeführte Ausgrabung des Osebergschiffs (1904). Aufn.: *Universitets Oldssaksamling,* Oslo.
69. Typologische Reihe. O. Montelius: *Die älteren Kulturperioden im Orient und in Europa* (1903).
70. Sir W. M. Flinders Petrie (1853–1942). Aufn. mit freundl. Genehmigung des Petrie-Museums (Universitätskolleg, London).
71. Mit hörnertragenden Tieren geschmückter Krug aus Negade (Naqâda), Ägypten. Höhe: 25,5 cm. Ashmolean Museum, Oxford.
72. Dioritstandbild des Gudea aus Lagasch (Iraq). Höhe 105 cm. Paris: Louvre. Aufn.: Hirmer (München).
73. Tontafelfragment aus dem Palast Assurbanipals zu Ninive (Iraq). Britisches Museum, London.
74. H. Rassam (1826–1910) zeigt Photographien der bronzenen Torreliefs aus Balawat. H. Rassam: *Asshur and the Land of Nimrud* (1867).
75. Gesamtansicht des Ischtar-Tores (Babylon, Iraq). Aufn.: Audrain.
76. Ischtar-Tor. R. Koldewey: *Das wiedererstehende Babylon* (1914).
77. A. Conze, H. Dragendorff: *Alexander Conze* (1915).
78. H. Schliemann (1822–1890) um 1860.
79. Troja. H. Schliemann: *Ilios* (1881).
80. Der ›Schatz des Priamos‹ aus Troja. Kupferstich nach H. Schliemann: *Ilios* (1881).
81. Sophia Schliemann, angetan mit einem Teil des in Troja gefundenen Schmucks.
82. Luftaufnahme der Zitadelle von Mykenai (Mykene).
83. Der Gräberring in Mykenai (Mykene). H. Schliemann: *Mycenae* (1878).
84. Porträt Sir Arthur Evans (1851–1941) in den Ruinen von Knossos von Sir William Blake Richmond (1907). Öl auf Leinwand, 124 × 90 cm. Ashmolean Museum, Oxford.
85. Fayencestatuette einer Schlangengottheit (oder Priesterin) aus Knossos, um 1600 v. Chr. Aufn.: Hirmer (München).
86. Ein restaurierter Teil des Palastes von Knossos. Die Aufnahme erschien erstmals bei Sir A. Evans: *The Palace of Knossos* (1921–1935). Aufn.: Ashmolean Museum, Oxford.
87. Luftaufnahme von Susa, Iran. Mit freundlicher Genehmigung des Orientinstituts der Universität Chicago.
88. Tunnel unter den Wällen von Boghazköy, Türkei. Aufn.: Hirmer (München).
89. General Pitt-Rivers' Ausgrabungen am Wor Barrow, Dorset. Aufn.: *Salisbury and South Wiltshire Museum.*
90. Schnitt durch die Ausschachtung im Wor Barrow, General Pitt-Rivers: *Excavations at Cranborne Chase,* Bd. 4 (1898).
91. General Pitt-Rivers (1827–1900). Aufn.: Pitt-Rivers-Museum, Universität Oxford.
92. Ausgrabung der Wikinger-Schiffsbestattung (des ›Oseberg-Schiffs‹) in Oseberg, Norwegen (1904). Aufn.: Gyldendal, Kopenhagen.
93. Detail einer Seite des Dresdner Codex. Höhe: 20 cm (Dresden, DDR).
94. Postkarte: Charles Dawson und Sir Arthur Smith Woodward auf der Suche nach dem ›Piltdown-Menschen‹ (1912).
95. Luftbild (Schrägaufsicht) von Stonehenge, aufgenommen von Lieutenant P. H. Sharpe aus einem Luftballon (1906). Mit freundl. Genehmigung der *Society of Antiquaries of London.*
96. Echnaton und Nofretete. Relief aus Amarna. 14. Jh. v. Chr., Höhe: 22 cm. Brooklyn Museum. Aufn.: Brooklyn Museum, New York.
97. Lord Carnarvon und Howard Carter öffnen 1923 die Grabkammer Tutanchamuns. Aufn.: Ashmolean Museum, Oxford.
98. Sir Leonard Woolley und seine Mitarbeiter 1926 in Ur. Aufn.: Westasien-Abteilung des Britischen Museums, London.
99. Luftaufnahme der Ziqqurrat in Ur nach ihrer Ausgrabung. Aufn.: Westasien-Abteilung des Britischen Museums, London.
100. Der ›Sintflut‹-Schacht in Ur (Iraq). Aufn.: Westasien-Abteilung des Britischen Museums, London.
101. W. Dörpfeld, Prof. W. T. Semple und Frau Dörpfeld 1935. Aufn.: Prof. Carl Blegen.
102. Stele des Gottes Baal (um 1400 v. Chr.) aus Ras Schamra (Ugarit [Syrien]). Höhe: 1,44 m. Paris: Louvre. Aufn.: Giraudon.
103. Luftbild von Hambledon Hill, Dorset. Erstpublikation in O. G. S. Crawford und A. Keiller: *Wessex from the Air* (1928). Photo *Crown copyright.*
104. Luftansicht von Crowmarsh, North Stoke, Oxfordshire, aufgenommen 1938 von Major Allen (Ashmolean Museum, Oxford).
105. Sir Mortimer Wheelers Demonstration richtiger und falscher Stratifizierung. *Ancient India* Nr. 3, Januar 1947, Seite 146.
106. Wheelers Gittermethode bei der Ausgrabung in Arikamedu, Malabarküste (Südindien, 1943). Aufn.: R. E. M. Wheeler.
107. Tänzerin. Bronzestatuette aus Mohenjo-Daro. Indisches Nationalmuseum, Delhi.
108. Harappa: Schnitt durch die Wälle. Aufn.: R. E. M. Wheeler.
109. Zwei Orakelknochen aus der Zeit der Shang-Dynastie, China.
110. Aufriß durch stratifizierte Mauern und Böden in Pecos, Neumexiko. A. V. Kidder: *Introduction to the Study of South-Western Archaeology* (1924).
111. Das Schiff von Sutton Hoo während der Ausgrabung (1939). Aufn.: Britisches Museum, London.
112. Jungpaläolithische Darstellung (Malerei) einer über Ponies springenden Kuh in der Höhle von Lascaux in der Dordogne. Aufn.: *Inst. Géographique Nationale,* Paris.

113. Kalibrierungskurve (Eichkurve) für die Umrechnung von ^{14}C-Daten in echte Kalenderdaten anhand der Dendrochronologie (Baumringdatierung). R. M. Clark: *A calibration curve for radiocarbon dates*, in: Antiquity 49, 196 (1975), Seiten 251–266.
114. Luftansicht einer gallorömischen Villa in Warfusée, Abancourt (Frankreich). Aufn.: Mit freundl. Genehmigung von R. Agache, *Service des Fouilles*.
115. Olmekischer Basalt-Kolossalkopf aus Tres Zapotes, Mexiko. Aufn.: *Museo Nacional de Antropologia* (Mexiko).
116. Die männliche Moorleiche von Tollund. Dänisches Nationalmuseum, Kopenhagen.
117. Fragment einer der Schriftrollen vom Toten Meer, erstes Jahrhundert n. Chr., aus Qumran. Aufn.: Israel Museum, Jerusalem.
118. Kathleen Kenyon (1906–1978) während der fünfziger Jahre in Jericho. Aufn.: *Jericho Excavation Fund*.
119. Schnitt durch die Verteidigungsanlagen Jerichos. Aufn.: K. Kenyon.
120. Das restaurierte ›Sonnenschiff‹ des Königs Cheops. Aufn.: John G. Ross.
121. Michael Ventris (1922–1956). Aufn.: Mit freundl. Genehmigung von Mrs. Lois Ventris.
122. Einer der kolossalen Statuenköpfe von Abu Simbel an einem Kran während der Rettungsaktion der UNESCO (1965). Aufn.: UNESCO/Nenadovie.
123. Louis Leakey (1903–1972). Aufn.: *Associated Press*.
124. Restaurierung eines der Trilithen von Stonehenge (1958). Aufn.: Mit freundl. Genehmigung von Mrs. H. E. O'Neil.
125. Spätminoisches Fresko aus Akrotiri (Thera), um 1500 v. Chr., Nationalmuseum Athen.
126. Spätminoisches Fresko aus Akrotiri (Thera), um 1500 v. Chr., Nationalmuseum Athen.

Weiterführende Literaturhinweise

Nachstehend eine nach Sachgebieten geordnete Auswahl, bearbeitet und erweitert für Leser im deutschen Sprachraum.

1. Nachschlagewerke

DANIEL, GLYN E. (Hrsg.): *Lübbes Enzyklopädie der Archäologie*. Hrsg. der (erweiterten) deutschen Ausgabe: JOACHIM REHORK (Bergisch Gladbach 1980).
WHITEHOUSE, DAVID, und WHITEHOUSE, RUTH: *Lübbes archäologischer Weltatlas* (Bergisch Gladbach 1976).

2. Allgemeine Archäologiegeschichte

BIBBY, GEOFFREY: *Faustkeil und Bronzeschwert – Frühzeitforschung in Nordeuropa*. Berlin, Darmstadt, Wien (1960).
CERAM, C. W.: *Götter, Gräber und Gelehrte – Roman der Archäologie* (Reinbek bei Hamburg 1949 [bisher letzte überarbeitete und ergänzte Auflage: 1972]).
CERAM, C. W.: *Götter, Gräber und Gelehrte im Bild* (Reinbek bei Hamburg 1957).
DANIEL, GLYN E.: *The Idea of Prehistory* (London und Baltimore 1962).
DANIEL, GLYN E.: *A Hundred and Fifty Years of Archaeology* (London und Cambridge, Massachusetts 1975). Mit umfassendem Literaturverzeichnis.
DANIEL, GLYN E. (Hrsg.): *Towards a History of Archaeology* (London und New York 1981).
DAUX, GEORGES: *Les étapes de l'archéologie* (Paris 1942).
EYDOUX, HENRI-PAUL: *Der Erde entrissen – Königsgräber, versunkene Städte und Schatzfunde als Zeugen der Vergangenheit* (Wiesbaden 1964).
FAGAN, BRIAN M.: *Quest for the Past: Great Discoveries in Archaeology* (Reading, Massachusetts und London 1978).
GARNETT, HENRY: *Treasures of Yesterday* (London und New York 1964).

HAFNER, GERMAN: *Sternstunden der Archäologie – Wissenschaftler auf den Spuren alter Kulturen* (Düsseldorf, Wien 1978).
POPE, MAURICE: *Die Rätsel alter Schriften – Hieroglyphen, Keilschrift, Linear B* (Bergisch Gladbach 1978).
PÖRTNER, RUDOLF (Hrsg.): *Alte Kulturen ans Licht gebracht* (Düsseldorf, Wien 1975).
TSIGAKOU, FANI-MARIA: *Das wiederentdeckte Griechenland in Reiseberichten und Gemälden der Romantik* (Bergisch Gladbach 1982).

3. Archäologie und der Komplex Anthropologie/Ethnologie

BREW, J. O. (Hrsg.): *One Hundred Years of Anthropology* (Cambridge, Massachusetts, 1968).
CASSON, STANLEY: *The Discovery of Man* (London und New York 1939).
HARRIS, MARVIN: *The Rise of Anthropological Theory: a History of Theories of Culture* (London und New York 1968).
LOWIE, R. H.: *The History of Ethnological Theory* (New York 1937 und London 1938).
PENNIMAN, T. K.: *A Hundred Years of Anthropology* (revidierte Ausgabe: London 1952).

4. Altertumskundler der ›Pionierzeit‹ und ihr Denken

KENDRICK, SIR THOMAS: *The Druids* (London 1927).
KENDRICK, SIR THOMAS: *British Antiquity* (London 1950).
PIGGOTT, STUART: *William Stukeley* (Oxford 1950).
PIGGOTT, STUART: *The Druids* (London und New York 1968).
PIGGOTT, STUART: *Ruins in a Landscape* (Edinburgh und New York 1976).
WALTERS, H. B.: *The English Antiquaries of the Sixteenth, Seventeenth and Eighteenth Centuries* (London 1934).

5. Archäologie des Nahen Ostens und Ägyptens

BAIKIE, J.: *A Century of Excavation in the Land of the Pharaohs* (London und New York 1924).
BAINES, JOHN, und MALEK, JAROMIR: *Atlas of Ancient Egypt* (Oxford 1980).
BERMANT, CHAIM, und WEITZMANN, MICHAEL: *Ebla – Neuentdeckte Zivilisation im Alten Orient* (Frankfurt/Main 1979).
BRACKMAN, ARNOLD C.: *Sie fanden den goldenen Gott. Das Grab des Tutanchamun und seine Entdeckung* (Bergisch Gladbach 1978).
BRACKMAN, ARNOLD C.: *Der Traum von Ninive – das große Abenteuer der Archäologie* (München 1981).
BRATTON, F. GLADSTONE: *A History of Egyptian Archaeology* (London 1967).
CAIGER, S. L.: *Bible and Spade* (Oxford 1936).
CLAYTON, PETER: *The Rediscovery of Egypt* (London 1982). Deutsche Ausgabe in Vorbereitung.
EDWARDS, I. E. S.: *Tutanchamun. Das Grab und seine Schätze* (Bergisch Gladbach 1978).
FAGAN, BRIAN M.: *Die Schätze des Nil – Räuber, Feldherrn, Archäologen* (München 1977).
FAGAN, BRIAN M.: *Return to Babylon: Travellers, Archaeologists and Monuments in Mesopotamia* (New York 1979).
GREENER, L.: *The Discovery of Egypt* (London und New York 1966).
LAUER, JEAN-PHILIPPE: *Saqqâra – Die Königsgräber von Memphis. Ausgrabungen und Entdeckungen seit 1850* (Bergisch Gladbach 1977).
LLOYD, SETON: *Foundations in the Dust* (London 1947 [revidierte Ausgabe: London und New York 1980]).
MACALISTER, R. A. S.: *A Century of Excavation in Palestine* (London und New York 1925).
OATES, JOAN: *Babylon* (London und New York 1979). Deutsche Ausgabe in Vorbereitung.
TADEMA, AUKE A., und TADEMA SPORRY, BOB: *Unternehmen Pharao – Die Rettung der ägyptischen Tempel* (Bergisch Gladbach 1978).
WORTHAM, J. D.: *The Genesis of British Egyptology: 1549–1906* (Oklahoma 1971).

6. Archäologie Europas

EGGERS, J. H.: *Einführung in die Vorgeschichte* (München 1959).
KLINDT-JENSEN, OLE: *A History of Scandinavian Archaeology* (London 1975 und New York 1976).
LAMING-EMPERAIRE, A.: *Origines de l'archéologie préhistorique en France* (Paris 1964).
McMANN, JEAN: *Rätsel der Steinzeit* (Bergisch Gladbach 1980).
RODDEN, J.: *A History of British Archaeology* (erscheint demnächst).

7. Archäologie Amerikas

BURLAND, C. A.: *Völker der Sonne – Azteken, Tolteken, Inka und Maya* (Bergisch Gladbach 1977).
CERAM, C. W.: *Der erste Amerikaner – Das Rätsel des vor-kolumbischen Indianers* (Reinbek bei Hamburg 1972 [bisher letzte Aufl.: 1978]).
COE, MICHAEL D.: *Die Maya – Aufstieg, Glanz und Untergang einer indianischen Kultur* (Bergisch Gladbach 1968 [Neudruck 1975]).

FAGAN, BRIAN M.: *Die vergrabene Sonne – Die Entdeckung der Indianer-Kulturen in Nord- und Südamerika* (München, Zürich 1977).
HAGEN, VICTOR WOLFGANG VON: *Auf der Suche nach den Maya – Die Geschichte von Stephens und Catherwood* (Reinbek bei Hamburg 1976).
SNOW, DEAN: *Die ersten Indianer – Archäologische Entdeckungen in Nordamerika* (Bergisch Gladbach 1976).
WAISBARD, SIMONE: *Machu Picchu – Felsenfestung und heilige Stadt der Inka* (Bergisch Gladbach 1978).
WILHELMY, HERBERT: *Welt und Umwelt der Maya – Aufstieg und Untergang einer Hochkultur* (München 1981).
WILLEY, G. R., und SABLOFF, J. A.: *A History of American Archaeology* (London und San Francisco 1974 [2. Aufl. London 1980]).

8. China

Ausführliche Bibliographie bei BRINKER, HELMUT, und GOEPPER, ROGER: *Kunstschätze aus China 5000 v. Chr. bis 900 n. Chr. – Neuere archäologische Funde aus der Volksrepublik China* (Zürich, Berlin, Hildesheim, Köln 1980 [Ausstellung Zürich, Berlin, Hildesheim, Köln 2. 10. 1980–3. 1. 1982]), Seiten 367–370.

9. Neue Entdeckungen, neue Thesen, neue Titel

ALCOCK, LESLIE: *Camelot – Die Festung des Königs Artus? Ausgrabungen in Cadbury Castle 1966–1970* (Bergisch Gladbach 1974) *(Neue Entdeckungen der Archäologie)*.
ALDRED, CYRIL: *Echnaton – Gott und Pharao Ägyptens* (Bergisch Gladbach 1968) *(Neue Entdeckungen der Archäologie)*.
ANATI, EMMANUEL: *Felskunst im Negev und auf Sinai* (Bergisch Gladbach 1981) *(Frühe Spuren des Menschen)*.
BELTRAN, ANTONIO: *Die Felskunst der Spanischen Levante* (Bergisch Gladbach 1982) *(Frühe Spuren des Menschen)*.
BIRLEY, ROBIN: *Vindolanda – Eine römische Grenzfestung am Hadrianswall* (Bergisch Gladbach 1978) *(Neue Entdeckungen der Archäologie)*.
CUNLIFFE, BARRY: *Fishburne – Rom in Britannien* (Bergisch Gladbach 1971) *(Neue Entdeckungen der Archäologie)*.
CUNLIFFE, BARRY: *Rom und sein Weltreich* (Bergisch Gladbach 1979).
CUNLIFFE, BARRY: *Die Kelten und ihre Geschichte* (Bergisch Gladbach 1980).
DOE, BRIAN: *Südarabien – Antike Reiche am Indischen Ozean* (Bergisch Gladbach 1970) *(Neue Entdeckungen der Archäologie)*.

DÖRNER, FRIEDRICH KARL: *Kommagene – Götterthrone und Königsgräber am Euphrat* (Bergisch Gladbach 1981) *(Neue Entdeckungen der Archäologie)*.
GARLAKE, PETER S.: *Simbabwe – Goldland der Bibel oder Symbol afrikanischer Freiheit?* (Bergisch Gladbach 1975) *(Neue Entdeckungen der Archäologie)*.
HATZOPOULOS, M. B., und LOUKOPOULOS, L. D. (Hrsg.): *Ein Königreich für Alexander – Philipp von Makedonien. Sein Leben, sein Werk und die erregende Entdeckung seines Grabschatzes in Vergina* (Bergisch Gladbach 1982).
KARAGEORGHIS, VASSOS: *Salamis – Die zyprische Metropole des Altertums* (Bergisch Gladbach 1970) *(Neue Entdeckungen der Archäologie)*.
KARAGEORGHIS, VASSOS: *Kition auf Zypern – Die älteste Kolonie der Phöniker* (Bergisch Gladbach 1976) *(Neue Entdeckungen der Archäologie)*.
KENYON, KATHLEEN M.: *Jerusalem – Die heilige Stadt von David bis zu den Kreuzzügen. Ausgrabungen 1961–1967* (Bergisch Gladbach 1968) *(Neue Entdeckungen der Archäologie)*.
KRAUSS, ROLF: *Das Ende der Amarnazeit* (Hildesheim 1978) *(Hildesheimer Ägyptologische Beiträge 7)*.
LANDAY, JERRY M.: *Schweigende Städte, heilige Steine – Archäologische Entdeckungen im Land der Bibel* (Bergisch Gladbach 1973).
LEROI-GOURHAN, ANDRÉ: *Höhlenkunst in Frankreich* (Bergisch Gladbach 1981) *(Frühe Spuren des Menschen)*.
LUCE, J. V.: *Atlantis – Legende und Wirklichkeit* (Bergisch Gladbach 1969) *(Neue Entdeckungen der Archäologie)*.
LUCE, J. V.: *Archäologie auf den Spuren Homers* (Bergisch Gladbach 1975).
MAZAR, BENJAMIN, und CORNFELD, GALYAAH: *Der Berg des Herrn – Neue Ausgrabungen in Jerusalem* (Bergisch Gladbach 1979 [erweiterte dtsch. Ausg. von DORIS und HANS GEORG NIEMEYER]).
MELLAART, JAMES: *Çatal Hüyük – Stadt aus der Steinzeit* (Bergisch Gladbach 1967) *(Neue Entdeckungen der Archäologie)*.
MENDELSSOHN, KURT: *Das Rätsel der Pyramiden* (Bergisch Gladbach 1974).
PECK, WILLIAM H.: *Ägyptische Zeichnungen aus drei Jahrtausenden* (Bergisch Gladbach 1979).
ROTHENBERG, BENO: *Timna – Das Tal der biblischen Kupferminen* (Bergisch Gladbach 1973) *(Neue Entdeckungen der Archäologie)*.
SCHULZE, PETER H.: *Herrin beider Länder – Hatschepsut, Frau, Gott und Pharao* (Bergisch Gladbach 1976).
SCHULZE, PETER H.: *Auf den Schwingen des Horusfalken – Die Geburt der ägyptischen Hochkultur* (Bergisch Gladbach 1980).

SREJOVIĆ, DRAGOSLAV: *Lepenski Vir – Eine vorgeschichtliche Geburtsstätte europäischer Kultur. Erweiterte Ausgabe* (Bergisch Gladbach 1973) *(Neue Entdeckungen der Archäologie).*
WILLETT, FRANK: *Ife – Metropole afrikanischer Kunst* (Bergisch Gladbach 1967) *(Neue Entdeckungen der Archäologie).*

10. Naturwissenschaft und Archäologie

BEITRÄGE, BERLINER ARCHÄOMETRIE: *Berliner Beiträge zur Archäometrie,* hrsg. v. JOSEF RIEDERER (Berlin 1976– [bisher 7 Bde., Bd. 1–5 erschienen, Bd. 6–7 in Vorbereitung]).
RIEDERER, JOSEF: *Denkschrift zur Eröffnung des Rathgen-Forschungslabors der Staatlichen Museen Preußischer Kulturbesitz* (Berlin 1976) *(Berliner Beiträge zur Archäometrie Bd. 1).*
RIEDERER, JOSEF: *Kunst und Chemie – das Unersetzliche bewahren. Ausstellung der Staatlichen Museen Preußischer Kulturbesitz Oktober 1977 – Januar 1978* (Berlin 1977).
RIEDERER, JOSEF: *Kunstwerke chemisch betrachtet – Materialien, Analysen, Altersbestimmung* (Berlin, Heidelberg, New York 1981 [mit ausführlicher Bibliographie]).

11. Luftbildarchäologie

DEUEL, L.: *Flug ins Gestern* (München 1969).
RIECHE, ANITA: *Das antike Italien aus der Luft* (Bergisch Gladbach 1978).
SCHODER, RAYMOND V.: *Das antike Griechenland aus der Luft* (Bergisch Gladbach 1975).
SCOLLAR, L.: *Archäologie aus der Luft* (Düsseldorf 1965).
SÖLTER, WALTER (Hrsg.): *Das römische Germanien aus der Luft* (Bergisch Gladbach 1981).

12. Unterwasserarchäologie

BASS, GEORGE F.: *Archäologie unter Wasser* (Bergisch Gladbach 1966).
BASS, GEORGE F. (Hrsg.): *Taucher in die Vergangenheit* (Luzern und Frankfurt/M. 1972).
THROCKMORTON, PETER: *Versunkene Schiffe – gehobene Schätze. Archäologen am Meeresgrund* (Rüschlikon–Zürich, Stuttgart, Wien 1976).
UNTERWASSERARCHÄOLOGIE: *UNESCO: Unterwasserarchäologie. Ein neuer Forschungszweig* (Wuppertal 1973).

13. Anthologien

CERAM, C. W.: *Götter, Gräber und Gelehrte in Dokumenten. Ruhmestaten der Archäologie* (Reinbek bei Hamburg 1965).
DANIEL, GLYN E.: *The Origins and Growth of Archaeology* (Harmondsworth und Baltimore 1967).
HAWKES, JACQUETTA: *The World of the Past* (London und New York 1963).
HEIZER, R. F.: *Man's Discovery of his Past: Literary Landmarks in Archaeology* (Englewood Cliffs, New Jersey, 1969^2).
SILVERBERG, ROBERT: *Great Adventures in Archaeology* (New York 1964, London 1966).
WAUCHOPE, ROBERT: *They Found the Buried Cities: Exploration and Excavation in the American Tropics* (Chicago und London 1965).

14. Archäologen-Biographien

COLE, SONIA: *Leakey's Luck* (London und New York 1975).
DUFF, URSULA G.: *The Life-work of Lord Avebury* (London 1924).
HORWITZ, SILVIA L., *The Find of a Lifetime. Sir Arthur Evans and the Discovery of Knossos,* (London 1981). Deutsche Ausgabe in Vorbereitung.
MEYER, ERNST: *Heinrich Schliemann, Kaufmann und Forscher* (Göttingen 1969).
POOLE, L., und POOLE, G.: *One Passion, Two Loves: the Schliemanns of Troy* (New York 1966, London 1967).
RAWLINSON, G.: *A Memoir of Major-General Sir H. C. Rawlinson* (London 1898).
THOMPSON, M. W.: *General Pitt-Rivers* (Bradford-on-Avon und New Jersey 1977).

15. Archäologen-Selbstbiographien

CRAWFORD, O. G. S.: *Said and Done* (London und New York 1955).
LAYARD, A. H.: *Autobiography and Letters* (London und New York 1903).
LEAKEY, L. S. B.: *White African* (London 1937).
MALLOWAN, SIR MAX: *Mallowan's Memoirs* (London 1977).
MURRAY, MARGARET: *My First Hundred Years* (London 1963).
PETRIE, SIR FLINDERS: *Seventy Years in Archaeology* (London 1931, New York 1932).
THOMPSON, J. ERIC S.: *Maya Archaeologist* (London und Oklahoma 1963).
WHEELER, SIR MORTIMER: *Still Digging* (London und New York 1955).
WOOLLEY, SIR LEONARD: *Spadework* (London und New York 1953).

Register

Abbeville 61, 63, 75
Aberg, Nils 190
Abydos 84
Agache, Roger 218
Ägypten 11f, 16, 20, 77, 84, 114, 129, 139, 148, 173, 181, 205, 207, 230, 250
Aigina 100
Akerblad, J. D. 79
Akerman, J. Yonge 107
Akkad 10, 145
Aldrovandi, Ulysses 48
Ali Kosh 242
Alischar 191
Allen, Major 218
Altamira 117, 119f, 213, 243, 253
al-'Ubaid (el-'Obeid) 187f
Amarnabriefe 141
Amerika 38, 40f, 45, 221f, 228
Anatolien 188, 196
Anau 160, 173, 188, 207, 249
Andersson, J. Gunnar 206
Andrae, Walter 148
Anyang 206
Arditi, Michele 101
Arikamedu 202
Ashmole, Elias 48
Assur 89, 91, 148
Assyrien 205
Atkinson, R. J. C. 233, 242
Aubrey, John 25, 248
Aurignac 74, 116, 121
Auvernier 71
Aylesford 128

Babylon 10, 22, 91, 93, 153
Badari 186
Balawat 145
Ballas 142
Banerji, R. D. 205
Bass, George 219
Bassai 100
Bastian, Adolf 132
Beazley, J. D. 193

Behistun (Bisutun) 94, 96
Belize 246
Belzoni, Giovanni Battista 80, 82f, 141, 252
Bertoumeyrou, E. u. G. 118
Binford, S. R. u. L. R. 222, 224ff
Blegen, Carl W. 190
Boas, Franz 169, 178, 208
Boghazköy 162, 189f
Bonampak 235
Bonstetten, Baron de 105
Bopp, Franz 138
Borlase, William 22
Botta, Paul Emile 86f, 93
Boucher de Perthes, Jacques 60, 62–65, 72
Braidwood, Robert 225f
Brassempouy 120
Brasseur de Bourbourg, Abbé 169f, 172
Breuil, Henri 118ff, 127, 177, 194, 214, 220, 240
Brown, J. Allen 122
Brunton, Guy 186
Buckland, William 55, 57ff
Burckhardt, Johann Ludwig 162
Bureus, Johannes 30
Burkitt, M. C. 191, 220
Burton, Richard 162

Caddy, John 110f
Camden, William 23f, 52
Carnac 32, 220
Carnarvon, Lord 184f, 196
Carnot, A. 174
Cartailhac, Emile 118ff
Carter, Howard 184f, 196
Catherwood, Frederick 111f
Caton-Thompson, Gertrude 186
Caylus, Comte de 32, 52f
Cerveteri 104, 218
Cesnola, Luigi Palma di 155
Chaffaud-Höhle 74, 117
Chagar Bazar 188

Champollion, Jean François 79f, 238, 249
Chandler, Richard 12
Chichén Itzá 172
Childe, Vere Gordon 130, 194f, 211ff, 215, 221, 229, 249
China 206, 212, 228, 230, 249ff
Chorsabad 86f, 89, 92f
Christy, Henry 117
Clark, Graham 124, 235f, 243
Clarke, David 226
Clarke, Edward Daniel 98, 100
Cocherel 32, 41
Coe, Michael D. 222, 242
Coles, John 213
Conze, Alexander 148ff
Cornetto 104
Cousteau, Jacques-Yves 219, 232
Cowley, A. E. 190
Crawford, O. G. S. 195–199, 211, 218, 220
Cro-Magnon 121
Cunnigham, Alexander 114
Cunnington, William 66, 68
Curtius, Ernst 149, 153, 248
Cutler, Manasseh 46f, 173, 249
Cuvier, Georges 58

Daleau, François 118f
Dänemark 31f, 66, 104, 114, 131
Darwin, Charles 60, 114f, 132, 248
Davies, Theodore 184
Dawkins, James 14, 248
Déchelette, Joseph 71, 127
Deir el-Bahari 84
Deir Tasa (Děr Tasa) 186
Dendrochronologie 47, 173, 216, 249
Dennis, George 104
Denon, Baron de 77, 79
Differentialdatierung 130, 142f, 249
Diffusionismus 177
Diospolis Parva (Hu) 142

Dixon, Roland B. 179
Dörpfeld, W. 143, 149 ff, 153, 160, 189 f, 207
Douglas, 249
Dreiperiodensystem 42, 65, 71 f, 112, 114, 122, 125, 127 ff, 142, 177, 200, 248
Dreisprachenstein von Rosette s. Stein v. Rosette
Druiden 12, 26, 43, 66
Dubrowski, Joseph 107
Dubrux, Paul 104
Dupaix, Guillermo 110

Ebla 245
Eckart, Johann v. 200
Edfu 84
Edwards, Amelia 139
Elgin, Lord 97 f, 252
Engis, Höhle von 55
Eridu 93
Esper, Johann Friedrich 43, 58
Etrusker 104
Evans, Sir Arthur 133, 156 f, 159, 173, 177 f, 193, 196, 200
Evans, Sir John 63, 65, 106, 166

Faussett, Brian 107
Ferguson, James 114
Fiorelli, Giuseppe 101 ff, 248
Flandin, M. E. 87, 89
Fleure, H. J. 198
Fluordatierung 175 f
Font-de-Gaume 119
Förstemann, Ernst W. 170 f
Fox, Sir Cyril 195, 198 ff, 220, 232
Franklin, Benjamin 45
Frankreich 65 f, 107, 177, 250
Franks, Sir A. W. 106
Frere, John 44, 56, 63, 72, 114
Frobenius, Leo 178
Furtwängler, A. 143

Gagnan, Émile 232
Galindo, John 110
Gallehus 30, 247
Gamio, Manuel 169, 208
Gardner, Ernest 141 f, 186
Garrigou, P. 74 f
Garrod, Dorothy 235
Garstang, John 190, 193, 196
Gaylenreuth (Gailenreuth) 43
Geer, Baron Gerhard de 174, 249
Geikie, James 173
Genouillac 191
Geoffrey of Monmouth 11
Geologie 38, 43, 114, 131, 248
Ghirsman, Roman 188 f

Gizeh, (Giza/Gise) 16, 84, 86, 238
Goguet, A. I. 250
Gokstad 168
Gordon, G. H. 169
Gorge d'Enfer 74
Gradmann, Robert 198
Grave Creek Mound 108
Greaves, John 16, 20
Grenier, Albert 127
Griechenland 12, 148 f, 205
Großbritannien 112, 200, 250
Grotefend, Georg Friedrich 94, 96, 249
Gryaznov 235
Gurnia 193

Hadorph, Johan 31
Hagia Triada 193
Haithabu 166
Halikarnassos 101
Hall, R. H. 187
Hallerstein, Baron Haller von 100
Hallstatt 106, 178
Hamadan 96
Hambledon Hill 197
Hamilton, William 16
Hammamija (Hemamieh) 186
Hamshaws 218
Harappa 201, 205
Hattusa 162
Haven, Samuel 109
Hawkes, Christopher 213
Henri-Martin, G. 235
Herkulaneum 14 f, 101
Hethiter 162, 191, 249
Heuneburg 220
Hewett, Edgar L. 209 f
Heyerdahl, Thor 235
Hieroglyphen 77, 79 f, 83, 249
Higgs, Eric 217, 219
Hildebrand, B. E. 126
Hilprecht, H. V. 147
Hincks, Edward 96
Hissarlik 128, 150 f
Hoare, Sir Richard Colt 66, 68, 71, 105
Hogarth, D. G. 156, 164
Höhlen 58, 72
Höhlenkunst 118, 120, 174, 194
Honduras 110
Hope-Taylor, Brian 236
Housman, A. E. 200
Hrozny, Friedrich 164, 249
Huxley, T. H. 115

Indianer 38, 108, 111, 250
Indien 113, 196, 200 ff, 204, 206, 228, 230, 250

Inghirami 104
Inka 253
Iran 188
Ivanov, Ivan S. 244
Ivriz 162

Jacobsthal, Paul 233
Jefferson, Thomas 46 f, 249
Jelling 30
Jericho 236
Joffroy, René 239
Jones, Sir William 113, 138
Joyce, Thomas A. 170

Kahun (Lahŭn) 141 f
Kairo 22, 77, 85 f
Kalium-Argon-Methode 217, 249
Karkemisch 162, 164
Katastrophisten 59 f, 62
Keiller, Alexander 197
Keilschrift 22, 87, 91, 96, 144, 181, 193, 245, 249
Keller, Ferdinand 71, 105
Kelten 12, 104, 253
Kemble, John 106
Kent's Cavern 56, 59, 62
Kenyon, Kathleen 236
Keramik 30, 71, 105, 107, 143
Kidder, A. V. 208 ff
Kingsborough, Viscount 171
Kisch 93, 188
Kleinasien 14, 250
Knidos 101
Knossos 156 f, 159, 177, 193
Koldewey, Robert 148
Konstantinopel 97
Kosay, Hamit Zuheyr 191
Kossinna, Gustaf 180
Kreta 128, 156, 173, 196
Kujundschik 89, 91 f
Kul Oba 104
Kum Tepe 190

Lac du Bourgét 116
Lachisch 143
Lafitau, Père 250
Lagasch 144, 147
La Madeleine 74 f
Lamb, Winifred 190
La Mouthe 118 f
Lartet, Edouard 73 ff, 106, 117, 121 f, 125
La Tène 105 ff, 126 ff, 138
Lascaux 213 f, 232, 245, 253
Lastic-Saint-Jal, Vicomte de 74
Laugerie Haute 74 f
Lawrence, T. E. 164
Layard, Austen Henry 89, 91 f, 145, 200, 252

Leakey, Louis 236, 243
Leakey, Mary 240, 242
Leakey, Richard 244
Lehmann, K. 193
Leland, John 24
Le Moustier 74f
Lepenski Vir 242
Lepsius, Richard 80, 140
Lerici, Carlo 217, 240
Leroi-Gourhan, A. 214
Les Combarelles 119
Les Eyzies 74, 116, 118f, 121, 240
Lesseps, Ferdinand de 85
Lhwyd, Edward 24f, 41, 48, 248
Libby, Willard F. 214f
Li Chi 206
Linear B-Schrift 157, 238, 249
Lintong 246
Lloyd, Seton 92, 148, 232
Locmariaquer 32
Loftus, William Kennett 92f, 146
Lowie, R. H. 11, 179, 220
Lubbock, Sir John 72, 74, 106, 114, 122, 128, 250
Luftbilder 24, 176, 196f, 210, 218
Lyell, Charles 56, 58, 60, 63, 65, 110, 114, 248

MacEnery, J. 56, 62, 72
Mackay, Ernest 205ff
MacNeish, R. S. 222
Maiden Castle 201, 220, 232
Mallowan, Sir Max 235
Malta 242, 253
Mari 188
Marietta 45
Mariette, Auguste 83–86, 116, 139, 149, 200, 252
Marinatos, Spyridon 243f
Marshall, Sir John 204–207
Marzabotto 107
Masada 242
Mas d'Azil 124
Maspero, Gaston 85, 139
Matthiae, Paolo 245
Maya-Astronomie 170
Medinet Habu 84
Megalithgräber 57, 65, 114, 116, 125, 247f
Megiddo 191
Mercati, Michele 40, 250
Mersin 191
Mesopotamien 22, 77, 86, 89, 92f, 139, 143, 146, 148, 196, 216, 230, 249f
Mexiko 110
Middleton, J. 174
Mittlerer Osten 181

Mohenjo-Daro 201, 205
Montelius, Oscar 124–127, 130, 132, 166, 212, 215, 220, 229, 249, 251
Montfaucon, Dom Bernard de 42
Morgan J., 129, 132, 160, 173, 188
Morgan, Lewis 195, 206, 250
Morley, Sylvanus G. 209
Mortillet, Gabriel de 75f, 116f, 119, 122, 124–127, 177, 220
Moulin Quignon 65, 239, 252
Moustafa, Ahmed Youssef 238
Muckelroy, Keith 219
Müller, Max 138
Mumifizierung 138
Münzen 24f, 69, 105, 113f
Mykenai 141, 150ff, 155, 159, 177, 190, 205
Myres, Sir John 133, 153, 155

Naher Osten 181, 248
Napoleon Bonaparte 16, 20, 76f, 79, 114, 248
Naqada (Negade) 142
Navillee, Henry 140, 184
Nelson, Nels C. 208
Newberry, Percy 184
New Grange 25
Niaux 120, 214, 253
Niebuhr, Carsten 22, 77, 83, 94, 248
Nilsson, Sven 128, 250
Nimrud 235
Ninive 22, 86f, 92f, 147, 153
Nippur 147
Nyerup, Rasmus 66, 68, 71

Oakley, K. P. 175, 217, 238
Obermeilen 71
Ogam-Schrift 249
Ohnefalsch-Richter, Max 155
Olduwaischlucht 236, 240, 242f
Olmeken 222, 249, 253
Olympia 149
Oppert, Gustav 93, 96, 146f
Orchomenos 151
Orvieto 104
Oseberg 168
Osten, Hans Henning von der 191
Otter, Jean 162
Owens, John 169

Pachacamac 169
Page, Sir Denys 244
Pair-non-Pair 118f
Palästina 188, 196
Palenque 235
Paviland 57f, 121

Pasyryk 235
Peabody, George 110
Pech Merle 194
Pecos 208f
Penck, Albrecht 173
Pendlebury J. D. C. 182, 193
Pengelly, William 62, 72
Pergamon 193
Perrot, Georges 162
Perry, W. J. 179, 251
Persepolis 22, 86, 94, 248
Peru 169, 250
Petrie, Sir William Matthew Flinders 84, 139–143, 166, 169, 181, 184ff, 200, 207, 243, 248f
Pettinato, Giovanni 245
Peyrony, D. 119
Phaistos 193
Philipp II. von Makedonien 245
Phylakopi 153, 156f
Piette, Edouard 118, 124
Piggott, Stuart 242
Piltdown-Mensch 175f, 238, 252
Pitt-Rivers 133, 164, 167, 200f, 207, 220, 243, 248, 250
Place, Victor 92f
Plot, Robert 24, 48
Pococke, Richard 16
Poidebard, Antoine 196
Pollenanalyse 173
Pompeji 14ff, 101, 103, 248
Pontoppidan, Erik 31
Pulszky, F. von 125
Pumpelly, R. 160, 173, 178, 188, 249
Putnam, F. W. 170
Pyramiden 16, 20, 139, 141, 216, 253

Qin Shihuang Di 246
Qumran 235
Qurna 93

Radiokarbondatierung 130, 213, 215, 236, 239, 249
Rassam, Hormuzd 92, 145, 252
Ratzel, Friedrich 178
Rawlinson, Henry Creswicke 94, 96, 146, 238, 149
Reinach, Salomon 118, 121, 132, 155, 219
Reiss, Wilhelm 169
Renfrew, Colin 213, 226, 244, 250
Revett, Nicholas 12, 248
Rich, James 86f
Rivière, Émile 118ff
Rosette 20
Rouffignac 240, 252

Rudenko, S. J. 235
Runeninschriften 30, 249
Ruz, Alberto 235

Sacken, Baron von 106
Sacy, Sylvestre de 77
Sahni, Daya Ram 205
Saint-Acheul 62, 75
Saint-Mathurin, Suzanne de 235
Samothrake 148 ff
Saqqâra 16, 84, 139
Sarzec, Ernest de 146 ff
Sautuola, Marcellino de 117, 243
Saville, M. H. 169
Sayce, A. H. 162, 184
Schaaffhausen, H. 63
Schaeffer, Claude 191, 248
Schliemann, Heinrich 128, 143, 149 f, 152 f, 156, 159, 177 f, 187, 190, 200, 205, 244, 249
Schmerling, P. C. 55 f, 72
Schmidt, E. P. 173, 191, 207, 249
Schmidt, Hubert 160
Schuchhardt, Carl 194
Schweden 31 f
Schweiz 104, 250
Seerandsiedlungen 71, 116, 249
Seler, Eduard 170
Semple, W. T. 189 f
Sharpe, P. H. 176
Sippar 145
Skandinavien 29, 65, 250
Skythen 42, 104, 235, 253
Slawen 107
Smith, Sir Cecil 153
Smith, George 144 f
Smith, Sir Grafton Elliot 133, 172, 178 ff, 195, 229, 239, 251
Smith, William 60
Smithson, James 110
Smyth, Charles Piazzi 141
Spanien 107
Spina 240
Spinden, H. J. 170
Spon, Jacques 10
Ssu-Yung, Liang 206
Staffeldatierung 142, 186

Star Carr 235
Stein, Sir Aurel 189, 205
Stein von Hamath 162
Stein von Rosette 22, 77, 79, 247
Stephen, John Lloyd 111 f
Stonehenge 24, 26, 28, 176, 220, 233, 242, 253
Stratigraphie 128, 210, 248 f
Stuart, James 12, 248
Stübel, Alphons 169
Stukeley, William 26, 28, 248
Sumer 10, 180
Sumerer 146
Susa 160, 173, 188
Sutton Hoo 211, 232, 245

Talbot, Fox 96
Taylor, J. E. 93, 146
Taylor, E. G. R. 199, 221, 226
Tarquinia 218
Tell el-Amarna 141, 181 f
Tell el-Ḥesi 143, 249
Tell Mardikh 245
Tello 146 ff
Theben 16, 85
Therma 191
Thermolumineszenzdatierung 130, 217, 249
Thomas, Cyrus 170, 218
Thomas, Felix 93
Thomas, Hamshaw 196
Thomsen, Christian Jürgensen 68 ff, 131, 248
Throckmorton, Peter 219
Tiryns 151, 177, 205
Tischler, Otto 126
Tollund 233
Tomlinson, B. 108
Torell, Otto 124
Tozzer, A. M. 179, 208
Tradescant, John 48
Troja 143, 149 f, 152, 155, 159, 191, 207, 249
Tschandragupta 201
Tylissos 193
Tylor, Sir Edward 128

Ugarit 191
Uhle, Max 169
Ur 159, 186 f
Ussher, Erzbischof 37 f, 44

Vats, M. S. 205
Veji 104
Ventris, Michael 238, 249
Venusfigürchen 120
Verelius, Olof 31, 100
Vierperiodensystem 72, 114, 122
Virchow, Rudolph 63
Vix 239
Vulci 218

Waldeck, Jean Frédérick 110, 172
Walker, Patrick 110 f
Warka 92, 188
Warvendatierung 249
Weiner, J. S. 239
Wellcome, H. S. 176
Westropp, Hodder 122, 124
Wheeler, Sir George 10
Wheeler, Sir Mortimer 10, 47, 167, 195, 200, 202, 204, 209, 220 f, 232, 248
Wiegand, Theodor 193
Wikinger 253
Wilde, Sir William 125
Wilson, Sir Daniel 111, 129, 195
Wissler, Clark 178
Winckelmann, Johann Joachim 14
Wood, Robert 14, 97, 248
Woolley, Sir Leonhard 164, 182, 187 f, 196, 200
Wor Barrow 164, 166
Worm, Ole (Olaus Wormius) 30, 48 ff
Worsaae, Jens Jakob Asmussen 68, 70 f, 126, 131, 249

Xanthoudides 193

Young, Dr. Thomas 79

Zypern 155